南水北调 2023 年新闻精选集

NANSHUI BEIDIAO 2023 NIAN

XINWEN JINGXUANJI

水利部南水北调工程管理司　编

中国水利水电出版社
www.waterpub.com.cn
·北京·

内 容 提 要

  本书主要收集整理了 2023 年度各级各类新闻媒体关于南水北调工程的宣传报道文稿，详细介绍了 2023 年度南水北调工程建设和运行管理过程中发生的重要事件、产生的重大影响。本书主要内容分为三个部分，即中央媒体报道、行业媒体报道和地方媒体报道。

  本书语言生动，内容翔实，可供水利工作者、新闻工作者以及社会大众阅读使用。

图书在版编目（CIP）数据

南水北调2023年新闻精选集 / 水利部南水北调工程
管理司编. -- 北京 : 中国水利水电出版社，2024. 7.
ISBN 978-7-5226-2600-0

Ⅰ. I253

中国国家版本馆CIP数据核字第202490P1L9号

书　　名	南水北调 2023 年新闻精选集 NANSHUI BEIDIAO 2023 NIAN XINWEN JINGXUANJI
作　　者	水利部南水北调工程管理司　编
出版发行	中国水利水电出版社 （北京市海淀区玉渊潭南路 1 号 D 座　100038） 网址：www. waterpub. com. cn E - mail：sales@ mwr. gov. cn 电话：（010）68545888（营销中心）
经　　售	北京科水图书销售有限公司 电话：（010）68545874、63202643 全国各地新华书店和相关出版物销售网点
排　　版	中国水利水电出版社微机排版中心
印　　刷	清淞永业（天津）印刷有限公司
规　　格	170mm×240mm　16 开本　19.75 印张　334 千字
版　　次	2024 年 7 月第 1 版　2024 年 7 月第 1 次印刷
印　　数	0001—1300 册
定　　价	118.00 元

《南水北调 2023 年新闻精选集》

编 辑 人 员 名 单

前言

　　2023 年是全面贯彻党的二十大精神的开局之年。以习近平同志为核心的党中央对水利工作作出一系列重要部署。习近平总书记多次主持召开会议研究水利工作，亲自部署、亲自指挥防汛抗洪救灾工作，专程考察、专题研究灾后恢复重建工作，就南水北调水质保护、重大水利工程建设等作出一系列重要讲话指示批示，为新时代新征程水利高质量发展提供了根本遵循和行动指南。一年来，各有关单位围绕推进南水北调工程高质量发展目标，精心组织、真抓实干，全面做好南水北调各项工作，确保了工程安全、供水安全、水质安全，南水北调综合效益不断提升。

　　东、中线一期工程全面通水 9 年多来，工程运行安全平稳，供水水质稳定达标，经受住了冰期输水、汛期暴雨洪水、大流量输水等重大考验。截至 2023 年 12 月 31 日，工程累计调水 680.15 亿立方米，其中中线工程调水 610.09 亿立方米，东线工程调水 64.19 亿立方米，东线北延应急工程调水 5.87 亿立方米，受水区直接受益人口超 1.76 亿人，惠及沿线 40 多座大中城市，有效提升了受水区城市供水保证率，改变了北方地区供水格局，推动了滹沱河、白洋淀等一大批河湖重现生机，河湖生态环境显著改善，助力京杭大运河实现全线水流贯通。

　　为讲好南水北调故事，传播南水北调声音，塑造南水北调品牌形象，2023 年，中央和地方各级各类媒体认真贯彻落实全国宣传思想工作会议和全国宣传思想文化工作会议精神，聚焦南水北调工程，开展了一系列形式多样、内容丰富的宣传报道，充分彰显了南水北调"国之大事、世纪工程、民心工程"的重要地位。

为充分展示 2023 年南水北调宣传工作成果，系统梳理总结南水北调宣传报道成果和经验，为做好下一步南水北调宣传工作提供参考和借鉴，特收集整理 2023 年度中央主要媒体、水利行业媒体及沿线省（直辖市）有关新闻媒体的报道内容并编印成册，供关心、支持、参与南水北调工程的人们更好了解一年来南水北调的最新进展和成效，更加深刻全面地认识南水北调工程的重大意义；同时，也希望社会各界的读者通过阅读本书，更加理解、支持南水北调工作，共同为推进南水北调事业高质量发展营造更加和谐的环境。

本书在编辑过程中，得到了有关媒体和记者的支持与帮助，在此特致以诚挚的感谢。

编者

2024 年 7 月

目录

前言

中 央 媒 体 报 道

行 业 媒 体 报 道

地 方 媒 体 报 道

南水北调防洪影响处理工程开工建设

近日，安阳市南水北调防洪影响处理工程项目开工仪式在龙安区活水沟举行。

据悉，安阳市南水北调防洪影响处理工程包括汤阴县、殷都区、龙安区的12条沟道，估算投资2.5亿元。本次开工项目为殷都区皇甫屯沟和龙安区活水沟，新建、重建建筑物4座，治理长度1.7公里，工程总占地7.8公顷。工程建成后，将有效减轻南水北调总干渠工程的防洪压力，对于保障南水北调工程"三个安全"和沿线群众生命财产安全具有重大意义。

安阳市水利局和市南水北调工程运行保障中心负责同志表示，南水北调防洪影响处理工程是省政府稳经济一揽子政策措施的重要内容，是全省重点基础设施建设项目，是保障南水北调防洪安全和沿线群众生命财产安全的重大举措，是一项造福子孙后代的重大民生工程。各县区要耐心、细致、规范开展征迁工作，及时兑付补偿资金，切实维护征迁群众合法权益，按时移交工程建设用地。各参建单位要严把质量和安全关，把本工程建设成为经得起历史检验的高标准工程。各级征迁机构和各参建单位要密切配合，形成合力，狠抓各项措施落实，确保工程早日竣工，减轻南水北调总干渠工程防洪压力。

（赵慧　人民网　2023年1月4日）

南水北调：2023年着力推进后续
工程规划建设

中国南水北调集团有限公司董事长蒋旭光12日表示，2023年是加快推进南水北调后续工程高质量发展、加快构建国家水网的关键之年，南水北调集团将立足"调水供水行业龙头企业、国家水网建设领军企业、水安全保障骨干企业"战略定位，加快推进南水北调后续工程规划建设和国家水网构建，加快建设世界一流企业。

蒋旭光在南水北调集团 2023 年工作会议上说，2023 年南水北调集团将着力推进南水北调后续工程规划建设，加快畅通国家水网大动脉，完善"四横三纵"规划布局。围绕工程布局、实施安排、建设运营体制、水价和投融资机制、数字孪生等，深度参与南水北调工程总体规划修编；高标准、高质量建设引江补汉工程，统筹推进初步设计报批、关键技术攻关、临时工程先期建设、主体工程招标等相关工作，加快工程建设进程，推进施工建设尽快进入高峰。

同时，积极推进东、中线其他后续工程规划建设，加快东线二期可研报告修改完善，着力推进中线防洪安全保障工程建设，依法合规推进中线沿线调蓄工程论证实施，积极推进中线总干渠挖潜扩能前期工作；加快推进西线工程前期工作，争取早日立项，为尽快建设实施创造条件。

蒋旭光表示，2023 年南水北调集团将着力加快推进国家水网构建。主动承担国家骨干水网建设任务，积极参与骨干输排水通道建设，谋划构建华北水网，参与开发建设战略水源地等一批国家水网重点工程项目。持续延展区域水网，推进国家骨干水网工程与区域水网工程互联互通，提升水网覆盖范围和服务能力。推进水网开发模式创新，深化与有关地方和单位战略合作，通过"调水＋"协同开发周边及密切关联项目和产业，提升综合效益。

此外，2023 年南水北调集团将更加着力强化各类风险防控，持续做好年度调水工作，充分发挥综合效益。突出抓好已建工程防汛和冰期输水工作，加快推进重大问题科技攻关，加快数字孪生南水北调建设。

2022 年，南水北调后续工程加快实施，引江补汉工程快速实现开工建设，东、中线一期工程运行安全平稳、调水任务超额完成。统计显示，2022年度南水北调中线调水 92.12 亿立方米，为年度计划的 127％；东线北延工程向黄河以北补水 1.89 亿立方米，为年度计划的 215％，助力京杭大运河实现了百年来首次全线水流贯通。

（刘诗平　新华社　2023 年 1 月 12 日）

南水北调工程累计调水近 600 亿立方米
超 1.5 亿人受益

记者从中国南水北调集团获悉，南水北调东、中线一期工程全面建成通水 8 年来，累计调水近 600 亿立方米，南水已成为沿线 42 座大中城市、280 多个县（市、区）的主力水源，超 1.5 亿人受益。工程发挥了巨大的经济效益、社会效益和生态效益。

近日，在中国南水北调集团 2023 年工作会议上，中国南水北调集团董事长蒋旭光表示，2022 年度，南水北调东、中线一期工程运行安全平稳，超额完成调水任务。中线调水 92.12 亿立方米，为年度计划的 127%；生态补水 19.7 亿立方米，超额完成华北地区补水任务；东线北延工程向黄河以北补水 1.89 亿立方米，为年度计划的 215%，助力京杭大运河实现近百年来首次全线水流贯通。

过去一年，中国南水北调集团在推进南水北调后续工程高质量发展领导小组的领导下，领军构建国家水网，深度参与《南水北调工程总体规划》评估修编和后续工程规划设计；全力推进引江补汉工程提前半年开工，正式拉开南水北调后续工程建设的大幕；组织开展西线有关重大专题研究，加快畅通国家水网大动脉。同时，充分利用品牌、管理、人才、融资等优势，积极参与有关骨干水网工程和地方水网工程建设，发挥国家水网建设国家队、主力军作用。

此外，坚持依网布链、协同固链、整合优链，围绕南水北调和国家水网项目建设运营，积极拓展涉水产业布局，争当现代水产业链"链长"，为推进南水北调和国家水网事业高质量发展、做强做优做大国有资本夯实基础。

蒋旭光谈到，2023 年是全面贯彻落实党的二十大精神的开局之年，是加快推进南水北调后续工程高质量发展、加快构建国家水网的关键之年。中国南水北调集团将立足"调水供水行业龙头企业、国家水网建设领军企业、水安全保障骨干企业"战略定位，深入实施"通脉、联网、强链"总体战略，加快推进南水北调后续工程高质量发展。

一方面，着力推进南水北调后续工程规划建设，加快畅通国家水网大动脉，完善"四横三纵"规划布局。继续深度参与《南水北调工程总体规划》

修编；高标准高质量建设好引江补汉工程；加快推进东、中线后续工程规划建设；加快推进西线工程前期工作，争取早日立项，为尽快建设实施创造条件。

另一方面，着力推进国家水网构建，充分发挥市场主体作用，主动承担国家骨干网建设，持续延展区域水网，推进水网开发模式创新，积极探索实践"调水＋"模式，打造上下游延伸产业链、拓展左右岸周边产业群，加快打造水利融合发展平台，争当现代水产业链"链长"，提升综合效益。

再一方面，着力加快世界一流企业建设，巩固深化国企改革三年行动，持续推动水价水费政策调整、工程竣工验收和土地确权，创新筹融资机制，加快做强做优做大国有资产。

蒋旭光还表示，2023年中国南水北调集团将着力强化各类风险防控，持续做好年度调水工作，充分发挥综合效益。突出抓好已建工程防汛和冰期输水工作，加快推进重大问题科技攻关，加快数字孪生南水北调建设。

"新征程上，我们将切实履行好国资央企的经济责任、政治责任、社会责任。坚定'志建南水北调、构筑国家水网'的初心使命，为保障国家水安全、服务构建新发展格局作出新的更大贡献。"蒋旭光说。

（余璐　人民网　2023年1月14日）

助力实现"双碳"目标
南水北调工程沿线首批分布式光伏
试点项目并网发电

近日，记者从中国南水北调集团获悉，南水北调工程沿线首批分布式光伏试点项目顺利通过并网验收，正式发电投用。该项目预计年发电量275万千瓦时，为南水北调工程提供绿色便捷能源同时，将为推进清洁能源在调水工程中的广泛应用提供宝贵经验。

"绿色是南水北调和国家水网工程的底色。我们要站在人与自然和谐共生的高度，将绿色发展理念贯穿工程规划建设运营全过程和企业改革发展各方面。"中国南水北调集团相关负责人介绍，首批分布式光伏试点项目利用南水北调工程沿线惠南庄泵站、卫辉管理处、辉县管理处、邳州泵站的办公楼、闸室、降压站等屋顶空间，建设光伏发电项目，采用"自发自用、余电上网"的运营模式。

据了解，首批试点项目全部投运后每年可为南水北调东中线调水提供绿色电力约 275 万千瓦时，相当于节约标准煤 842 吨，节约用水 3328 吨，减少二氧化碳排放 2304 吨，减少废水排放 149 吨。

中国南水北调集团相关负责人表示，在南水北调工程沿线受水区的大力支持下，中国南水北调集团新能源公司联合中线公司、东线公司，克服天气等不利影响，短时间内完成了南水北调工程沿线首批分布式光伏试点项目的技术论证、工程施工建设、并网验收等工作，最终顺利实现并网发电，以实际行动为"绿色调水"赋能助力。

"下一步，中国南水北调集团将充分发挥自身优势，在确保南水北调工程安全、供水安全、水质安全的前提下，深入推进南水北调工程沿线和国家水网沿线光伏发电、风力发电、水力发电、抽水蓄能等新能源项目开发，助力绿色低碳调水，积极推进南水北调后续工程和中国南水北调集团绿色低碳高质量发展，为实现'双碳'目标贡献力量。"上述负责人说。

（余璐　人民网　2023 年 1 月 16 日）

一杯长江水千里北上　甘甜如初

这个春节，有很多北方地区的老百姓喝上了长江水。根据最新数据，南水北调工程目前已累计调水 598 亿立方米，惠及沿线 42 座大中城市、280 多个县市区的 1.5 亿人。今天（1 月 29 日），让我们用特殊的视角，看看这一杯跨越千里的长江水是如何保持甘甜如初的？

不久前，河北邯郸的丛台区新建了南水北调工程的配套水厂，让周围 33 个村子在这个春节喝上了长江水。

这一杯水在抵达李进民家中之前，要经历大约 9 天、780 公里的漫漫征程。如何守住甘甜的水质是沿途的第一道难关。

9天前，在起点处的河南渠首，自动取水设备正在采集水样，pH值、溶解氧、含氟量……最多时会有89项指标实时汇总到监测平台中。

在一个个水质监测站的保护下，这些来自南方的水一路向北，输送了大约5天之后遇到了第二道难关——黄河拦住了它们的去路。想要继续北上，只能在黄河下方挖出一条通道，让南水从水下穿过。

滚滚黄河对水底的压力可想而知，在如此巨大的水压之下，确保隧道安全成了重中之重。

我们通过三维透视还原了水下的场景。两条平行的隧洞深埋黄河之下23米，每条隧洞中，密密麻麻上千个传感器环绕着上下左右每一个方向。最近每时隔3米就会有一个监测压力的传感器测量着细微的压力变化。即便是隧洞出现0.01毫米的位移，调度人员都能精准掌握、立刻反应。在平安穿越黄河之后，南水进入到隆冬季节的北方，随时骤降的气温让它再次面临严峻的考验。

在水下，8对超声波流量计24小时不间断工作，实时监测着水温、流速、水位等一系列指标。一旦发生任何异常，拦冰、扰冰设备将立刻启动。正是在像这样的10万多个传感器和7000多个摄像头的守护下，让南水经过了重重难关。如今，流进百姓家中的一杯水，硬度只有过去的三分之一，也让多个流域内的生态系统得到了滋养。

（张勤　王琰　朱江　李斌　郭茜　世玉　张伟　佳昕　张昊　张志　志坚　鹏翔　袁圆　芷旖　丛婧　高琳　央视网　2023年1月30日）

科技赋能南水北调：600亿立方米南水安全北上

记者从中国南水北调集团获悉，截至2月5日，南水北调东中线一期工程累计调水突破600亿立方米，直接受益人口超过1.5亿人。按照黄河多年平均天然径流量580亿立方米计算，相当于为北方地区调来了超过黄河一年的水量。

南水北调工程沿线河湖生态环境复苏
（中国南水北调集团新闻宣传中心供图）

南水北调是国之大事，是世纪工程、民心工程。如今，中国南水北调集团实施科技创新举措，加强重大核心关键技术攻关和成果转化，守护着南水北调的工程安全、供水安全、水质安全。

"水下机器人"准备下水作业
（中国南水北调集团新闻宣传中心供图）

无论是"水下机器人"的研发应用，还是未卜先知雨情冰情的"中线天气"APP系统，抑或是南水北调东线一期工程的"世界最大泵站群"，借助科技成果的综合应用，南水北调工程安全运行管理如虎添翼。时至今日，源源不断的南水为京津冀协同发展、雄安新区建设、黄河流域生态保护和高质量发展等国家重大战略实施提供了有力的水资源支撑和保障，促进了产业结构优化升级和调整，实现了水资源集约节约高效利用。

供水安全：智慧调度实现人水和谐

在"千泉之城"济南，"水涌若轮"胜景再现；在素有"百泉"之称的河北邢台，狗头泉、黑龙潭等泉眼稳定复涌……人水和谐的背后是中国南水北调集团把供水安全的要求落到实处，以自动化调度系统建设为目标，实现了南水北调东中线一期工程输水量的连年攀升。

如何保障规模宏大、输水过程状况复杂、控制节点多、技术要求高且渠道调蓄能力有限的总干渠的运行安全，这成为南水北调工程运行管理工作必答题。

南水北调中线工程总调度中心（赵柱军　摄）

中国南水北调集团相关负责人介绍，近年来，研究建立的供水计划生成模型、冰期输水调度模型、总干渠水力学模型已充分应用到工程调度运行中，为调度应急预案提供了技术支撑。已开发应用的南水北调中线工程自动化调度系统确保了中线总干渠的供水安全。

从"数字孪生南水北调（洪泽泵站）大型泵站水泵声纹 AI 监测系统"在南水北调洪泽泵站 2022 年北延应急供水等调水中的成功应用，到南水北调东线山东干线公司的调度运行系统智慧化、数字化升级改造，"智慧调度"为

600 亿立方米南水安全北上保驾护航。

截至目前，南水北调中线一期工程累计向北方 50 余条河流进行生态补水 90 多亿立方米，滹沱河、瀑河、白洋淀等一大批河湖重现生机，华北地区浅层地下水水位止跌回升。南水北调东线沿线利用抽江水及时补充蒸发渗漏水量，使湖泊蓄水保持稳定，生态环境持续向好，永定河 865 公里河道实现了 1996 年以来首次全线通水，京杭大运河实现近百年来首次全线水流贯通。

水质安全：创新驱动确保清水北送

绿色始终是南水北调工程的底色。确保一江清水向北流，是南水北调工程的使命担当。

"以前，一直喝地下水，黄牙病很常见。现在喝长江水，口感好，水垢少。"山东省德州市武城县镇庞庄村村民张金云深有感触地说。

中国南水北调集团相关负责人表示，自南水北调东中线一期工程全面通水以来，东线水质稳定保持在Ⅲ类标准及以上，中线水质稳定在Ⅱ类标准及以上。近年来，中国南水北调集团加大生态保护力度，加强水源区和工程沿线水资源保护和污染防治，完善水质监测体系和应急处置预案，以创新驱动确保南水北调水质安全，着力打造绿色生态工程的样板。

管理创新上，稳步推进水质监测、水质保护、风险防控等水质保障工作，探索建立"政府主导、企业参与、社会监督、多方配合"的治污模式，通过"四不两直"方式开展水质安全生产专项检查，及时消除安全隐患问题。与沿线地方相关部门建立突发事件应急处置机制，推进保护区内污染源整治整改行动。

科技创新上，依托国家"十三五"水体污染控制与治理科技重大专项，搭建了南水北调中线总干渠水质预警预报业务化管理平台。此外，南水北调中线浮游藻类 AI 识别研究取得突破，南水北调中线输水水质保障水平进一步提升。

科技是第一生产力。切实维护南水北调工程安全、供水安全、水质安全，筑牢供水"生命线"，离不开科技的助力。中国南水北调集团相关负责人表示，下一步，中国南水北调集团将坚定不移扛起保障国家水安全、服务构建新发展格局的重大政治责任，加快实施人才强企战略和创新驱动战略，以高水平科技自立自强，不断提高核心竞争力，坚定不移推进南水北调后续工程高质量发展，坚定不移加快构建国家水网，坚定不移加快建设世界一流企业，切实履行好"调水供水行业龙头企业、国家水网建设领军企业、水安全保障骨干企业"的使命担当，为全面建设社会主义现代化国家提供有力的水安全保障。

（余璐　人民网　2023年2月5日）

南水北调工程向北方调水
突破 600 亿立方米

记者从中国南水北调集团有限公司了解到，截至5日，南水北调东、中线一期工程累计调水突破600亿立方米。按照黄河多年平均天然径流量580亿立方米计算，相当于为北方地区调来了超过黄河一年的水量。

南水北调东、中线一期工程于2014年12月实现全面通水。通水以来，年调水量持续攀升。中线所调南水已由规划的辅助水源成为受水区的主力水源；东线北延工程的供水范围已扩至河北、天津，提高了受水区供水保障能力。目前，工程直接受益人口超过1.5亿人。

据南水北调集团相关负责人介绍，南水北调集团在做好年度正常供水工作的基础上，与水源、沿线省市密切协作，统筹正常供水和生态补水，兼顾输水调度和防汛抗洪。在主汛期前，增大河流生态补水流量，助力修复华北地区河湖生态系统。进入主汛期后，实时优化调度，动态调整上下游之间补水流量，根据河流行洪情况错峰调度，全力加大向北方供水。

生态补水方面，南水北调中线累计向北方50余条河流进行生态补水90多亿立方米，使滹沱河、白洋淀等一批河湖生态改善，华北地区浅层地下水水位止跌回升。东线沿线受水区利用抽江水及时补充蒸发渗漏水量，使湖泊蓄水保持稳定，生态环境持续向好。

水质方面，目前南水北调中线水质保持或优于地表水Ⅱ类标准，东线水质稳定保持地表水Ⅲ类标准。

（刘诗平　新华社　2023年2月5日）

南水北调东中线一期工程
已累计输水 600 亿立方米

记者从中国南水北调集团了解到，截至今天（2月5日）6点，南水北调东中线一期工程自 2014 年全面通水以来，已累计调水 600 亿立方米。按照黄河多年平均天然径流量 580 亿立方米计算，相当于为北方地区调来超过黄河一年的水量。

通水 8 年多来，北调的南水惠及东、中两条输水线路沿线 42 座大中城市 280 多个县市区，直接受益人口超过 1.5 亿人，发挥了巨大的经济、社会和生态综合效益。截至目前，工程连续安全平稳运行，设备设施运转正常。中线水质持续保持或优于地表水Ⅱ类标准，东线水质持续稳定保持地表水Ⅲ类标准。

（周伟　陈博　宇翔　央视网　2023 年 2 月 5 日）

南水北调东中线累计调水量
超 600 亿立方米

记者从水利部、中国南水北调集团获悉：截至 2 月 5 日，南水北调东中线一期工程（含东线一期工程北延应急供水工程）累计调水量突破 600 亿立方米，惠及沿线 42 座大中城市 280 多个县（市、区），直接受益人口超过 1.5 亿人。按照黄河多年平均天然径流量 580 亿立方米计算，相当于为北方地区调来了超过黄河一年的水量。

南水北调东中线一期工程全面通水 8 年多来，水利部加强工程调度运行管理，保障了工程安全平稳运行、供水正常有序、水质稳定达标。中国南水北调集团加大生态保护力度，加强水源区和工程沿线水资源保护和污染防治，完善水质监测体系和应急处置预案，以创新驱动确保南水北调水质安全。自全面通水以来，东线水质稳定保持在Ⅲ类标准及以上，中线工程水质稳定在Ⅱ类标准及以上。截至目前，南水北调中线累计向北方 50 多条河流进行生态补水 90 多亿立方米，滹沱河、瀑河、白洋淀等一大批河湖重现生机，华北地区浅层地下水水位止跌回升。

目前东线、中线、东线一期工程北延应急供水工程 3 条输水线路平稳有序实施调水。水利部将进一步筑牢南水北调"工程安全、供水安全和水质安全"底线，持续优化水资源配置格局、提升工程综合效益、复苏河湖生态环境，有效保障群众饮水安全，深入推进引江补汉工程建设等后续工程各项工作。

（王浩 《人民日报》 2023 年 2 月 6 日）

南水北调东中线一期工程累计
调水突破 600 亿立方米

从水利部、中国南水北调集团获悉，2 月 5 日，南水北调东中线一期工程累计调水突破 600 亿立方米（含东线一期北延应急供水工程），惠及沿线 42 座大中城市 280 多个县（市、区），直接受益人口超过 1.5 亿人。

南水北调东中线一期工程全面通水 8 年多来，水利部加强工程调度运行管理，有效保障了工程安全平稳运行、供水正常有序、水质稳定达标。通水以来，年调水量持续攀升。受水区通过水源置换、生态补水等综合措施，复苏沿线河湖生态。截至目前，中线累计向北方 50 余条河流进行生态补水 90 多亿立方米，滹沱河、瀑河、白洋淀等一大批河湖重现生机，华北地区浅层地下水水位止跌回升。东线沿线利用抽江水及时补充蒸发渗漏水量，使湖泊蓄水保持稳定，生态环境持续向好，济南"泉城"再现四季泉水喷涌景象，永定河 865 公里河道实现了 1996 年以来首次全线通水，京杭大运河实现近百年来首次全线水流贯通。工程全面通水以来，东线水质稳定保持在Ⅲ类标准及以上，中线工程水质稳定在Ⅱ类标准及以上。

在超额完成第 8 个调水年度计划基础上，水利部继续统筹指导新一年度调水工作。目前东线、中线、东线一期北延应急供水工程等三条输水线路平稳有序实施调水，其中东线一期工程年度计划调水 12.63 亿立方米，已调水 2.58 亿立方米，为年度计划的 20.46%；中线一期工程年度计划调水 71.38 亿立方米，已调水 17.06 亿立方米，为年度计划的 23.9%；东线一期北延应急供水工程穿黄断面计划调水 2.72 亿立方米，已调水 0.97 亿立方米，为年度计划的 35.69%。

（陈晨 《光明日报》 2023 年 2 月 6 日）

"让'南水'润泽更多地区"

——走进北京南水北调配套工程现场

"管道要做好清理，顶管机要做好调试，一定要注意生产安全。"2 月 7 日一早，北京南水北调配套工程大兴支线新机场水厂连接线 13 标段的建设工地上，建设队伍的负责人正在进行班前讲话，梳理当日重点工作，并认真做好安全施工提示。

工人在北京南水北调配套工程大兴支线新机场水厂
连接线工地搬运建筑材料（新华社记者 李欣 摄）

北京南水北调配套工程大兴支线工程横跨北京市大兴区与河北省固安县，旨在打通南水北调中线水源进京的第二通道。而全长 14 公里的新机场水厂连接线则是大兴支线的组成部分，未来将保障北京大兴国际机场临空经济区的用水需求。

班前讲话结束后，工人们整理安全帽，戴上手套，顺楼梯走下竖井开始作业。13 标段主要负责在埋深约 20 米的地下进行管道铺设。由于工程要穿过沙层、富水层，施工条件较为复杂，工人们需要仔细检查、清理已铺设好的管道，同时对各项设备进行调试，确保施工高效安全。

工人在北京南水北调配套工程大兴支线新机场水厂连接线的
地下管线中施工（新华社记者　李欣　摄）

"这台是我们的主力设备顶管机，它的专长就是'穿针引线'。"顺着新机场水厂连接线 13 标段项目经理王梓任所指的方向，一台位于竖井底部的硕大机器映入眼帘。据他介绍，顶管机由机头、顶镐等部分组成。施工时，机头在前，待铺设的管道置于中间。二者如同针与线，在尾端的顶镐推动下切掘土体，匀速向前，一边破孔开洞，一边完成管道铺设。

北京南水北调配套工程大兴支线新机场水厂连接线工地现场，
顶管机正在进行作业（受访者供图）

在顶管机操作室与现场工人的精心配合下，机头顺利进入土体，引导待铺设的管道匀速前进。这项重要的水利工程在新年正式起跑。

记者从北京市水务建管中心了解到，春节后中心认真组织各参建单位管理人员、劳务人员陆续返岗，在各工作面开展复工检查和工人岗前教育培训，积极推进各项工程建设。目前，包括大兴支线新机场水厂连接线、河西支线、团九二期等工程在内的北京南水北调配套工程重点续建项目正平稳有序推进。

"各配套工程建设者将克服困难、奋进协作，全力保证工程安全、优质、高效如期完成，让'南水'早日润泽更多地区。"北京水务建管中心南水北调建设管理科科长季国庆说。

2014年底，千里之外的"南水"奔涌入京。截至2022年底，北京市累计建成南水北调中线干线约80公里、市内配套输水管线约265公里；新建和改造自来水厂11座。如今，约七成"南水"被用于北京城区自来水供水，已成为保障北京城市用水的主力水源。

（田晨旭　新华社　2023年2月8日）

北京"南水"利用总量达85亿立方米
受益人口逾1500万

记者17日从北京市水务局获悉，自2014年南水北调水进京以来，北京市优先将南水用于城市供水，建成13座以南水为水源的城市公共供水水厂，南水处理总规模达到470万立方米每日，南水利用总量达到85亿立方米。目前北京城市供水水源70％为南水，1500余万民众从中受益。

北京市近日发布《北京市推进供水高质量发展三年行动方案（2023年—2025年）》，提出到2025年，市、区、乡镇、村四级水源保护体系全面建立，覆盖城乡的供水设施体系基本建成，总供水能力提高到1000万立方米每日以上。

北京市水务局副局长李宇介绍，北京是一个水资源短缺的特大型城市，在南水北调水进京之前，年人均水资源占有量仅为100立方米左右，供水处于"紧平衡"状态。

李宇表示，南水北调水进京以来，北京市按照"先地表后地下，先外调后本地"的水资源配置原则，优先将南水用于城市供水，减少密云水库出水，涵养地下水，存储战略水资源。截至目前，北京市城市供水水源70%为南水，1500余万民众从中受益。

李宇说，北京密云水库和本地地下水等战略水源得到存储和补给，实现了供水安全与水资源配置双赢。密云水库蓄水量最高达35.79亿立方米，创建库以来最高纪录，并持续稳定在30亿立方米左右高储量运行；平原区地下水位连续7年累计回升10.11米，增加储量51.8亿立方米。

李宇表示，南水北调水进京后，北京的水资源形势发生了巨大改变，供水设施体系建设迎来了高速发展新阶段。

李宇指出，北京市城乡供水发展仍然存在发展不均衡、不充分的难题。未来三年，北京市将持续推进城市公共供水水厂及管网建设，补齐农村地区供水短板，推动城乡供水融合发展。

（陈杭　中国新闻社　2023年2月17日）

两部门推动南水北调工程受水区
加强全面节水

记者18日从水利部了解到，水利部、国家发展改革委近日联合发布《关于加强南水北调东中线工程受水区全面节水的指导意见》，全面推进南水北调工程受水区水资源节约集约利用。

意见要求，南水北调工程受水区省市要坚持先节水后调水、先治污后通水、先环保后用水，坚持把实施南水北调工程同受水区节约用水统筹起来，坚持把节水作为受水区的根本出路，全面落实水资源刚性约束，全面提升用水效率，全面健全节水制度，全面加强节水管理，推动受水区全面建成节水型社会。

意见提出，南水北调工程受水区省市要采取更高标准、更严管理、更强措施，严格总量强度控制，深化节水体制机制改革，建立健全节水制度政策，充分调动和发挥各方力量，推动全社会共同节水，长期深入做好节水工作。

到 2025 年，南水北调工程受水区万元国内生产总值用水量控制在 33 立方米以内，万元工业增加值用水量控制在 15 立方米以内，农田灌溉水有效利用系数提高到 0.64 以上，非常规水源利用量超过 55 亿立方米，县区级行政区达到节水型社会标准。

（刘诗平　新华社　2023 年 2 月 18 日）

引江补汉工程进入主体隧洞施工阶段

2 月 18 日，引江补汉工程主体隧洞施工现场

（新华社记者　肖艺九　摄）

从中国南水北调集团获悉，历经 7 个多月的艰苦奋战，南水北调后续工程首个开工项目——引江补汉工程建设取得突破性进展。2 月 18 日上午，在引江补汉工程输水总干线出口，随着多臂凿岩台车启动钻孔施工，引江补汉工程正式进入主体隧洞施工阶段，为工程全面开工建设奠定坚实基础。

引江补汉工程于 2022 年 7 月 7 日正式开工，工程建成后将提高汉江流域的水资源调配能力，增加南水北调中线工程北调水量和供水保证率，为汉江流域和华北地区提供更好的水源保障，实现南北两利。引江补汉输水总干线出口段工程位于湖北省襄阳市谷城县、十堰市丹江口市境内，包括出口段5085 米输水隧洞。输水总干线出口段工程概算投资（静态）约 14.84 亿元，施工合同总工期 60 个月。

据了解，引江补汉工程全长 194.8 公里，采用深埋、长距离、大口径隧洞输水，工程沿线地质条件复杂，是我国极具挑战的重大水利工程项目。输水总干线出口段隧洞施工区域将穿越涌水、突泥、大断裂和软岩大变形等不良地质，遭遇强岩爆、高温、有害气体等施工难题，安全风险极高，施工难度极大，在国内外调水工程中尚无先例。对此，中国南水北调集团科学布局、超前谋划，加大大型机械化配套和智能化设施投入，隧洞开挖采用全电脑凿岩台车钻孔、光面爆破等先进技术，初期支护及二衬混凝土施工采用智能支护台架、衬砌台车等智能化手段，可有效节约人工和建设成本，保障施工效率与进度，为工程安全保驾护航。

水利部要求强化质量安全控制，坚持"确保质量、确保安全、科学施工、能快尽快"的原则，努力把引江补汉工程建设成为经得起历史和实践检验的精品工程。中国南水北调集团把引江补汉工程开工建设作为推进后续工程高质量发展的头等大事，强化过程指导、服务与监督，压实现场建设管理部及各参建单位责任，确保工程建设进度、质量、安全时时受控。建立健全管理体系，深入推行施工过程标准化管理，坚持首件评估，样板引路，试验先行，创新工艺工法，切实保障工程质量。广大建设者经过 7 个多月的奋战，克服高边坡、深基坑高强度开挖施工组织与安全稳定问题，实现了出口段主隧洞进洞目标。

下一步，中国南水北调集团将继续全面贯彻党的二十大精神和中央经济工作会议精神，聚焦引江补汉工程全面开工的总体目标，统筹谋划，加压奋进，努力开创引江补汉工程全面开工建设新局面，为扩大有效投资、以工代赈助力稳就业、促进经济运行整体好转作出积极贡献。

（陈晨 《光明日报》 2023 年 2 月 19 日）

引江补汉工程进入主体隧洞施工阶段
南水北调后续工程建设取得新进展

记者从中国南水北调集团获悉，2 月 18 日，在引江补汉工程输水总干线出口，随着多臂凿岩台车启动钻孔施工，引江补汉工程正式进入主体隧洞施工阶段，南水北调后续工程首个开工项目中线引江补汉工程建设取得新进展。

引江补汉工程输水总干线出口段隧洞
施工现场（余璐　摄）

记者了解到，引江补汉工程于 2022 年 7 月 7 日正式开工，工程从长江三峡库区引水入汉江丹江口水库下游，输水线路总长 194.8 公里，工程静态总投资 582.35 亿元，设计施工总工期 9 年。工程建成后将提高汉江流域的水资源调配能力，增加南水北调中线工程北调水量和供水保证率，为汉江流域和华北地区提供更好的水源保障，实现南北两利。

据引江补汉工程项目法人、中国南水北调集团江汉水网建设开发有限公司副总经理上海峰介绍，引江补汉工程输水总干线出口段隧洞施工区域将穿越涌水、突泥、大断裂和软岩大变形等不良地质，遭遇强岩爆、高温、有害气体等施工难题。为克服工程难点，施工中将加大大型机械化配套和智能化设施投入，可有效节约人工和建设成本，保障工程建设安全、高效开展。

据了解，引江补汉工程输水总干线出口段工程安乐河和桐木沟两大工区工作面已全线铺开，桐木沟检修交通洞已实现进洞。目前，施工现场进场作业人员 400 余人、机械设备 195 台，工程建设有序推进。

"引江补汉工程可连通三峡工程和南水北调工程，进一步打通南北输水通

工作人员操作多臂凿岩台车进行钻孔施工（余璐　摄）

南水北调中线工程的源头——丹江口水库

（中国南水北调集团供图）

道，畅通国家水网大动脉。"中国南水北调集团相关负责人表示，该工程具有大埋深、长线路、大洞径等技术特点和"高地应力、高水压、高地温，断层多、地下水多、软岩多"等地质难点，工程的建设也将促进我国重大基础设施技术创新能力的提升。

（杜燕飞　人民网　2023年2月20日）

南水北调工程受水区节水工作全面推进

万元国内生产总值用水量控制在 33 立方米以内

近日，水利部、国家发展改革委联合印发《关于加强南水北调东中线工程受水区全面节水的指导意见》（以下简称《意见》），全面推进受水区水资源节约集约利用工作。到 2025 年，受水区万元国内生产总值用水量控制在 33 立方米以内，万元工业增加值用水量控制在 15 立方米以内，农田灌溉水有效利用系数提高到 0.64 以上，非常规水源利用量超过 55 亿立方米，县（区）级行政区达到节水型社会标准。

《意见》要求，受水区省（市）要坚持先节水后调水、先治污后通水、先环保后用水，坚持把实施南水北调工程同受水区节约用水统筹起来，坚持把节水作为受水区的根本出路，全面落实水资源刚性约束，全面提升用水效率，全面健全节水制度，全面加强节水管理，推动受水区全面建成节水型社会。受水区省（市）要采取更高标准、更严管理、更强措施，严格总量强度控制，深化节水体制机制改革，建立健全节水制度政策，充分调动和发挥各方力量，推动全社会共同节水，长期深入做好节水工作。

（王浩 《人民日报》 2023 年 2 月 21 日）

水利部、国家发展改革委推动南水北调
受水区加强全面节水

近日，水利部、国家发展改革委联合印发《关于加强南水北调东中线工程受水区全面节水的指导意见》，全面推进受水区水资源节约集约利用工作。

《意见》要求，受水区省（市）要以习近平新时代中国特色社会主义思想为指导，深入贯彻习近平总书记"节水优先、空间均衡、系统治理、两手发力"治水思路和关于推进南水北调后续工程高质量发展重要讲话精神，坚持先节水后调水、先治污后通水、先环保后用水，坚持把实施南水北调工程同受水区节约用水统筹起来，坚持把节水作为受水区的根本出路，全面落实水

资源刚性约束，全面提升用水效率，全面健全节水制度，全面加强节水管理，推动受水区全面建成节水型社会。

《意见》提出，受水区省（市）要采取更高标准、更严管理、更强措施，严格总量强度控制，深化节水体制机制改革，建立健全节水制度政策，充分调动和发挥各方力量，推动全社会共同节水，长期深入做好节水工作。到2025年，受水区万元国内生产总值用水量控制在33立方米以内，万元工业增加值用水量控制在15立方米以内，农田灌溉水有效利用系数提高到0.64以上，非常规水源利用量超过55亿立方米，县（区）级行政区达到节水型社会标准。

（成静 《中国经济导报》 2023年2月21日）

从"源头"到"龙头" 南水北上润万家

长江委南水北调中线水源公司守护"一泓清水永续北上"

初春时节正午时分，北京市丰台区居民吴小琴打开家中自来水直饮机，往茶杯中加入来自千里之外——湖北丹江口水库自南水北调中线工程长渠一路北上的汉江水。"以前自来水有点苦，还有点咸，自从'南水'10年前进京后水质变得甘甜，不需要再单独买水泡茶。"吴小琴是江苏人，今年是她在北京生活的第15个年头。

南水北调中线一期工程受益的不仅仅是北京，自其2014年12月全面通水以来，目前累计向中国北方调水超过了620亿立方米，而且从根本上改变了受水区的供水格局，成为沿线京、津、冀、豫26座大中城市的主力水源，直接受益人口超1.08亿，为京津冀协同发展、雄安新区建设等国家重大战略实施，以及改善华北地区生态环境提供了可靠支撑。

守"安"于心 践"安"于行

2004年，水利部批准组建南水北调中线水源有限责任公司（以下简称

"中线水源公司"），负责丹江口大坝加高、丹江口库区征地移民安置和中线水源供水调度运行管理专项三个设计单元工程的建设管理。由长江水利委员会（以下简称"长江委"）履行出资人职责。

2014年中线工程通水后，该公司在履行项目法人职责的基础上，继续担负中线水源工程运行管理工作。

当前，该公司积极践行新阶段水利高质量发展要求，坚持以履行好中线水源工程运行管理职责为主线，围绕工程管理、库区管理、水源地保护、推进能力建设、科技创新等开展了大量工作，切实维护南水北调工程安全、供水安全、水质安全，为确保一泓清水永续北上提供有力的保障，成为严把"源头关"的"水管家"。

丹江口水库正常蓄水水位是170米，该水位意味着水库防洪、供水、生态等综合效益得到全面发挥。每年在确保防洪安全的前提下，如何充分利用好汛末洪水资源，使得水库成功蓄至170米，是大坝加高完成通水以后面临的一道考题。

2023年9月下旬，丹江口水库按照批复计划启动汛末提前蓄水工作，但轮番而至的秋雨，却拉响了汉江流域的秋汛警报。月底，汉江2023年第1号、第2号洪水相继生成，丹江口水库最大入库流量达到16400立方米每秒。

面对这场通水以来最严峻的防汛"大考"，长江委科学精细调度以丹江口水库为核心的汉江上中游干支流控制性水库群，中线水源公司广大干部职工则闻"汛"而动，生动诠释了维护"三个安全"的使命和担当。

国庆中秋双节期间，中线水源公司第一时间组织召开专题会议，安排部署节假日值班及防汛应急处置等工作，及时启动高水位期间水质加密监测、库区监测巡查及大坝安全监测巡查等三项应急预案，并同步开展数字孪生丹江口工程实时在线推演研判。

为维护工程安全，中线水源公司加密丹江口水库大坝安全监测及巡视检查频次，对新老混凝土结合面等部位重点巡查，同时依托安全监测自动化系统，实现对大坝坝体及库区的可视化监控，并确保风险预防控制和应急处置各项措施落实到人。

为确保供水安全，面对汛期反枯和汛末洪水双重叠加考验，中线水源公司严格按照长江委调度指令开展工作，充分发挥水库拦蓄作用，既有效减轻了汉江中下游防洪压力，也为下年度供水奠定坚实基础。

为保障水质安全，中线水源公司秋汛期间开展 32 个人工监测断面及黄庄、黄家港、何家湾和江北大桥 4 个断面水位加密监测、水质采样及现场监测工作，及时、全面掌握 2023 年汛期库区大流量、高水位条件下的水质变化情况，全过程掌握水质变化情况。

除非常时期加密监测，中线水源公司还持续完善水质监测体系，加快推进水文水质同步自动监测，研究构建"天空地"一体化的水质监测体系。

2023 年汉江秋汛防御与汛后蓄水取得"双胜利"，为确保南水北调中线工程和汉江中下游供水安全奠定了坚实基础。

截至目前，南水北调中线工程已实现"零事故"超过 4500 天，超额完成了 2022—2023 年度水量调度计划，且库区水质持续稳中向好，陶岔渠首断面水质均符合Ⅰ～Ⅱ类水质标准。

科技赋能"智"护清水

对照"三个安全"，中线水源公司近年来扛牢"守好一库碧水"的政治责任，积极推进数字孪生丹江口建设先行先试。

数字孪生丹江口系统是中国首个在大型水库满蓄中深度运用的数字孪生工程，在没有先例可以借鉴的背景下，中线水源公司以数据共建共享模式为依托，调动优势资源力量集智攻关，推进丹江口水库管理向数字化转型。

2023 年 9 月，数字孪生丹江口工程上线试运行。该工程紧密围绕防洪兴利、供水安全、大坝安全、水质安全、库区安全业务需求，深度融合数字孪生汉江流域，开展了"天空地内"透彻监测感知网、数据底板、孪生平台、信息化基础设施、智能业务应用及网络安全建设，实现了各项业务的"四预"功能，基本实现了工程安全动态综合评估、供水安全滚动保障及水质安全精准模拟，让科学处置"跑"在风险前面。

2023 年汉江秋汛防御期间，数字孪生丹江口大坝安全结合每日监测数据及丹江口水库预报调洪演算成果，滚动计算在实测及预演条件下的工程安全性态，分析计算丹江口水库不同调洪水位工况下可能存在的工程安全风险，支撑防洪调度在流域层面和工程层面的实时互馈分析，为汉江流域防洪调度决策提供重要支撑。数字孪生丹江口大坝安全系统的应用，改变了过去大坝安全性态演算需要专业团队耗时数月完成海量计算，以及基于分析结论的处置多依靠人工经验等局限，实现了大坝安全性态的实时在线计算。

在 170 米蓄水过程中，数字孪生丹江口采用每日最新的库区水文、水质监测数据以及丹江口水库预报调洪演算成果，通过水质预警功能确定水质超标指标或风险指标，调用数字孪生丹江口水动力水质模型开展未来 7 日的推演，计算污染物在未来 7 天的演进过程和浓度变化趋势，分析库区特别是陶岔水质风险，并提出管理建议，实现了短时间内对水质污染输移扩散情况开展精准预判。

近日，从水利部传来消息，数字孪生丹江口工程成功入选水利部《数字孪生水利建设典型案例名录（2023）》和《数字孪生水利建设十大样板名单（2023）》。

政企协同　齐护共管

作为全开放型饮用水水源水库，丹江口水库拥有 1050 平方公里的水域面积，4000 多公里的库岸线，库区沿线涉及河南省淅川县和湖北省郧西县、丹江口市、张湾区、武当山特区、郧阳区共 6 个县（市、区）。

为破解库区管理难题、消除风险隐患，中线水源公司在多次实地调研后，探索开展丹江口水库政企协同管理试点。从 2021 年 3 月到 2022 年 9 月，该公司先后与库周六县（市、区）人民政府签订了丹江口库区协同管理试点工作协议，实现丹江口库区政企协同管理试点工作全覆盖。

中线水源公司相关负责人介绍，该公司发挥在库区巡查技术等方面的企业优势，库区地方政府则发挥县直相关部门、乡镇在属地管理和行政执法方面的优势，形成了在河长制框架下"县-乡-村"网格化政企协同管理机制，政企双方通过取彼之长补己之短，共同做好丹江口库区管护。

基于"守好一库碧水"的共同政治责任，丹江口库区协同管理试点工作在探索中不断深化、细化，从工作机制、常态化联巡联查、数据信息共享、管理能力建设等方面着手，汇聚起库区保护的强大合力。

"网格化"是丹江口库区协同管理的重要举措。依托河湖长制，丹江口水库库区按照行政属地管理划分为若干个"网格"，每一个格子安排专人负责，充分发挥协同共管作用。

目前，中线水源公司已完成库周六县（市、区）、41 个乡镇、380 个行政村、600 余名网格化管理责任人的信息收集、核对，录入库区巡查 APP、丹江口库区实景三维一张图，并编印成册。今后库区遥感解译信息、现场巡查信息将通过手机等终端设备，快速传达到涉事现场的最前沿，以最快的速度上报、解决问题。

政企协同管理试点在水利部部署、长江委组织的"守好一库碧水"专项整治行动中也发挥了重要作用。截至 2024 年 2 月底，已累计完成 917 个问题整改，累计拆除丹江口库区管理范围内违法违规建（构）筑物 26.89 万平方米、清除弃土弃渣 255.31 万立方米，恢复岸线 25.89 千米，恢复防洪库容 1475.09 万立方米，复绿库岸 82.90 万平方米，拆除网箱 2.44 万平方米，拆除拦网 22.92 千米，拆除堤坝 24.63 千米。

库周六县（市、区）积极履行协同管理协议，在库区消落区管理、水域岸线保护、水资源保护等方面做了大量卓有成效的工作。其中，丹江口市印发了《蓝天碧水保卫战十大攻坚行动实施方案》，成立了丹江口水库水质安全保障指挥中心，消落区全面实施退耕禁耕；郧阳区加大了泗河流域漂浮物清理和藻类治理力度，泗河水质明显改善；淅川县成立保水质护运行办公室，动员 2400 多名扶贫公益岗位护水员队伍，常态化开展库区环境卫生清理工作；张湾区实施库周物理隔离，引导群众将畜禽粪污整理收运还田，减少化肥使用，控制农业面源污染，保护库区水质；武当山特区启动库周生态敏感带生态修复、剑河流域支沟治理、52 家民宿生活污水治理等项目。

从"协议"到"协同"，再到"协作"，中线水源公司库区政企协同管理正从"有名有实"转向"有力有效"。

永续北上　任重道远

汉江发源于秦岭南麓，干流流经陕西、湖北两省。汉江流域是南水北调中线工程重要的水源地，对助力国家水网建设、促进区域统筹协调发展、推动地区经济社会高质量发展等具有重要意义。

当前，党和国家高度重视南水北调中线工程水源地水质保护。对此，中线水源公司坚决贯彻落实水利部、长江委工作部署，以"时不我待、时时放心不下"的责任感，紧紧围绕坚持以履行中线水源运行管理职责为主线，着力提升工程运行管理和企业经营管理能力，切实维护中线水源工程安全、供水安全、水质安全的工作思路，系统实施公司"十四五"发展规划，数字孪生中线水源工程、南水北调中线水源工程运行管理重大科技问题研究、能力建设规划等三个顶层设计的发展战略，扎实推进数字孪生丹江口工程建设，全方位提高工程运行管理水平，全过程防控企业经营管理风险，全力确保"一泓清水永续北送"。

丹江口水库管理控制流域面积跨越湖北、河南、陕西、四川、重庆和甘肃六省（市），涉及流域机构、工程管理单位和库周政府等多个责任主体和多个行业，现行国家、部委及地方的相关法规文件难以协同衔接；同时，还存在着水库部分时段总磷浓度升高，库湾等局部水域"水华"时有发生，库区及上游200多座尾矿库、危化品运输的隐患风险；水源区生态保护补偿长效机制没有建立，库周地方政府缺少资金来源渠道开展库区管理与保护工作等问题。

多位全国人大代表和政协委员建议，需按照"流域统筹、水陆统管、协同统一"的工作思路，尽快研究制定并出台与南水北调中线水源地相匹配适应的专项法律法规；推动成立专门的流域管理机构，全面履行丹江口水库和汉江上游流域统一规划、统一治理、统一调度、统一管理职责；加快研究建立库区及汉江上游管理的流域生态保护补偿机制，切实维护"三个安全"；完善中线水源工程水价构成，为丹江口水库库区和库区地方政府开展监管与保护工作提供长效资金保障。

（晏雷 蒲双 张艳玲 郭晓莹 《中国新闻》 2023年3月9日）

中国南水北调集团党组书记、董事长蒋旭光委员

加快南水北调西线工程规划建设

我国水资源短缺、时空分布极不均匀、水旱灾害多发频发，是世界上水情最为复杂、江河治理难度最大、治水任务最为繁重的国家之一。当前，水资源供应保障能力不足已成为加快构建新发展格局、实现高质量发展的短板，迫切需要加快推进南水北调后续工程高质量发展，加快构建国家水网。

南水北调工程是国家水网主骨架、大动脉，南水北调西线工程作为南水

北调"四横三纵"的重要一纵，是国家水网大动脉的重要组成部分，对于促进黄河流域生态保护和高质量发展重大国家战略实施，保障国家水安全、生态安全、粮食安全、能源安全具有战略性意义。建议加快推进西线工程前期工作，尽快启动西线一期先期实施工程可研工作，为工程在"十四五"末开工建设创造条件。

《南水北调工程总体规划》明确，南水北调工程包括东线、中线、西线三条调水线路。东、中线一期工程全面建成通水 8 年多来，累计调水超 600 亿立方米，直接受益人口超 1.5 亿人。目前尚未开工的西线工程计划在长江上游调水入黄河上游，主要目标是解决青海、甘肃、宁夏、内蒙古、陕西、山西等 6 省（自治区）在内的黄河上中游地区和渭河关中平原的缺水问题。未来结合计划，在黄河上游兴建的黑山峡水利枢纽等工程，还可向临近黄河流域的河西走廊地区供水，必要时相机向黄河下游补水。西线工程前期工作已历经 70 多年论证，成果丰富，已具备较好基础，是看得准、迟早要干、晚干不如早干的国家重大战略性基础设施。从建设周期看，西线一期工期至少需10 年时间，要实现到 2035 年国家水网主骨架和大动脉逐步建成的目标，迫切需要在"十四五"末开工建设。

（陈晨 《光明日报》 2023 年 3 月 10 日）

直接受益 8500 万人 南水北调中线一期工程通水以来累计调水超过 523 亿立方米

日前，中国南水北调集团有限公司公布数据，南水北调中线一期工程 2021—2022 年度调水 92.12 亿立方米，再创新高。通水 8 年多来，南水北调中线一期工程累计调水超过 523 亿立方米，惠及沿线 24 座大中城市、200 多个县（市、区），直接受益人口达 8500 万人。

南阳市认真践行"绿水青山就是金山银山"发展理念，全面加强南水北调中线工程水源地保护，筑牢生态防线、发展生态经济，更为广大南阳籍在外人才厚植回归家乡投资兴业沃土。

扛 起 护 水 使 命

春寒料峭，在南水北调中线陶岔渠首附近，有一名身有残疾的义务护水人李进群，每天都会来到这里，义务在周围捡拾垃圾，保护水源。

作为一名清漂队员，王钦和其他 7 名队员负责香花镇宋岗码头区域的护水工作，清理、打捞水面漂浮物，捡拾岸上垃圾。

南阳市生态环境局淅川分局生态环境监测站为扎实做好流域水质监测工作，确保及时得出数据，如实掌握水质情况，检测频次由原有的每月一次增加至一天一次，断面由原来的 10 个增加至 20 余个。

这些常年守护库区水面和沿岸的护水人，在不同岗位上扛起水质保护使命，对库周区域进行全天候保洁，敢担当、善作为、甘奉献，只为"守好这一库碧水"。

"壮 士 断 腕" 守 水

"轰隆——"去年 3 月 8 日，随着一声巨响，在淅川县丹江口水库马蹬镇崔湾村段 170 米水位线以下，一座长达 139 米的拦汉筑坝违章建筑轰然倒塌。

此后，马蹬镇寇楼村一个投资 500 万余元占地千余亩的大闸蟹养殖基地被全部拆除；上集镇库岸线下的涉法涉诉破产企业天惠牛奶厂厂房等顺利拆除，设备被妥善安置……这些都是淅川县"守好这一库碧水"专项整治行动的缩影。

在收到水利部长江委交办疑似线下违法违规点位线索，淅川县第一时间成立"守好一库碧水"专项整治工作指挥部，由县委书记担任政委、县长担任指挥长，高质量推进专项整治工作，当年共完成整改销号 494 处问题，恢复有效库容 530 万立方米，连通水域 5800 亩，库区面貌焕然一新。

绿 色 转 型 发 展

淅川，是南水北调中线工程渠首所在地，因为特殊的地理位置，有树不能伐、有鱼不能捕、有矿不能开、有畜不能养，如何找到"国家要生态、地方要发展、农民要致富"的最佳结合点？

守好一库碧水，持续要靠生态。淅川县以生态文明建设为引领，通过生态农业转型、特色文旅引领等方式，引进50余家企业投资生态产业，种植30余万亩软籽石榴等"染绿"库区，97.2万亩无公害农产品示范基地惠及城乡。高质量治理石漠化荒山38.2万亩，治理水土流失面积1100平方公里，生态修复湿地5000余亩。淅川县丹江口库区森林覆盖率由"十二五"末的45.7%提升到目前的61.7%。

"2023年，淅川将通过落实丹江特有鱼类国家级水产种质资源保护区全面禁捕、丹江口水库一级保护区陆域边界智能警戒视频监控系统建设、丹江河道治理等一系列行动，巩固提升南水北调和饮用水水源安全保障水平，守好一库碧水，确保一渠清水安全北送。"淅川县委书记周大鹏的话掷地有声。

（中国日报网　2023年3月23日）

南水北调中线一期工程累计调水
超 550 亿立方米

记者从水利部长江水利委员会获悉，截至3月30日17时，南水北调中线一期工程自2014年12月全面通水以来，已累计向受水区调水达550亿立方米，相机实施生态补水约90亿立方米，直接受益人口超8500万，成为沿线20余座大中城市名副其实的供水"生命线"。

近年来，长江委统筹防洪、供水、生态、发电、航运等需求，持续强化工程运行管理，精心开展水量调度，切实维护南水北调工程安全、供水安全、水质安全，充分发挥丹江口水库综合利用效益，持续深入推进南水北调中线及后续工程高质量发展，陶岔渠首供水量连续3年创历史新高。

据悉，南水北调中线一期工程全面通水以来，综合效益显著，有效缓解了受水区用水紧张局面，华北地区大部分河湖实现了有流动的水、有干净的水。

（范昊天　《人民日报·海外版》　2023年3月31日）

南水北调中线一期工程调水超 550 亿立方米

记者从水利部长江水利委员会获悉，截至 30 日 17 时，南水北调中线一期工程自 2014 年 12 月全面通水以来，已累计向受水区调水超 550 亿立方米，实施生态补水约 90 亿立方米，直接受益人口超 8500 万。

近年来，长江委统筹防洪、供水、生态、发电、航运等需求，持续强化工程运行管理，开展水量调度，充分发挥丹江口水库综合利用效益。

据介绍，为确保供水安全，长江委组织编制了丹江口水库优化调度方案和中线一期工程优化运用方案，结合数字孪生建设试点，积极推进中线一期工程水量调度信息化建设；为确保水质安全，持续推进丹江口水库"守好一库碧水"专项整治行动，结合水库常态化巡查，严密跟踪水库水质变化。

（田中全　李思远　新华社　2023 年 3 月 31 日）

南水北调中线一期工程累计向雄安新区
供水超 1 亿立方米

据中国南水北调集团消息，截至目前，南水北调中线一期工程已累计向河北省雄安新区城市生活和工业供水突破 1 亿立方米，为雄安新区建设提供坚实的水安全保障。

目前，南水北调中线一期工程通过雄安容城县和保定雄县两大分水口，每天向雄安新区供水近 9 万立方米。

自 2017 年以来，南水北调中线一期工程通过蒲阳河、瀑河等退水闸，持续向白洋淀及上游河流进行生态补水，已累计生态补水 8.49 亿立方米。白洋淀水位稳定保持在 7 米左右，淀区面积从 2017 年的 170 平方公里，扩大到近 300 平方公里，水质由 2017 年的劣 V 类提升到 III 类标准，雄安新区生态环境持续得到改善。

（央视网　2023 年 4 月 1 日）

南水北调东线工程助力京杭大运河
再次实现全线水流贯通

4日上午10时，位于山东德州的四女寺枢纽南运河节制闸开启，岳城水库水经卫运河与南水北调东线一期工程北延应急供水工程（以下简称"南水北调东线北延工程"）水、引黄水汇合，进入南运河；位于天津静海区的九宣闸枢纽南运河节制闸开启，南来之水经南运河与天津本地水汇合；位于天津河北区的新开河耳闸开启，引滦水进入京杭大运河天津市中心城区段；此前，北运河水和天津本地水汇合，与南运河水在天津三岔河口交汇；至此，南水北调东线北延工程、潘庄引黄、官厅水库、岳城水库、引滦工程、再生水及雨洪水六个水源的水全部进入京杭大运河，京杭大运河黄河以北段（自北京市东便门至山东省聊城市位山闸）707公里全线贯通实现有流动的水。

南水北调东线一期工程及北延工程为此次通水主力水源。按照《水利部关于印发京杭大运河2023年全线贯通补水方案的通知》要求，2023年3月至5月，南水北调东线北延工程经小运河、六分干、七一河、六五河向京杭大运河南运河段补水，至5月31日计划补水量达到1.21亿立方米，约占本次计划总补水量的30.6％。

此次补水路径还包括：岳城水库水，经漳河向卫运河、南运河补水；引黄水，经潘庄引黄渠首、潘庄总干渠、马颊河、沙杨河、头屯干渠、漳卫新河倒虹吸，向南运河补水；引滦水，经永金引河、新开河向天津市中心城区段补水；官厅水库水，经永定河引水渠、北京市中心城区河湖水系向通惠河补水；再生水及雨洪水，为通惠河和北运河补水。贯通补水涉及北京、天津、河北、山东四省（直辖市），8个地级行政区，31个县级行政区。除向京杭大运河黄河以北段补水外，同步为途经的439公里河道补水。4月4日，涉及的1146公里补水河道全部实现贯通流动。

据介绍，中国南水北调集团多次召开专题会议研究部署补水工作，按照水利部京杭大运河2023年全线贯通补水方案，细化落实各项措施，确保补水目标如期实现。

一是统筹做好南水北调东线北延工程与东线一期工程、岳城水库、潘庄引黄工程的联合调度工作，加强与沿线相关单位沟通，充分利用东线一期工程富余供水能力，尽可能向京杭大运河多补水。

二是协调东线一期工程沿线相关水行政主管部门和工程运行管理单位，做好抽江水量测算、上下游调度衔接与省际断面水量交接工作，充分利用沿线湖泊调蓄功能，有效利用错峰等优化调度手段满足京杭大运河贯通补水量需求。

三是强化京杭大运河沿线的日常巡查和管护工作，有效结合河湖长制协作机制建设，加强与地方的沟通协作，共同为京杭大运河贯通补水工作保驾护航。

（欧阳易佳　人民网　2023 年 4 月 5 日）

蓝绿交织　　水城共融

近日，南水北调北京段重要配套工程——亦庄调节池二期管理设施工程通过验收。

自二期项目全面投入使用以来，亦庄调节池水面面积在原有 12.4 公顷的基础上增加 42 公顷，不仅能大大提升南水北调供水保障率，也进一步擦亮了"蓝绿交织"的城市生态底色。

亦庄调节池水质指标始终保持在 Ⅱ 类标准，生态环境持续提升，甚至发现了有着"水中大熊猫"之称的桃花水母。

（贺勇　《人民日报》　2023 年 4 月 25 日）

南水北调东线累计向山东调水
逾 60 亿立方米

中国南水北调集团有限公司 29 日统计显示，南水北调东线一期工程自 2013 年 11 月正式通水以来，累计向山东省调水突破 60 亿立方米，惠及沿线 12 个市、61 个县（市、区），受益人口超过 6700 万人。

南水北调东线一期工程利用京杭大运河及其平行河道逐级提水北送，其中山东境内全长 1191 公里。工程已连续 9 个年度圆满完成向山东供水任务，为受水区经济社会发展提供了有力的水资源支撑。

南水北调东线一期工程在助力古老运河重现生机的同时，实现了长江水、黄河水、当地水的联合调度和优化配置，有效缓解了鲁南、山东半岛和鲁北地区缺水难题，地下水位持续下降的趋势得到控制，同时有效改善了沿线河湖生态。

南水北调集团相关负责人表示，下一步，南水北调集团将落实南水北调后续工程高质量发展要求，确保南水北调工程安全、供水安全、水质安全，充分发挥已建工程效益，进一步提高水资源支撑经济社会发展能力，全面推进南水北调后续工程高质量发展。

（新华社　2023 年 4 月 29 日）

南水北调东线一期工程累计
向山东调水量突破 60 亿立方米

据南水北调集团消息，南水北调东线一期工程自 2013 年 11 月正式通水以来，累计向山东省调水量突破 60 亿立方米，惠及沿线 12 个市、61 个县（市、区），受益人口超 6700 万。

据介绍，南水北调东线一期工程利用京杭大运河及其平行河道逐级提水北送。其中，东线一期工程山东境内全长 1191 公里，与配套工程体系构建起"T"字形骨干水网格局。工程在助力古老运河重现生机的同时，实现了长江水、黄河水、当地水的联合调度、优化配置，有效缓解了鲁南、山东半岛和鲁北地区缺水困境，地下水位持续下降的趋势得到了控制。

南水北调东线一期工程还多次配合地方防洪排涝，累计泄洪、分洪 5.48 亿立方米，有效减轻了工程沿线地市的防洪压力。

南水北调东线一期工程建成运行以来，有力保障了沿线群众饮水安全。2014 至 2018 年胶东大旱，青岛、烟台、威海、潍坊四市连续遭遇干旱引发供水危机，东线一期工程不间断向胶东地区供水 893 天，累计向胶东四市净供水 14.42 亿立方米，发挥了重要的水安全保障作用。

此外，在生态补水、水源置换等方面，南水北调东线一期工程持续发力，有效提高了区域水环境容量和承载能力，累计向南四湖、东平湖生态补水 3.74 亿立方米，避免了湖泊干涸；为济南市小清河补水 2.45 亿立方米、保泉补源 1.78 亿立方米，保障了济南泉水持续喷涌；曾被称为"酱油湖"的南四湖水质由Ⅴ类和劣Ⅴ类提升到Ⅲ类，成功跻身全国水质优良湖泊行列。东线一期工程沿线河湖已初步形成河畅、水清、岸绿、景美的靓丽风景线，人民群众的生活环境显著改善、满意度和幸福感显著提升。

下一步，中国南水北调集团聚焦调水主责主业，落实南水北调后续工程高质量发展要求，确保南水北调工程安全、供水安全、水质安全，充分发挥已建工程效益，进一步提高水资源支撑经济社会发展能力，全面推进南水北调后续工程高质量发展，加快构建国家水网主骨架和大动脉，为形成畅通的国内大循环、促进南北方协调发展提供有力的水安全保障。

（欧阳易佳　人民网　2023 年 4 月 30 日）

南水北调东线调水入鲁突破六十亿立方米

据中国南水北调集团有限公司统计：截至 4 月 29 日，南水北调东线一期工程自 2013 年 11 月正式通水以来，累计向山东省调水量突破 60 亿立方米，惠及沿线 12 个市、61 个县（市、区），受益人口超 6700 万。

南水北调东线一期工程利用京杭大运河及其平行河道逐级提水北送。其中，东线一期工程在山东境内全长 1191 公里，与配套工程体系构建起"T"字形骨干水网格局，实现了长江水、黄河水、当地水的联合调度、优化配置，有效缓解了当地缺水问题，地下水水位持续下降的趋势得到控制。工程已连续 9 个年度圆满完成向山东供水任务，为受水区经济社会发展提供了有力水资源支撑，综合效益显著。

（王浩　《人民日报》　2023 年 5 月 1 日）

南水北调累计调水突破 620 亿立方米

中线累计向雄安新区供水超 1 亿立方米

记者从中国南水北调集团有限公司获悉：截至目前，南水北调东、中线一期工程累计向北方调水超 620 亿立方米，已惠及沿线 42 座大中城市 280 多个县（市、区），直接受益人口超过 1.5 亿人。此外，中线一期工程已累计向雄安新区城市生活和工业供水超 1 亿立方米，为推进雄安新区建设提供了坚实的水安全保障。

南水北调工程改变了沿线城乡供水格局。2021 至 2022 年度，中线一期工程调水再创历史新高，超 92 亿立方米。东线一期工程累计向山东调水超 60 亿立方米。"南水"已占北京城区供水的 75%，占天津城区供水的 99%，覆盖河南 11 个省辖市，河北省 1300 多万农村人口喝上优质"南水"。

南水北调工程持续加大生态补水力度，助力华北地区地下水超采综合治理和河湖生态环境复苏，目前累计实施生态补水近 100 亿立方米。京津冀地区从根本上扭转了地下水水位逐年下降的趋势，地下水水位实现总体回升。

中国南水北调集团坚定不移推进南水北调后续工程高质量发展。目前，引江补汉工程建设总体进展顺利，下半年引江补汉工程即将迎来全面施工阶段。中线工程的沿线调蓄工程前期工作将依法合规积极推进。东线一期效能提升和东线二期工程规划建设等重大问题研究深入开展。此外，南水北调集团全力推动西线工程前期工作，深度参与西线工程重大专题研究和多方案比选论证等工作，夯实西线工程研究基础。

（王浩 《人民日报》 2023 年 5 月 15 日）

南水北调实施生态补水近 100 亿立方米
直接受益人口超 1.5 亿人

中国南水北调集团有限公司 5 月 14 日宣布，自南水北调东、中线一期工程于 2014 年 12 月实现全面通水以来，年调水量持续攀升。南水北调东、中线一期工

程目前累计向北方调水超过 620 亿立方米。其中，实施生态补水近 100 亿立方米，已惠及沿线 42 座大中城市 280 多个县（市、区），直接受益人口超过 1.5 亿人。

（央视网　2023 年 5 月 15 日）

南水北调中线工程防汛应急
抢险演练成功举行

由水利部、河南省人民政府、南水北调集团联合举办的南水北调中线工程防汛应急抢险演练 23 日在河南省鹤壁市淇河倒虹吸成功举行。

淇河属海河流域卫河的重要支流，处于太行山迎风坡。南水北调中线干线工程在鹤壁市以倒虹吸方式穿越淇河。

本次演练模拟自 5 月 20 日以来，受西侧太行山阻挡和抬升影响，淇河上游持续降大到暴雨，淇河倒虹吸左岸上游盘石头水库水位持续上涨，接近设计水位，水库控制泄洪。现场值守人员观测河道水位超过淇河倒虹吸警戒水位，并逐步上升接近校核水位，淇河倒虹吸进口裹头外坡冲刷破坏、上游袁庄沟排水渡槽洪水漫溢入渠，威胁南水北调中线总干渠安全。

本次演练全方位展现预警预报、应急避险、工程抢险、应急救援、应急保障 5 大类工作内容，演练科目有水文测报、水上救援、铅丝石笼抛投、四面体抛投、防护墙加固、渠道边坡防护、应急退水等 7 项，充分展示应急救援队伍的救援技术、协调作战能力和快速反应能力，进一步检验各参演单位应急抢险能力，为安全度汛做好充分准备。

南水北调集团相关负责人表示，根据预测，今年汛期我国气候状况总体为一般到偏差，极端天气事件偏多，降雨呈"南北多、中间少"的空间分布，旱涝并重。南水北调集团立足于防大汛、抗大险、救大灾，以保障南水北调工程"三个安全"为中心，严阵以待，确保发生标准内洪水工程安全度汛，确保发生超标准洪水损失最小，确保不发生人员伤亡事件。

（新华网　2023 年 5 月 23 日）

南水北调东线北延工程完成
2022年至2023年度调水任务

记者从中国南水北调集团有限公司获悉，南水北调东线2022年至2023年度苏鲁省界调水于5月29日结束，共向山东省调水8.5亿立方米；南水北调东线北延应急供水工程31日20时完成2022年至2023年度调水任务，共向黄河以北调水2.77亿立方米。

南水北调东线调水有效缓解了北方受水区水资源短缺状况，为2023年京杭大运河全线贯通补水提供了主力水源，产生了较好的经济效益、社会效益、生态效益。

南水北调集团相关负责人表示，南水北调集团高度重视东线调水工作，加强调水协调督导，解决制约调水关键问题；加强受水区用水需求沟通协调，督促细化优化工程运行调度；强化安全运行管理，加密工程巡查管护，及时消除安全隐患，确保工程安全、供水安全、水质安全。

南水北调东线2022年至2023年度苏鲁省界调水，是东线自2013年正式通水以来的第十个调水年度，工程累计抽调江水量416亿立方米，使沿线25个大中城市、8359万人受益，在优化水资源配置、保障群众饮水安全、复苏河湖生态环境、畅通南北经济循环方面起到了重要作用。

南水北调东线北延工程2022年至2023年度调水，是该工程试通水以来开展的第四次调水。与往年相比，本年度调水启动时间早——2022年12月9日启动，开启了该工程冰期输水的先河；调水时间长——不间断调度运行174天，创造了该工程调水时间最长纪录；调水量大——仅向冀津调水即达2.38亿立方米，创该工程历次调水量之最；助力京杭大运河2023年全线水流贯通——补水1.45亿立方米，是2023年京杭大运河全线贯通的最大补水水源。

（刘诗平　新华社　2023年5月31日）

南水北调东线一期工程北延应急供水工程
2022—2023 年度调水任务圆满完成

本年度向黄河以北调水 2.77 亿立方米

2023 年 5 月 31 日 20 时，位于山东省德州市武城县的六五河节制闸缓缓关闭，至此，南水北调东线一期工程北延应急供水工程 2022—2023 年度调水任务圆满完成，本年度北延应急供水工程向黄河以北调水 2.77 亿立方米，助力京杭大运河百年来再次实现全线水流贯通。

5 月 29 日 12 时，南水北调东线台儿庄泵站关机，南水北调东线一期工程 2022—2023 年度苏鲁省界调水基本结束，向山东省调水 8.5 亿立方米。本次调水在黄河以南启用东线一期工程 13 个梯级共 22 座泵站进行输水，同时首次启用不牢河线跨省向北调水。工程有效缓解了受水区水资源短缺状况，为 2023 年京杭大运河全线贯通补水提供了主力水源，产生了良好的经济效益、社会效益、生态效益。

据介绍，本年度是自 2019 年北延应急供水工程试通水以来开展的第 4 次调水，较往年在 4 个方面取得了重大突破，即启动时间早、调水时间长、调水量大、调度运行管理难度高。一是较往年调水时段集中在 3 月至 5 月不同，早在 2022 年 12 月 9 日，北延应急供水工程就启动了本年度调水工作，开启了该工程冰期输水的先河，旨在保障津冀地区春灌储备水源，确保粮食安全，进一步巩固华北地区河湖生态环境复苏和地下水超采综合治理成效。二是不间断调度运行 174 天，创造了北延应急供水工程调水时间最长纪录。三是本年度向河北、天津调水 2.38 亿立方米，完成年度计划的 110%，是历次北延应急供水工程调水量的最大值。四是再次助力京杭大运河全线水流贯通，补水 1.45 亿立方米，成为 2023 年京杭大运河全线贯通补水的最大补水水源。在经历了首次冰期输水的考验后，与南水北调东线一期鲁北、潘庄引黄和岳城水库等共同实施多水源多工程联合调度，成功应对北延应急供水工程试通水以来调度运行管理最复杂的挑战。

本年度也是南水北调东线一期工程自 2013 年正式通水以来的第十个调水年度，工程累计抽江水量达 416 亿立方米，沿线 25 个大中城市、8359 万人受益，为受水区经济社会发展提供了有力水资源支撑和保障，经济、社会、生态等综合效益显著，成为优化水资源配置、保障群众饮水安全、复苏河湖生态环境、畅通南北经济循环的生命线。

（王菡娟　人民政协网　2023年6月1日）

南水北调东线通水以来惠及8359万人

记者从中国南水北调集团有限公司获悉：5月31日20时，位于山东省德州市武城县的六五河节制闸缓缓关闭，南水北调东线一期工程北延应急供水工程2022年至2023年度调水任务完成，本年度向黄河以北调水2.77亿立方米。此外，5月29日，南水北调东线一期工程2022年至2023年度苏鲁省界调水基本结束，向山东省调水8.5亿立方米。

本年度是自2019年北延应急供水工程试通水以来开展的第四次调水。本年度调水启动时间早、调水量大、调度运行管理难度高，不间断调度运行174天，创造了北延应急供水工程调水时间最长纪录；向河北、天津调水2.38亿立方米，是历次北延应急供水工程调水量的最大值。

本年度也是南水北调东线一期工程自2013年正式通水以来的第十个调水年度，累计抽江水量达416亿立方米，沿线25座大中城市、8359万人受益，为受水区经济社会发展提供了有力水资源支撑，经济、社会、生态等综合效益显著，成为优化水资源配置、保障群众饮水安全、复苏河湖生态环境、畅通南北经济循环的生命线。

（王浩　《人民日报·海外版》　2023年6月2日）

2023年京杭大运河全线贯通
补水任务顺利完成

水利部2日发布消息称，历时3个月的2023年京杭大运河全线贯通补水任务近日顺利完成，累计补水 9.26 亿立方米，置换了沿线 94.2 万亩耕地地下水灌溉用水。

在 3 月至 5 月补水期间，京杭大运河黄河以北 707 公里河段全线有水，其中 4 月 4 日至 5 月 31 日全线过流。

水利部相关负责人表示，此次补水工作，通过优化配置调度南水北调东线北延应急供水工程供水、京津冀鲁四省市本地水、引黄水、引滦水、再生水及雨洪水等水源，在 2022 年实现百年来首次全线水流贯通基础上，进一步发挥南水北调东线工程综合效益，持续推进华北地区河湖生态环境复苏和地下水超采综合治理，助力大运河文化保护传承利用。

与 2022 年相比，今年补水时长增加一个半月，全线过流时间增加 20 余天，总补水量增加近 1 亿立方米，置换沿线地下水灌溉面积增加近 15 万亩。

（新华社　2023 年 6 月 2 日）

今年京杭大运河全线贯通
补水顺利完成

记者从水利部了解到，历时 3 个月的 2023 年京杭大运河全线贯通补水任务近日顺利完成，累计补水 9.26 亿立方米，置换了沿线 94.2 万亩耕地地下水灌溉用水。

这次补水工作通过优化配置调度南水北调东线北延应急供水工程、京津冀鲁四省市本地水、引黄水、引滦水、再生水等水源，在 2022 年实现百年来首次全线水流贯通基础上，进一步发挥南水北调东线工程综合效益，持续推进华北地区河湖生态环境复苏和地下水超采综合治理，助力大运河文化保护传承利用。

（李洁　央视网　2023 年 6 月 3 日）

北延应急供水工程完成本年度调水任务

南水北调东线惠及 8359 万人

记者从中国南水北调集团有限公司获悉：5 月 31 日 20 时，位于山东省德州市武城县的六五河节制闸缓缓关闭，南水北调东线一期工程北延应急供水工程 2022 年至 2023 年度调水任务完成，本年度向黄河以北调水 2.77 亿立方米。此外，5 月 29 日，南水北调东线一期工程 2022 年至 2023 年度苏鲁省界调水基本结束，向山东省调水 8.5 亿立方米。

本年度是自 2019 年北延应急供水工程试通水以来开展的第四次调水，本年度调水启动时间早、调水量大、调度运行管理难度高，不间断调度运行174 天，创造了北延应急供水工程调水时间最长纪录。

本年度也是南水北调东线一期工程自 2013 年正式通水以来的第十个调水年度，工程累计抽江水量达 416 亿立方米，沿线 25 座大中城市、8359 万人受益，为受水区经济社会发展提供了有力水资源支撑。

（王浩 《人民日报》 2023 年 6 月 3 日）

北京市南水北调地下供水环路实现全线通水

"环线分水口进行开闸。"6 月 9 日，随着工作人员在团城湖调节池环线分水口工作闸控制柜上输入提闸指令，不远处的闸门缓缓开启，团城湖至第九水厂输水工程二期（以下简称"团九二期"工程）正式通水，这标志着北京市南水北调地下供水环路实现全线通水。

据了解，北京市南水北调地下供水环路是指北京市南水北调配套工程沿北五环、东五环、南五环及西四环形成的输水环路，此次通水的"团九二期"工程是其建设的最后一段。这条环路全长约 107 公里，一头连接南水北调中线总干渠，一头连接密云水库至第九水厂的输水干线，是北京市南水北调配套工程的重要组成部分。

北京市南水北调团城湖管理处团城湖管理所所长李文明介绍，这条地下

供水环路不仅能满足南水、密云水库水、地下水三水联调的需要，还将提高环路供水调度中应对供水突发事件的能力，大幅提升北京市供水安全保障。

位于北京市海淀区的团城湖调节池

（新华社记者　田晨旭　摄）

据介绍，"团九二期"工程通水后，北京市团城湖管理处将利用该工程配合有关部门做好全市水资源配置的战略性调整。同时将开展智慧水务、智能闸站建设工作，加大运行管理优化提升力度，促进水资源可持续利用。

截至 2022 年年底，北京市累计建成南水北调中线干线约 80 公里、市内配套输水管线约 265 公里、新建和改造自来水厂 11 座。如今，约七成"南水"被用于北京城区自来水供水，已成为保障北京城市用水的主力水源。

（田晨旭　新华社　2023 年 6 月 9 日）

守住丹江口水库清漂的最后一道防线，
是这支队伍的神圣职责

汉江清漂队：南水北调源头"守井人"

三千里汉江蜿蜒流淌，流经湖北省十堰市郧阳区有 170 公里，该区接纳了整个库区上游各地清漂作业剩下的所有漂浮物，是丹江口水库清漂的最后一道防线。守住这最后一道防线，是以肖安山为首，由 10 余人组成的清漂队的神圣职责。他们被称为汉江守望者、南水北调源头"守井人"。

清漂船上有七件宝

"把救生衣穿好，准备出发。"5 月 28 日 7 时 30 分，在郧阳区牛头岭码头，汉江清漂队队长肖安山大声吆喝。

在他的指挥下，沈召好等 8 名队员分别登上 3 艘机动船。小船沿江而下，朝着杨溪铺方向驶去。

"昨晚吹的是北风，渣滓应该都聚集在下面那个回水湾里。"51 岁的肖安山祖辈三代都是船工，住在汉江边，喝着汉江水长大，对水位涨落、水情变化了如指掌。"我们每天会根据风向确定作业点的究竟是在南岸还是北岸，这样就不会做无用功。"他说。

江风凌厉，到脸上似鞭子抽打般疼痛。小船上，8 名清漂队员像是长在上面一样，随着船体的摆动上下起伏。

不一会儿，机动船便来到了郧阳区城关镇菜园村附近的江面。正如肖安山说的，回水湾里，一些枯枝败叶、塑料袋、空瓶子漂浮在水边。队员从船舱里拿出捞网，顺着水边清理垃圾。

"捞网要对准目标扣下或从侧面舀起来，如果平着伸过去，垃圾就会被水波推开。"肖安山熟练地操作着，"垃圾浸了水，重量会增加几倍，在水的阻力下打捞起来尤为困难"。

"我们清漂船上有七件宝，捞网、铁锹、叉子、刀子、斧头、绳子、耙子，随时应对各式各样的垃圾。"清漂队员沈召好一边忙着清理垃圾一边介绍。

江面上，一个细小的白色影子闯进视野，远远地，肖安山就开始减速，顺着水势让清漂船缓缓上行，走到跟前发现那是一个白色塑料袋。

"见到江面上有垃圾不捡起来，心里总是不得劲，有时候做梦都在江面上捞垃圾。"肖安山说。

"找到使命，充实生命，怒放生命"

汉江是长江的最大支流，是十堰的"母亲河"，更是南水北调工程的核心水源地。为了保护汉江水生态，2017年，郧阳区成立了汉江清漂队。

一叶小舟，一杆网竿，一顶草帽，一件黄衣，是清漂人的标配；风里来，浪里走，水上漂，船上捞，就是清漂人的"江湖人生"。

"三伏天，江面上的温度达到50多摄氏度，甲板温度能上60摄氏度，上面晒，下面烤，难受得很。冬季，江风寒冷刺骨。尤其是梅雨季节，山洪滚滚，江面浪大风急，一不小心就有可能船倾人亡。"肖安山说。

肖安山介绍，2017年成立清漂队以来，他们年均出动船只800余次、清理垃圾2700多吨。

2019年汉江汛期，洪水暴涨，大到房梁屋架、树木枝干，小到柴草渣滓，大量漂浮物被洪水席卷着冲向下游。如果不拦下来、清理走，这些垃圾将漂向丹江口大坝，有的可能会被卷进泄洪口或者发电机组，有的长时间浸泡会污染水质，后果不堪设想。肖安山身先士卒，带领队员全员上阵，早上5点钟开始，晚上10点钟下船，不停不歇，最多的时候一天打捞近80吨漂浮物。"尽管很累，但看到江面上的垃圾被清理干净了，心里的成就感无法用语言形容"。

常在水上漂，风湿少不了。因常年江上作业，肖安山患上了风湿病，一到天气变化，浑身疼痛难忍，但他从未有怨言，工作也从未停歇。整天在河道上清理垃圾，肖安山的衣服总是湿漉漉的，充满着鱼腥味、汗水味。有人可能觉得脏，肖安山却自豪地说："这世界上有很多苦活、累活、脏活，你也不干，我也不干，等谁去干？"

"找到使命，充实生命，怒放生命。"这是肖安山写在驾驶舱操作台上的一句话。他说："我们的工作是辛苦的、危险的，但是看到库清岸绿，清波荡漾，想到北方人民喝上清澈的汉江水，我觉得一切辛苦劳累都值了。"

建立库区清漂保洁长效机制

丹江口水库是南水北调中线工程的命脉，是靠近我国北方缺水地区的天然"水塔"，承担着向华北地区供给优质水资源、拱卫首都生态安全和水安全的重大政治责任。丹江口水库蓄水至170米后，库面达1058公里，其中十堰620公里，占58.6%；库岸线4610.6公里，其中十堰3524.8公里，占76.4%。

构建水库水面日常保洁体系，消除各种不利因素对水库水质造成的严重影响，是保障南水北调工程安全、供水安全、水质安全的前提条件和迫切需要。每逢汛期，库周及上游大量漂浮物汇入丹江口水库，集聚在各"回水湾"和坝前，对水质安全产生隐患，极易诱发局部水华。

2021年10月中旬以来，随着上游来水量增大，丹江口水库水位达到170米，同时造成浮木、杂草等垃圾急剧增多，水位回落后，大量遗留在滩地，挂在树梢。

湖北省十堰市委、市政府站在守护"生命线"的高度，高度重视库区清漂工作，守护"一库碧水永续北送"，制定下发《丹江口库区清漂方案》，自2012年汛期开始实施。

如何多措并举，及时清理漂浮物？十堰市实施《丹江口市库区及上游水污染防治和水土保持"十二五"规划》，为丹江口市添置两艘清漂船，主要负责丹江口大坝周边日常清漂任务。

在加强船舶污染物接收及处置设施建设方面，丹江口市交投公司投入120余万元建造了综合污染物回收船1艘，生活污水接收箱6个，购置真空式收油机1台，负责辖区船舶所产生的污染物收集。

采取市场运作，确保水清河畅也是一个好办法。郧阳区以政府购买服务的方式聘请专业清漂公司对全区河道进行保洁管护，每年列支330万元用作河道保洁专项经费，每月对河道保洁成效进行考核，考核结果与保洁经费划拨挂钩。

怎样实施政企协同，并形成长效机制？参照北京密云水库清漂工作的经验和做法，他们结合十堰库区实际研究提出了"关于建立丹江口库区清漂保洁长效机制的建议"，在湖北省水利厅的支持下，经与长江委、中线水源公司沟通协调，与工程管理单位初步达成一致。中线水源公司与十堰库区5县（市、区）正式签署了库区协同保护管理试点工作协议，双方约定围绕水库管理与保护工作开展紧密协作，实现丹江口水库政企协同保护管理全覆盖。

（张翀　朱江　《工人日报》　2023年6月20日）

完善雄安新区多水源保障供水体系
河北雄安干渠工程开工建设

据水利部消息，6月20日，河北省雄安干渠工程开工建设。工程建成后，将作为雄安新区主要的供水水源，进一步完善雄安新区多水源保障的供水体系，有效保障雄安新区用水安全，为雄安新区经济社会可持续发展提供有力支撑。

雄安干渠工程从南水北调中线总干渠新建输水线路至雄安新区原水应急调蓄池，涉及保定市徐水区及雄安新区容城县。工程设计输水规模为15立方米每秒，输水线路总长度约36.3公里，新建原水应急调蓄池的总库容约为118万立方米，建设工期24个月，工程总投资约21亿元。

据悉，该工程是国务院部署实施的150项重大水利工程之一，也是水利部今年重点推进的重大水利工程。

（欧阳易佳　人民网　2023年6月21日）

千里南水润万家

南水北调东线调水，是2023年京杭大运河全线贯通的最大补水水源。

通过持续的生态补水，南运河沿线生态环境大幅改善。

图为京杭大运河沧州段河道恢复旅游通航（本报记者　吉蕾蕾　摄）

千里南水，一路向北，浩浩荡荡。南水北调，这个旨在破解我国水资源分布"北缺南丰"问题的超级工程，是世界上最大的调水工程。中国南水北调集团有限公司数据显示，南水北调东、中线一期工程通水以来，已累计向北方调水超 630 亿立方米，惠及沿线 42 座大中城市 280 多个县（市、区），直接受益人口超过 1.5 亿人。

水利部南水北调司综合处处长高立军表示，南水北调自通水以来，不仅从根本上改变了受水区的供水格局，改善了沿线生态环境，提高了大中城市供水保障率，也为我国经济社会可持续健康发展提供了有力的水资源保障。

生态补水带来生态效益

在河北省沧州市，穿城而过的大运河成了城市的主轴线。大运河上，一艘艘满载游客的游船推开道道碧波，驶向远方。

"水是实现河道旅游通航的重要保障要素。"沧州市水务局调水管理科副科长杨扬告诉记者，南运河是南水北调东线北延应急供水工程输水线路的重要组成部分，更是沧州人民的"母亲河"。近年来，沧州市充分利用北延应急供水工程，抓住京杭大运河贯通补水等契机，畅通河道，增加水量，实现从断流到阶段性有水再到有流动的水的转变，对大运河沿线生态环境修复起到了积极的促进作用。

5月31日20时，位于山东省德州市武城县的六五河节制闸缓缓关闭。至此，南水北调东线一期工程北延应急供水工程 2022 年至 2023 年度调水任务圆满完成。

"今年是北延应急供水工程试通水以来开展的第 4 次调水。"中国南水北调集团有限公司东线公司副总经理瞿潇说，南水北调东线调水有效缓解了北方受水区水资源短缺状况，本年度累计向黄河以北调水 2.77 亿立方米，为 2023 年京杭大运河全线贯通补水提供了主力水源。

绿色和生态始终是南水北调工程的底色。6月16日8时，丹江口水库水位达到汛限水位 160 米，且仍呈现上涨趋势，具备适当增加供水的条件。水利部、水利部长江水利委员会、中国南水北调集团有限公司着眼华北地区河湖生态环境复苏，抓住供水关键窗口期，在满足沿线正常供水的基础上，于6月16日11时30分正式启动南水北调中线干线向华北地区河湖实施生态补水。

据高立军介绍，南水北调东、中线一期工程全面通水以来，通过水源置换、生态补水等综合措施，有效保障了沿线河湖生态安全。东线沿线受水区各湖泊利用抽江水及时补充蒸发渗漏水量，湖泊蓄水保持稳定，生态环境持续向好；中线目前已累计向北方 50 余条河流生态补水 90 多亿立方米，推动了滹沱河、瀑河、南拒马河、大清河、白洋淀等一大批河湖重现生机，河湖生态环境显著改善。京津冀地区从根本上扭转了地下水水位逐年下降的趋势。

水资源配置格局进一步优化

南水北调东、中线一期工程的全面建成通水，沟通了长、黄、淮、海四大流域，初步构筑了我国南北调配、东西互济的水资源配置格局。通过实施科学调度，年调水量持续攀升，实现了年调水量从 20 多亿立方米持续攀升至近 100 亿立方米的突破性进展。

与此同时，南水北调工程不断扩大供水范围，挖掘工程输水潜力，支撑了京津冀协同发展、雄安新区建设、黄河流域生态保护和高质量发展等国家重大战略实施。目前，"南水"已占北京城区供水的 75%，占天津城区供水的 99%，覆盖河南 11 个省辖市，河北省 1300 多万农村人口喝上优质"南水"。

河南省禹州市神垕镇是"钧瓷之都"。"过去制作瓷器用水，都去驺虞河里拉水，河水干了之后，只好打深水井，电费高，水质差，便选择建水窖接雨水用。"河南省禹州市供水有限公司神垕水厂董事长王敏霞说，"雨水也不够用，瓷器生产企业只好从 30 公里外运水。"

2015 年 1 月 12 日，南水北调中线一期工程向禹州市和神垕镇正式供水，年平均供水 396 万立方米，解决了古镇缺水问题。"现在用南水烧制的瓷器釉面光滑剔透，品质极佳。"神垕镇金鼎钧瓷有限公司总经理高丙建说。

"水资源格局影响着经济社会发展格局。"高立军表示，南水北调工程打通了水资源调配互济的堵点，解决了北方地区水资源短缺的痛点，将南方地区的水资源优势转化为北方地区的经济优势，北方重要经济发展区、粮食主产区、能源基地生产的商品、粮食、能源等通过交通网、电网等输送至全国各地，促进各类生产要素在南北方的优化配置，实现了生产效率效益最大化。

通过赋能河南省郑州市航空港区经济发展、山东省济宁市梁山县梁山港港航经济发展等沿线地区产业结构优化调整，促进受水区经济转型升级，南水北调在加快培育国内完整的内需体系中充分发挥水资源基础保障作用。全面通水以来，按照2022年万元GDP用水量49.6立方米计算，东、中线累计超630亿立方米的调水量，相当于有力支撑了北方地区超过12万亿元GDP的持续增长，为区域协调发展战略的实施提供了强有力的水资源保障。

后续工程建设稳步推进

6月20日，南水北调引江补汉工程夷陵区段正式开工建设，标志着引江补汉工程三峡引水口宜昌段进入前期施工阶段。

引江补汉工程是南水北调中线工程的后续水源工程。据介绍，该工程实施后，将把南水北调工程和三峡工程连接起来，进一步打通长江向北方输水的通道，提高南水北调中线工程供水保证率。同时，还将向汉江中下游补水，对提高汉江流域水资源调配能力、改善汉江中下游水生态环境具有重要作用。

"目前，引江补汉工程总体进展顺利，下半年即将进入主体工程全面建设阶段。"中国南水北调集团有限公司战略投资部副主任张杰平表示，中国南水北调集团将坚定不移推进南水北调后续工程高质量发展。

近日，中共中央、国务院印发的《国家水网建设规划纲要》提出，到2035年，基本形成国家水网总体格局，国家水网主骨架和大动脉逐步建成，省市县水网基本完善。

"南水北调中线引江补汉工程是加快构建国家水网主骨架和大动脉的重要标志性工程。"高立军表示，下一步，水利部将加快完善南水北调工程总体布局。充分发挥南水北调工程生命线作用，用足用好东、中线一期工程供水能力，提高工程供水效益。准确把握东线、中线、西线各自特点，加强顶层设计，优化战略安排，深化方案比选，统筹推进后续工程建设，为畅通国家水网大动脉提供坚实支撑。

（吉蕾蕾　《经济日报》　　2023年6月28日）

"南水"进京超 90 亿立方米
全市直接受益人口超过 1500 万

　　记者从北京市水资源调度管理事务中心获悉,截至 7 月 11 日,南水北调入京水量达 90.23 亿立方米,水质始终稳定在地表水环境质量标准 II 类以上,全市直接受益人口超过 1500 万。

　　2014 年底,千里之外的"南水"奔涌入京。八年多来,北京市始终以习近平总书记"节水优先、空间均衡、系统治理、两手发力"治水思路为指导,紧紧围绕"安全、洁净、生态、优美、为民"首都水务五大发展目标,严格按照"节、喝、存、补"用水方针,确保最大限度利用南水北调水。

北京南水北调团城湖调节池向第九水厂输送"南水"

(秦鑫　摄)(新华社发)

　　北京市水务部门介绍,90 亿余立方米的进京"南水"中,约 60 亿立方米用于自来水厂供水,约占入京水量的七成;约 22 亿立方米"南水"被输送至密云、怀柔等本地大中型水库及密怀顺水源地,用于水资源存蓄。其余部分则用于城市河湖补水。随着"南水"持续润泽北京,全市地下水保持回升态势,水源地生态修复持续向好发展。

　　奔涌而来的"南水"还为用水高峰提供了重要保障。据介绍,2022 年以来，北京市降雨持续减少，近期又逢全市连续遭遇高温天气，城市用水面临严峻考验。为保障城市水量安全，确保市民正常生活用水，自6月22日至7月7日，北京市水务部门进行了"南水"入京"三连调"。入京流量由计划的30立方米每秒调增至46立方米每秒，日水量398万立方米。同时，北京市水资源调度管理事务中心协同北京自来水集团，深挖水厂利用"南水"潜力，13座自来水厂日均取水340万立方米，达到自"南水"进京以来水厂日取水量最高峰，占比达85%，有效增加了北京水资源总量，提高了城市供水安全保障。

（田晨旭　赵东杰　新华网　2023年7月11日）

南水北调中线工程
累计向京津冀豫调水 575 亿立方米

盛夏时节，位于南水北调中线工程渠首所在地河南省南阳市
淅川县的丹江口库区丹江大观苑，碧波荡漾，风光旖旎
（王中举　摄）（人民视觉）

记者从中国南水北调集团有限公司获悉，截至目前，南水北调中线工程向北京输水 90.67 亿立方米，水质始终稳定在地表水环境质量标准Ⅱ类以上，北京市直接受益人口超过 1500 万。

目前南水北调中线工程累计向京津冀豫四省份调水 575 亿立方米，中线工程正式通水以来已惠及沿线 24 座大中城市、200 多个县（市、区），直接受益人口超 8500 万。受水区城市的生活供水保证率由最低不足 75％提高到 95％以上，工业供水保证率达 90％以上。通水以来，中线供水水质持续稳定达到或优于地表水Ⅱ类标准。

（王浩　《人民日报·海外版》　2023 年 7 月 27 日）

香港中学生走进南水北调工程一线

"香港中学生走进南水北调"主题活动近日在北京举办，香港油尖区少年警讯交流团 32 名中学生和 4 名警员实地参观了北京团城湖、中国南水北调集团展厅并交流座谈。

香港中学生交流团参观了南水北调工程展室，游览明渠和调节池工程，沉浸式感受南水北调工程"国之重器"的科技力量，详细了解南水北调工程规划、建设过程以及战略意义等。

大家在参观后表示，水利是经济社会发展的基础，调水工程惠泽内地和香港。实地参观南水北调工程，了解祖国的国情水情，有利于厚植家国情怀，增强爱国爱港意识。

（潘旭涛　《人民日报·海外版》　2023 年 8 月 1 日）

湖北丹江口：南水北调博物馆
主体建筑封顶

7 月 29 日，由长江设计公司—中交二航局联合体承建的国内规模最大的调水主题博物馆——南水北调博物馆项目主体建筑成功封顶，标志着该项目将正式进入陈列展览及装饰建设阶段。

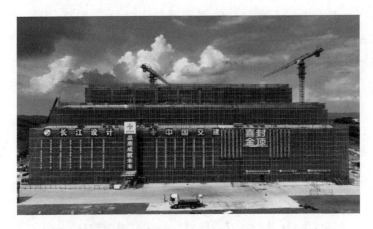

南水北调博物馆项目主体建筑成功封顶（康浩浩　摄）

项目位于南水北调中线工程核心水源区——湖北省丹江口市，紧邻丹江口大坝、南水北调中线工程纪念园和沧浪海旅游港，占地面积约为120亩，建筑面积33996平方米，主要建设内容包括主展馆、附属展馆及室外展区，以及生态停车场2个，绿化面积11898平方米。

博物馆设计方案以"均州楚韵"为主题，结合古均州造城理念及静乐宫宫殿结构，提取高台基、深出檐、美山墙、巧构造、精装饰、红黄黑六大风格特征，加以凤纹、纹饰等风格点缀，体现荆楚韵味，恢宏大气。

项目将建成为集工程纪念、地域文化特色于一身的国家级调水主题博物馆，系统展示南水北调工程建设成就、生态保护效果、移民群众奉献精神和文化遗产保护成果。

中交二航局有限公司南水北调博物馆现场负责人介绍，这个项目于2022年7月开工，丹江口市专班驻点服务，现场协调和解决各种困难和问题，面对高温、工期紧张等压力，项目管理团队调动各方资源，将BIM技术与现场施工充分融合，安全、优质、高效地实现了项目主体建筑封顶。

据悉，南水北调博物馆计划于南水北调中线工程通水十周年之际开馆，将成为南水北调核心水源区文旅打卡新地标。

（熊琦　曾奇奇　黄伟锋　康浩浩　新华社　2023年8月1日）

南水北调中线工程运行平稳
受水区各城市供水正常

记者从中国南水北调集团有限公司（以下简称"南水北调集团"）获悉，截至8月6日，南水北调中线工程运行平稳，水质达标，陶岔渠首入渠流量200立方米每秒，沿线77处分水口门正常供水，水质稳定达标，受水区各城市供水正常。东线一期工程目前处于非调水期，积极投入沿线地方防洪排涝。

受今年第5号台风"杜苏芮"减弱低压环流和冷空气共同影响，7月28日以来，海河流域普降大到暴雨，局地特大暴雨，海河发生流域性大洪水，南水北调中线范围暴雨区内海河流域相继发生编号洪水、超警以上洪水、超保证洪水。最高峰时，中线工程全线共6座建筑物超警戒水位，左岸47座水库超汛限，工程防汛面临严峻考验。

水利部、国务院国资委、国家发展改革委、应急管理部等部委高度重视南水北调防汛保安全工作，先后作出安排部署。

8月4日起，随着水雨情逐步减弱，目前除少数渠段维持Ⅰ级响应外，其他渠段、工程已逐步降低应急响应等级，恢复正常值守。

南水北调集团相关负责人介绍，暴雨洪水发生以来，集团密集会商、迅速响应，及时召开会议部署安排防御工作，各分公司随时与沿线各级防办、水利、应急等部门保持密切联系，并安排专人到水利厅值班，及时获取地方防汛及水库调度相关信息，组织沿线各级运行管理单位对左排、河渠交叉等重点建筑物落实24小时盯防，实时掌握过流情况。人员、物资、设备迅速到位，最高峰时，中线工程应对本次台风暴雨洪水在岗人数6152人，现场抢险人员3015人，值班值守人员3137人，设备458台（套），总体较正常备防状态增加人员2倍以上，增加设备1倍以上。

（欧阳易佳　人民网　2023年8月9日）

南水北调东线工程通水十年：受益人口 8359 万
综合成效显著

二级坝泵站于 2013 年 11 月 15 日实现正式通水运行，至 2023 年十个年度
总调水量达 60.53 亿立方米，通过近几年的调水运行，
泵站机组运行基本平稳、安全

南水北调东线工程自 2013 年正式通水以来，至今已经是第十个调水年度，供水范围涉及江苏、安徽、山东 3 省的 71 个县（市、区），直接受益人口超 8300 万人，在水资源优化配置、保障群众饮水安全、畅通南北经济循环等方面发挥重要作用。

济宁是南水北调东线一期工程的重点地区和重要输水通道。南水北调东线济宁段工程自 2007 年开工建设，至 2013 年全部完成工程建设任务，并于 2013 年 11 月 15 日正式通水运行。包括二级坝泵站、长沟泵站、邓楼泵站、梁济运河和柳长河，沿线行政区主要包括济宁市微山县、太白湖新区、任城区、经开区、嘉祥县、汶上县、梁山县，涉及淮河、黄河两大流域水系。

增强水安全保障能力 缓解城市缺水

"南水北调工程通过跨流域的水资源优化配置，改变了受水区供水格局，改善了用水水质，提高了供水保证率"，济宁市城乡水务局党组成员、副局长王卫东日前在济宁对记者说。

南水北调东线一期工程自 2013 年建成通水以来，工程运行平稳、水质稳定达到Ⅲ类地表水标准，南水北调干线完成十个年度的省界调水任务。

据统计，截至 2023 年 5 月底，南水北调东线济宁段工程累计调引长江水入山东境内 62.94 亿立方米，入上级湖 60.5 亿立方米；出上级湖 54.44 亿立方米。山东省供水区范围涉及济南、青岛、枣庄、潍坊、济宁等 12 个市，61 个县（市、区），极大缓解了鲁南、山东半岛和鲁北地区城市缺水的问题，兼顾了生态和环境用水，增强了特殊干旱年份水资源供给和水安全保障能力，并为向河北、天津应急供水创造了条件，为经济社会稳定发展提供了重要水源支撑。

南水北调东线一期工程建成后，京杭大运河黄河南航段
从东平湖至长江实现全线通航，2000 吨级船舶可畅通航行，
成为中国仅次于长江的第二条"黄金水道"。图为梁山港

提升水运能力　打造"黄金水道"

南水北调东线济宁段工程的基本任务是将南四湖下级湖的江水逐级提水北送至东平湖，工程建成后，打通了南四湖至东平湖段的水上通道，新增通航里程 62 公里，结束了京杭运河济宁以北不通航的历史。

工程调水运行期间，通过抬高梁济运河水位，保障主航道水深，提升航道的水运能力，为打造梁济运河"黄金水道"做出重要贡献。

王卫东说，近年实施的京杭运河航道"三改二"工程及梁济运河航道养护工程，使梁济运河段主航道基本达到二级航道运行条件，2000吨级船舶可以从梁山港直达长江，开启通江达海新局面。

二级坝泵站于2013年11月15日实现正式通水运行，总调水量达60.53亿立方米，
圆满完成了各年度水量调度任务，达到了预期的效果，
发挥了良好的经济效益和生态效益

补充地下水　改善沿线生态

南水北调改善了南四湖及沿线的生态，为物种维护及周围水环境良好提供了支撑。南水北调东线工程持续调水，对南四湖物种健康有良好的维护，使南水北调沿线地下水也得到补充。相关资料显示，自通水以来，补水河道周边10公里范围内浅层地下水水位同比上升0.42米，2020年，山东受水区深层地下水水位平均上升1.94米。

王卫东说，南水北调通水以来，先后向南四湖、东平湖及南水北调工程调蓄水库生态补水3.74亿立方米，有效改善了湖区生产、生活和生态环境，避免了湖泊干涸导致的生态灾难。通过调引长江水、黄河水累计为小清河补源和济南保泉补源3.07亿立方米，向华山湖补水600万立方米，有效改善了小清河水质和生态。

（阮煜琳　中国新闻网　2023 年 8 月 13 日）

养殖转型　水清岛绿

——南水北调东线调蓄枢纽微山湖保水富民见闻

荷塘中，朵朵荷花挺立，成为改善水质的"清道夫"；现代渔业产业园里，机器人当上"鱼保姆"……近日，记者在南水北调东线工程重要调蓄枢纽微山湖周边看到，一幅人与自然和谐共生、产业转型乡村振兴的美丽画卷正在铺展开来。

作为南水北调工程输水通道和水源调蓄区的微山湖，曾因周边工业和水产养殖业影响，水质跌到劣 V 类。为确保一泓清水北上，山东对南水北调东线工程周边地区大力开展流域治理，清理产业污染、治理生活污水和面源污染，推动微山湖水质提升。

图为百荷生态示范基地一角（新华社记者　张钟仁　摄）

水产养殖曾是微山湖周边村民赖以生存的主业之一，但四处围湖养殖也曾导致微山湖水质每况愈下。如今，养殖产业插上了科技的"翅膀"，"飞"上了岸，养殖污染问题迎刃而解。

步入位于微山县的微山湖现代渔业产业园的智慧渔业车间，记者看到，数十个圆形养殖池整齐排列，每个养殖池旁都有一台机器人"保姆"，实时监测鱼苗和水质状况。

微山县渔管委主任邵长岭介绍，车间的机器人养殖管理系统，可以 24 小时监测水质、自动增氧、自动投饵。"设备可以及时回收残饵粪便，将其压滤脱水后加工成有机肥料，保证养殖水体不外排，实现资源重复利用。"邵长岭说。

近年来，微山县开展以山、水、林、田、路、村为主的生态清洁型小流域建设。为治理农村生活污水、减少面源污染，当地还建设了污水处理站，用于清理农村生活污水。

在微山岛镇百荷生态示范基地，几十亩荷花种植在中水沟渠中。微山岛镇工作人员郭稀奇向记者介绍，这些荷花既是一道景观，也是一道生活污水治理的"过滤器"。"岛上的生活污水，沿固定管线集中到污水处理站，处理成中水后流入这片湿地，由荷花完成净化，让污水'重获新生'。"

全力治污，微山湖生态环境改善明显，水质常年稳定在Ⅲ类水及以上。"绿水青山就是金山银山"在这里得到印证。

坐落于微山湖中心的微山岛四面环水，清理传统养殖业后，村民收入如何保障，曾是摆在微山岛镇吕蒙村时任村支部书记赵慎芝面前的难题。

"水清岛绿、远离喧嚣，我们这里重新成了'世外桃源'。"赵慎芝看到了生态治理给微山岛带来的新优势，带着村民们发展起旅游业，改造民房发展民宿。退休后的她，现在还带领村里的妇女做起柳编，走出了一条乡村格调和文化创新并存的新路子。记者看到，不少游客在这里游湖赏荷，尽享悠闲时光。

图为吕蒙村内的微山湖艺术馆（新华社记者　张钟仁　摄）

赵慎芝说："下湖的人少了，好几个村民自己修了民宿，现在依靠旅游文创产业人均年收入可达1万元。"

（张钟仁 新华社 2023年8月15日）

全国首个南水北调水源区生态环境
警察支队在湖北十堰成立

日前，湖北省十堰市公安局南水北调水源区生态环境警察支队挂牌成立，这是全国在南水北调水源区成立的首个生态环境警察支队。

十堰地处南水北调中线工程核心水源区，位于十堰的丹江口水库被称为"北方的水井"。

据悉，该支队在十堰市生态环境保护综合执法支队驻地常驻办公，工作上双方形成联动机制，实现生态环境违法问题信息共享、违法案件定期移交、定期沟通、会商协调等。

据了解，十堰南水北调水源区生态环境警察支队警力配备有无人机、夜视仪、勘察车等装备。此外，该支队还在丹江口库区建设了一套智慧安防系统，通过"人防＋物防＋技防"措施，严禁危化品车辆进入核心水源区，严厉打击环境违法行为，当好"守井人"。

（李晓笛 吴涛 新华网 2023年8月17日）

湖北竹山：全域治水保一泓
清水永续北送

近年来，湖北省竹山县着力通过开展全域综合治水，筑牢水质安全保护屏障，补齐短板固防线，保一泓清水永续北送。

竹山县地处秦巴山腹地，既是南水北调中线工程核心水源区，也是长江流域重要水源涵养地，汉江最大支流堵河纵贯全境，多年平均径流量占丹江口水库年入库水量六分之一。圣水湖位于竹山县上庸镇，因一江清水送北京拦水筑坝形成了"四水归池"自然山水奇观。

新建小微污水处理站 370 座　让农村污水不再"放任自流"

在宝丰镇龙井村村口有多个植物茂盛的小花园，这些小花园是竹山环保部门在村里建设的分散式无动力生态湿地污水处理站，专门用来处理村民的生活污水。像这样的污水处理设施在宝丰镇已经建成 22 座。按照计划，今年还将建 31 座，其中有 10 座在紧锣密鼓的建设中，而这只是竹山县加强水环境治理的一个缩影。

去年，竹山建成投运的农村分散式生活污水处理设施 170 座，覆盖 106 个村，农村生活污水治理率达标行政村 86 个，行政村生活污水治理率为 37.2％。

今年，竹山在保障现有 170 座小微污水处理设施正常运维的同时，计划整合 4000 万元资金，优先选择离水体较近和人口密度高的自然村落，新建 200 座农村小微污水处理设施，实现分散式农村生活污水处理设施在全县 244 个行政村全覆盖，农村污水处理设施长效稳定运行，污水治理达标。

铺设雨污综合管网 139 公里　让雨污水不再"同流合污"

针对污水处理厂污水收集率低问题，今年竹山县在城区纵横大道、经纬大道实施 52.6 公里的综合管网改造；在乡镇实施 78 公里污水收集系统修复及管网延伸工程，稳步推进城关、上庸、官渡、秦古垃圾填埋场地下水、渗滤液处理工程建设；实施宝丰镇卫浴汽配产业园污水预处理站及配套管网工程，完成 8.4 公里园区管网建设。

为加快项目进度，竹山县成立了由分管副县长任组长，各职能部门及乡镇政府负责同志为成员的工作专班，分解压实工作责任，统筹做好厂网建设管理、运营维护等各项工作，确保管网应铺尽铺、污水雨水应收尽收，实现稳定达标排放。

架设库区钢网围挡 38063 米　让消落带变身景观带

据了解，竹山水能蕴藏量丰富，位居全国县级第四、湖北省第二，竹山入库水质直接关系丹江口库区水质安全。潘口电站建成运行后，坝址以上控制流域面积 8950 平方公里，在库区形成大面积的消落带。竹山县经过多年的科学研究探索，因地制宜创新治理模式和管护机制，探索出了消落带退耕还林还草还湿措施，破解了这一难题，让消落带变身国家湿地公园。

竹山县河湖长制办相关负责人介绍，今年竹山县对消落区物理硬隔离采取钢网围栏方式，共涉及堵河沿线黄龙库区、潘口库区、龙背湾库区和松树岭库区，9 个乡镇 27 个行政村 117 个点位，围挡长度共 38063 米，采取退耕还林还草还湿措施加强水土保持，让消落带变身绿色走廊。

（向继华　张华魁　许海涛　新华网　2023 年 8 月 17 日）

南水北调中线工程向河南供水
突破 200 亿立方米
中线累计调水超 584 亿立方米

据中国南水北调集团有限公司统计，8 月 29 日，南水北调中线工程累计向河南省供水突破 200 亿立方米。南水北调中线工程全长 1432 公里，其中河南段全长 731 公里，是中线工程渠段最长、分配水量最大的省份，沿线的 39 个分水口门向河南省 11 个省辖市的市区、49 个县（市）城区和 122 个乡镇供水。

截至目前，2022 年至 2023 年调水年度（每年 11 月 1 日至次年 10 月 31 日）中线工程已累计向河南省供水 22.5 亿立方米，完成年度供水计划的 90%，其中生态补水量 1.07 亿立方米，供水水质始终保持在地表水 Ⅱ 类及以上标准。

截至 8 月 29 日，南水北调中线一期工程通水 8 年多来，累计向北京、天津、河北、河南四省份调水超 584 亿立方米。工程沿线 20 多座大中城市、

200多个县市区用上了南水北调水，受益人口连年攀升，直接受益人口超过8500万人。各受水城市生活供水保证率由最低不足75％提高到95％以上，工业供水保证率达90％以上。

（王浩 《人民日报》 2023年9月7日）

引滦入津工程40年向天津供水约333亿立方米

记者8日从天津市政府新闻办召开的新闻发布会上获悉，引滦入津工程自1983年9月正式通水以来，已累计向天津安全供水332.8亿立方米，有力支撑了城市经济社会发展。

据天津市水务局副局长王洪府介绍，引滦入津通水以来，通过配套建设，供水范围覆盖天津15个区。在南水北调中线工程正式通水运行前，引滦水年调水量基本在10亿立方米以上。

在河北省遵化市拍摄的"引滦入津"工程重要输水河道黎河一景
（2019年4月10日 摄）（新华社记者 李然 摄）

　　2014 年底，南水北调中线工程向天津供水后，引滦供水体系与引江供水体系实现互联互通，共同构成天津市双水源保障格局。由此，天津年供水总量由 20 世纪八九十年代的不足 20 亿立方米提高到 2022 年的 33.55 亿立方米。在此基础上，通过新建扩建一大批重点水厂，开展农村饮水提质增效等工程，有效解决了农村居民用水不便和饮用高氟水的问题。截至目前，天津 33 座水厂总供水能力达到 480 万吨每日，是引滦通水前的 5 倍，人民群众的获得感、幸福感显著增强。

　　"引滦水来之不易，必须十分珍惜。"王洪府说，多年来，天津始终把节水作为一项战略措施常抓不懈，通过出台节水条例，不断增加再生水、淡化海水等非常规水源配置力度，严格落实自来水阶梯水价，淘汰高耗水、高污染产业等举措，实现了以用水微增长支持经济社会可持续发展。截至目前，天津市万元 GDP 用水量降到 20.57 立方米，走在全国前列。

（黄江林　新华社　2023 年 9 月 8 日）

南水北调工程累计调水 654 亿立方米
逾 1.76 亿人直接受益

　　中国南水北调集团有限公司董事长蒋旭光 12 日表示，南水北调东、中线一期工程自 2014 年 12 月全面建成通水以来，已累计向北方调水 654 亿立方米，成为 40 多座大中城市 280 多个县（市、区）的重要水源，直接受益人口超过 1.76 亿人。

　　蒋旭光在第 18 届世界水资源大会"国家水网及南水北调高质量发展论坛"上说，南水北调东、中线一期工程累计实施生态补水近 100 亿立方米，扭转了自 20 世纪 70 年代以来华北地区地下水水位逐年下降的趋势，助力京杭大运河连续两年实现全线水流贯通，永定河、滹沱河、白洋淀等一大批河湖重现生机。

　　"南水北调集团立足'调水供水行业龙头企业、国家水网建设领军企业、水安全保障骨干企业'战略定位，深入实施'通脉、联网、强链'总体战略，全面推进南水北调后续工程高质量发展、加快构建国家水网、加快建设现代化水产业体系。"蒋旭光说。

今年5月，党中央、国务院印发《国家水网建设规划纲要》，明确了国家水网的总体布局、建设目标、主要任务。蒋旭光表示，作为中央直接管理的唯一跨流域、超大型供水工程开发运营集团化企业，南水北调集团将切实发挥国家水网建设主力军作用，在全力推进南水北调后续工程规划建设、加快畅通国家水网大动脉的同时，充分发挥管理、人才、资金、技术等优势，积极参与推进国家骨干水网和区域水网工程建设。

下一步，南水北调集团将从以下方面继续积极推进国家水网建设：聚焦主责主业，全力推进南水北调后续工程规划建设，加快畅通国家水网大动脉；充分发挥国资央企重要作用，助力加快构建国家水网，主动推进国家水网骨干网和区域水网、地方水网建设；积极推进水网建设运营体制机制创新，探索有效的市场模式。

谈及南水北调后续工程建设，蒋旭光表示，南水北调东线将优化二期工程布局方案，力争早日开工建设；中线高标准、高质量建设好引江补汉工程，规划建设好沿线调蓄工程；西线加快规划编制和先期工程可行性研究工作，争取早日上马，加快实现"四横三纵、南北调配、东西互济"的规划目标。

（刘诗平　新华社　2023年9月12日）

东中线一期工程累计调水超六百五十亿立方米

南水北调西线工程将有更多世界首创

"20世纪九十年代，我对中国能不能完成南水北调这样的大工程是心存顾虑的。"9月12日，国际水资源学会和世界水理事会联合创始人阿西特·比斯瓦斯在第18届世界水资源大会期间举办的国家水网及南水北调高质量发展论坛上坦言，"如今，作为工程师的我为南水北调取得的成绩鼓掌。事实证明，中国在水利工程的技术水平和创新能力上和两千年前一样站在世界前列。"

"南水北调工程的建设攻克了低扬程大流量泵站、超大型渡槽、大口径输水隧洞、新老混凝土结合、膨胀土施工等一系列世界级技术难关，创造了多个世界之最。"中国南水北调集团董事长蒋旭光介绍，截至目前，东中线一期工程已累计调水超 650 亿立方米，补给多个重要城市的用水，如"南水"已占北京城区供水的 75％，占天津城区供水的 99％。

那么，650 亿立方米的调水量够不够用？南水北调工程能在其他区域"复制"吗？西部缺水地区的用水问题能不能通过调水解决呢？

我国仍需进一步优化水资源

有观点认为，近几年中国用水总量缓慢下降，表明中国已经出现了用水"拐点"，意味着在当前供水能力下，中国北方地区已达到水供需相对平衡。

针对上述观点，中国工程院院士、水利部应对气候变化研究中心主任张建云表示，这一判断忽略了用水总量缓慢下降的多种因素，比如水利普查统计修正带来的数据偏差。

"当前我国用水效率得到有效提升，但用水需求还并未得到真正满足。"张建云表示，随着我国经济社会规模的增长，比如城镇化率提高、生活消费需求增加、生产规模扩大等，用水需求也会随之增长。

主要发达国家的用水达峰节点佐证了这一点。数据显示，在第一产业比重小于 5％、第二产业比重为 30％～40％、第三产业达到 60％以上时，才会出现用水总量的"拐点"。

"中国当前的第一、二产业占比仍然相对较大，第三产业占比仅达到 52.8％，并未达到峰值阶段。"张建云说，在城镇化率和人均 GDP 方面，中国仍存在较大的提升空间，这些都需要水资源的进一步优化，进而为不同地域的经济发展提供保障。

南水北调工程将为西部经济发展注入"活水"

当前，南水北调工程解决了 40 多座大中城市、280 多个县（市、区）的水源问题，已成为优化水资源配置、保障群众饮水安全、复苏河湖生态环境、畅通南北经济循环的生命线。这条生机勃勃的生命线又将延伸向何方？

蒋旭光介绍，南水北调后续工程将准确把握东线、中线、西线三条线路的各自特点，各自分阶段开展建设。东线实施"一干多支扩面"，积极推进二期工程立项建设；中线当前的紧迫任务是"引江补汉"，要规划建设好沿线调蓄工程；西线目前处于规划论证和可行性研究报告的编制阶段。

"西部调水海拔高、水量大、范围广，具有极其明显的布局优势。"中国工程院院士王浩表示，西线调水工程应实施主动的水资源布局，支持包括成都平原、河西走廊、黄河流域的经济发展。

"近年来，西部经济有所发展，但仍与东部地区经济存在较大差距。要发展西部经济，前提是构建起'水网经济格局'。"王浩建议，通过南水北调西线工程规划赋能黄河沿线经济带，打造西南、西北水网联通经济带，为西部经济发展注入"活水"。

南水北调工程攻克了大量世界难题，后续工程中将有更多难题等待攻克，尤其在挑战高海拔地区的西线工程将有更多世界首创。蒋旭光表示，中国南水北调集团将以重大水利工程为牵引，加快推动高端化、智能化、绿色化、融合化发展，通过科研创新、模式创新等高标准、高质量推动南水北调后续工程的建设。

（张佳星 《科技日报》 2023年9月13日）

南水北调工程累计调水超 650 亿立方米
逾 1.76 亿人直接受益

第 18 届世界水资源大会"国家水网及南水北调高质量发展论坛"12 日在北京举行。记者从论坛上了解到，截至目前，南水北调工程累计调水超 650 亿立方米，成为沿线 40 多座大中城市 280 多个县（市、区）的重要水源，直接受益人口超过 1.76 亿人。

工程还累计实施生态补水近 100 亿立方米，从根本上扭转了自 20 世纪 70 年代以来华北地区地下水水位逐年下降的趋势，助力京杭大运河连续两年实现全线水流贯通，白洋淀、永定河、滹沱河等一大批河湖重现生机。工程已成为优化水资源配置、保障群众饮水安全、复苏河湖生态环境、畅通南北经济循环的生命线。

南水北调工程是国家水网的主骨架、大动脉,是优化我国水资源配置、保障国家水安全的重大战略性基础设施。党的十八大以来,我国统筹推进水灾害防治、水资源节约、水生态保护修复、水环境治理,建成了一批包括南水北调、滇中引水、引江济淮、珠三角水资源配置等重大引调水工程,以及贵州夹岩、西藏拉洛等大型水库,全国水利工程供水能力从 2012 年的 7000 亿立方米提高到 2022 年的 8900 亿立方米,水资源配置格局实现全局性优化,"系统完备、安全可靠,集约高效、绿色智能,循环通畅、调控有序"的国家水网正加快构建,有力保障了国家经济安全、粮食安全、生态安全和城乡居民饮水安全。

记者还了解到,下一步,南水北调东线将优化二期工程布局方案,力争早日开工建设;中线高标准、高质量建设好引江补汉工程,规划建设好沿线调蓄工程;西线加快规划编制和先期工程可行性研究工作,争取早日上马,加快实现"四横三纵、南北调配、东西互济"的规划目标。

(陈晨 《光明日报》 2023 年 9 月 13 日)

共享全球水治理智慧 提升水资源保障能力

"国家水网及南水北调高质量发展论坛"近日在京成功举办,作为第 18 届世界水资源大会专场会议之一,论坛以"水安全保障:使命与愿景"为主题,政商学界人士围绕水安全保障、水资源可持续利用、大型调水供水工程技术探索、国家水网建设等内容共话水资源合理利用经验举措,共享水资源领域先进发展理念和科技成果,共谋国家水网高质量发展。

水利部党组成员、副部长王道席在致辞中表示,加快构建国家水网,建设现代化高质量水利基础设施网络,统筹解决水资源、水生态、水环境、水灾害问题,是党中央作出的重大战略部署。中国南水北调集团作为唯一一家中央管理的跨流域、超大型供水工程开发运营集团化企业,要牢牢把握加快构建国家水网的历史机遇,立足"调水供水行业龙头企业、国家水网建设领军企业、水安全保障骨干企业"战略定位，坚持"两手发力"，发挥优势作用，坚决扛起推进南水北调后续工程高质量发展、加快构建国家水网的历史使命，为保障国家水安全做出国资央企应有贡献。

中国南水北调集团党组书记、董事长蒋旭光表示，组建中国南水北调集团，是"两手发力"推进水利改革、构建市场平台、加快水利发展的重要实践，标志着南水北调、国家水网事业进入新的发展阶段。南水北调集团成立以来，深入实施"通脉、联网、强链"总体战略，着力提高企业核心竞争力，增强核心功能，充分发挥已建工程综合效益，全面推进南水北调后续工程高质量发展，加快构建国家水网，加快建设现代化水产业体系，争当现代水产业链"链长"。

中国工程院院士、水文学及水资源学家王浩表示，水网是现代社会的四大基础性网络之一，国家水网的建设有其必要性。"国家水网建设方向要坚持安全化、高效化、生态化、智能化，以实现水资源战略配置与国土空间开发保护格局的空间均衡为核心目标，在维持健康自然水循环的基础上，减少干扰自然水循环，维持水循环正常转化过程与服务功能。同时要维持健康社会水循环，保障经济社会发展合理用水需求，实现水资源节约集约利用。"

王浩建议，应优化国家水网布局，建设"双 T"形水网经济格局。特别是通过建设西部地区水网基础设施，打造西南西北水网联通经济带，增强提升黄河沿线的生态经济带，破解水资源制约瓶颈，形成成都平原、黄河几字弯区、河西走廊三大发展轴，服务构建成渝双城经济圈、黄河流域生态保护和高质量发展、西部大开发等国家战略。

主论坛现场，"国家水网及南水北调高质量发展学术交流成果"发布，此次学术交流成果介绍了新时代中国水网发展成就、推进水网建设的重大举措，描绘了绿色水产业发展的美丽愿景。

（欧阳易佳　人民网　2023 年 9 月 13 日）

南水北调工程累计调水 650 多亿立方米

记者从 12 日举行的国家水网及南水北调高质量发展论坛获悉，南水北调东、中线一期工程全面通水运行以来，工程综合效益持续有效发挥，截至目前，已累计调水 650 多亿立方米，成为沿线 40 多座大中城市 280 多个县（市、区）的重要水源，直接受益人口超过 1.76 亿人。其中，南水已占北京城区供水的 75％，占天津城区供水的 99％；河北省黑龙港流域 500 多万人告别了长期饮用高氟水、苦咸水的历史。

工程累计实施生态补水近 100 亿立方米，从根本上扭转了自 20 世纪 70 年代以来华北地区地下水水位逐年下降的趋势，助力京杭大运河连续两年实现全线水流贯通。工程为优化水资源配置、保障群众饮水安全、复苏河湖生态环境、畅通南北经济循环发挥重要作用。

（李晓晴　《人民日报·海外版》　2023 年 9 月 14 日）

南水北调中线一期工程累计
向天津供水超 90 亿立方米

记者从中国南水北调集团中线有限公司天津分公司获悉，截至 9 月 22 日 9 时，南水北调中线一期工程已累计向天津供水超 90 亿立方米，为保障人民群众饮水安全，加快天津高质量发展，促进生态环境改善提供了重要的水资源保障。

自 2014 年 12 月通水以来，南水北调中线一期工程已经实现连续 3200 余天不间断向天津安全供水，年供水量连续 8 年超过 8.6 亿立方米的年规划供水量，供水范围覆盖天津中心城区、环城四区及滨海新区等 14 个行政区，天津主城区供水基本全部为"南水"，1200 多万市民直接受益。

天津作为资源型缺水城市，"南水"入津后，天津城市供水格局得到全面优化，逐步形成引滦、引江双水源保障格局，供水能力显著提升，供水安全得到有力保障。

（黄江林　新华社　2023 年 9 月 22 日）

丹江口水库再次实现 170 米满蓄目标

水利部发布汛情通报，12 日 19 时，丹江口水库水位蓄至 170 米正常蓄水位，是丹江口水库大坝加高后继 2021 年以来第二次实现 170 米满蓄目标，为确保南水北调中线工程和汉江中下游供水安全奠定了坚实基础。

今年 8 月下旬以来，汉江上游降水量 350 毫米，较常年偏多 80%。丹江口水库累计来水量约 159 亿立方米，较常年同期偏多约 1 倍，其中 9 月下旬至 10 月上旬来水量约 107 亿立方米，较常年同期偏多约 2.6 倍。

汛情通报称，水利部统筹防洪和蓄水，组织长江水利委员会批复丹江口水库 2023 年汛末提前蓄水计划，根据流域来水情况动态优化调整水库调度运行方式，精准控制丹江口水库出库流量和梯级水库蓄水进程，合理控制水库水位，确保防洪安全和水库满蓄双目标顺利实现。

水利部有关负责人表示，当前的各项安全监测数据表明，丹江口水库大坝运行状态正常。水利部和长江水利委员会将继续做好丹江口水库调度和大坝及库区安全监测，充分发挥丹江口水库综合效益。

（新华网　2023 年 10 月 12 日）

实现汉江秋汛防御和汛后蓄水双胜利
丹江口水库实现 170 米满蓄目标

据水利部消息，2023 年 10 月 12 日 19 时，丹江口水库水位蓄至 170 米正常蓄水位，是丹江口水库大坝加高后继 2021 年以来第二次蓄满。至此，今年汉江秋汛防御与汛后蓄水取得双胜利，为确保南水北调中线工程和汉江中下游供水安全奠定了坚实基础。

水利部相关负责人介绍，今年 8 月下旬以来，汉江上游降水量 350 毫米，较常年偏多 80%；丹江口水库累计来水量约 159 亿立方米，较常年同期偏多约 1 倍，其中 9 月下旬至 10 月上旬来水量约 107 亿立方米，较常年同期偏多约 2.6 倍，中秋、国庆"双节"期间汉江接连发生两次编号洪水，汉江中下游襄阳以下全线超过警戒水位。

据了解，水利部长江水利委员会先后发出 17 道调度令精细调度丹江口水库，会同陕西、湖北、河南省水利厅科学联合调度安康、潘口、鸭河口等干支流控制性水库拦洪削峰错峰，水库群累计拦洪 17.5 亿立方米，有效降低了汉江中下游主要控制站水位 0.8～1.5 米，缩短了超警天数 5～10 天，避免了仙桃至汉川河段超保证水位及杜家台蓄滞洪区分洪道运用，大大减轻了汉江中下游防洪压力。

同时，水利部组织长江水利委员会批复丹江口水库 2023 年汛末提前蓄水计划，根据流域来水情况动态优化调整水库调度运行方式，滚动开展分析推演，精准控制丹江口水库出库流量和梯级水库蓄水进程，精细合理控制库水位，确保防洪安全和水库满蓄双目标的圆满实现。

当前，各项安全监测数据表明，丹江口水库大坝运行状态正常。

（欧阳易佳　人民网　2023 年 10 月 13 日）

丹江口水库顺利实现 170 米满蓄目标

记者从水利部获悉，10 月 12 日 19 时，丹江口水库水位蓄至 170 米正常蓄水位，是丹江口水库大坝加高后继 2021 年以来第二次蓄满。至此，今年汉江秋汛防御与汛后蓄水取得双胜利，为确保南水北调中线工程和汉江中下游供水安全奠定坚实基础。

今年 8 月下旬以来，汉江上游降水量 350 毫米，较常年偏多 80%；丹江口水库累计来水量约 159 亿立方米，较常年同期偏多约 1 倍。其中，9 月下旬至 10 月上旬来水量约 107 亿立方米，较常年同期偏多约 2.6 倍，中秋国庆"双节"期间，汉江接连发生两次编号洪水，汉江中下游襄阳以下全线超过警戒水位。

水利部对此高度重视。国家防总副总指挥、水利部部长李国英要求按照"系统、科学、有序、安全"原则，统筹防洪与蓄水，稳步推进汛末蓄水工作。

水利部强化监测预报预警和联合调度，统筹防洪蓄水，及时启动汉江洪水防御Ⅳ级应急响应，派出 3 个工作组、专家组赴陕西、湖北省协助指导秋汛防御工作。水利部长江水利委员会先后发出 17 道调度令精细调度丹江口水库，会同陕西、湖北、河南省水利厅科学联合调度安康、潘口、鸭河口等干支流控制性水库拦洪削峰错峰，水库群累计拦洪 17.5 亿立方米，有效降低了汉江中下游主要控制站水位 0.8～1.5 米，缩短了超警天数 5～10 天，避免了仙桃至汉川河段超保证水位及杜家台蓄滞洪区分洪道运用，大大减轻了汉江中下游防洪压力。

水利部组织长江水利委员会批复丹江口水库 2023 年汛末提前蓄水计划，根据流域来水情况动态优化调整水库调度运行方式，滚动开展分析推演，精准控制丹江口水库出库流量和梯级水库蓄水进程，精细合理控制库水位，确保防洪安全和水库满蓄双目标的圆满实现。

当前，各项安全监测数据表明，丹江口水库大坝运行状态正常。水利部和长江水利委员会将继续做好丹江口水库调度和大坝及库区安全监测，充分发挥丹江口水库综合效益。

（杨秀峰　中国经济网　2023 年 10 月 13 日）

夯实发展根基　铸就国之重器

——中国南水北调集团成立三周年

"建造南水北调体量这么巨大的工程，中国做到了，我要为取得这么大的成就鼓掌！" 9 月 12 日，在中国南水北调集团主办的"国家水网及南水北调高质量发展论坛"上，国际著名水资源管理与公共政策专家、英国格拉斯哥大学教授阿西特·比斯瓦斯发出赞叹。

在南水北调工程实现经济、社会、生态、安全效益相统一的过程中，南水北调集团忠诚履行责任，勇于担当使命，展现出强大的核心竞争力，防御海河流域特大洪水取得重大胜利，西线上线方案形成基本共识，成功举办"国家水网及南水北调高质量发展论坛"……

南水北调集团成立三年来，一心一意夯实南水北调工程高质量发展根基，矢志不渝铸就大国调水重器，加快推进国家水网建设，争当现代水产业链"链长"，努力做强做优做大国有资本和国有企业，实现了良好开局和提速发展。"志建南水北调，构筑国家水网"战略使命深入人心，"调水供水行业龙头企业、国家水网建设领军企业、水安全保障骨干企业"（以下简称"三个企业"）战略定位更加清晰，"通脉、联网、强链"总体战略迈出坚定步伐，"中国南水北调"品牌越来越响亮。

保障能力持续提升　综合效益不断扩大

水是生命之源、生产之要、生态之基。东中线一期工程全面通水近 9 年来，已经成为沿线 40 多座大中城市的供水生命线，安全运行责任重于泰山。

南水北调集团成立三年来，立足"水安全保障骨干企业"战略定位，坚决扛起确保供水安全的重大政治责任，不断加强工程运营管理，完善安全生产管理体制机制，提升工程安全风险管控能力，及早谋划部署工程防汛和冰期输水工作，确保工程安全、供水安全、水质安全（以下简称"三个安全"）。

2021 年 7 月 20 日，郑州地区降水量突破历史极值，中线河南河北段工程迎来通水后最大的考验。南水北调集团接连召开防汛专题会议，紧急会商部署，集团党组成员分工负责，靠前指挥。广大职工第一时间奔赴防汛一线、坚守在工程急难险重部位，筑起了一道道钢铁防线，有效应对了极端强降雨影响。

今年 7 月 28 日至 8 月 1 日，海河流域遭遇 1963 年以来最强降雨过程，特大洪水严重威胁中线黄河以北段工程安全。南水北调集团在国家防总、水利部、国务院国资委等上级主管部门有力指导下，密切监视台风发展动向，紧盯台风移动路径、影响范围、降雨变化等，及时组织会商研判，提前安排部署防御措施。广大干部职工上下一心，众志成城，从最不利情况出发，做最充分准备，扎实做好暴雨洪水防御各项工作，取得了防御海河流域特大洪水重大成果，确保了工程安全平稳运行。

水质安全是民生大事，事关人民群众的生命健康。依托水体污染控制与治理科技重大专项，中线公司建设完成了中线总干渠水质预警预报业务化管理平台，开发并集成了水质监测-预警-调控决策支持综合管理平台，提升了中线输水水质保障水平。

极端强降雨和极寒天气是对南水北调工程综合保障能力的全方位考验。

在两次防汛抗洪抢险大考面前，国务院相关部门、沿线地方政府、兄弟央企和南水北调集团团结协作，反应行动迅速，动员组织有力，指挥协调有序，持续提升了综合保障能力和应急处置能力。

南水北调集团加强水源区和工程沿线水资源保护和污染防治，稳步推进水质监测、水质保护、风险防控等水质保障工作，探索建立起"政府主导、企业参与、社会监督、多方配合"的治污模式，通过"四不两直"方式开展水质安全生产专项检查，及时消除安全隐患。

南水北调集团成立三年来，东中线一期工程共调水 279.04 亿立方米，其中，中线 259.71 亿立方米，东线 20.33 亿立方米（含北延工程）。中线一期工程积极向沿线 50 多条河流实施生态补水超 100 亿立方米，复苏沿线生态环境，助力华北地下水超采综合治理。北延应急供水工程累计向京杭大运河补水 3.34 亿立方米，助力大运河百年来两次实现全线水流贯通。

全力推进后续工程　加快构建国家水网

习近平总书记"5·14"重要讲话和重要指示批示精神，为南水北调后续工程高质量发展和国家水网建设指明了前进方向，提供了根本遵循。南水北调集团牢记嘱托，心怀"国之大者"，立足"国家水网建设领军企业"战略定位，全力以赴谋发展，不断加快推动南水北调和国家水网事业高质量发展。

在推进南水北调后续工程高质量发展领导小组的统一领导下，南水北调集团严格落实项目法人和市场主体责任，全程深度参与《南水北调工程总体规划》评估修编、后续工程规划设计和有关重大专题研究，争论多年的后续工程规划建设方案初步形成新共识。

中线引江补汉工程是首个开工的南水北调后续工程重大项目。今年 9 月 19 日，引江补汉工程吹响了全线"百日大干"的劳动号角，出口段工程、前期施工准备工程、施工供电工程迅速掀起大干热潮。9 月 26 日，出口段工程桐木沟检修交通洞提前 3 个月贯通。目前，出口段主洞已经完成掘进 500 多米。引江补汉工程涉及 TBM 的 7 个主标招标公告已挂网发布。

南水北调集团成立三年来，多次专题研究东线一期工程达效及水量消纳、工程运营管理体制机制、多水源调度等事项，紧密围绕东线后续工程的必要性、紧迫性，深化水资源供需分析及配置、供水目标、线路布局等关键问题开展研究，东线公司加强与淮委、海委协同配合，共同发力，加快推进项目前期工作，推动东线后续工程早日开工建设。

中线调蓄工程体系规划建设是工程停水检修的需要，也是积极应对突发事故风险的需要。在水利部指导下，南水北调集团编制完成了中线调蓄工程体系总体布局与规模专题研究报告、工程体系定位研究报告和雄安调蓄库必要性论证报告，加快编制西霞院反调节水库与总干渠连通工程可研任务书。

西线工程对保障国家水安全、生态安全、粮食安全、能源安全具有不可替代的作用。南水北调集团积极推进西线工程规划编制和先期工程可研工作，深入开展西线 12 项重大专题研究，夯实规划论证基础。目前西线上线调水 40 亿立方米方案逐步形成一致意见。

国家水网是系统解决水灾害、水资源、水生态、水环境问题，保障国家水安全的重要基础和支撑。南水北调集团牢记"国之大者"，切实扛起加快构建国家水网的历史使命，充分利用品牌、管理、资金、技术、人才等优势，积极参与国家骨干水网、区域水网和地方水网建设。

南水北调集团成立三年来，水网建设运营模式进一步清晰，蹚出了"调水＋"模式新路子。集团公司与青海省共同协商"水能融合、以电补水"商业模式，以西线工程等重大引调水项目为依托，获得地方政府重大新能源项目支持。安徽凤凰山水库项目探索形成了从"水源凤凰山"到"终端供水户"的捆绑特许经营模式。水网投建营一体化能力进一步增强。渤海公司完成转隶，逐步发挥专业技术服务支撑作用。水网发展研究院加速筹备。

国家水网建设是一项长期的战略任务，规模巨大。南水北调集团将充分发挥国资央企的自身优势，按照中央明确的后续工程下步工作思路，加快实现"四横三纵、南北调配、东西互济"的规划目标，为加快构建"系统完备、安全可靠，集约高效、绿色智能，循环通畅、调控有序"的国家水网作出积极贡献。

积极拓展涉水主业　建设世界一流企业

南水北调集团成立三年来，"调水供水行业龙头企业"地位进一步彰显，负责建设运营的南水北调工程是世界距离最长、受益范围最广、受益人口最多的调水工程，东中线一期工程累计调水超 660 亿立方米，为 1.76 亿人提供有力的水安全保障，有效支撑了超 10 万亿 GDP 持续增长，为京津冀协同发展、雄安新区建设、黄河流域生态保护和高质量发展等国家重大战略的实施提供了有力的水资源保障和水安全支撑。

在南水北调工程建设和运营过程中，创造了一个个世界之最，荣获2项国际奖项、8项国家级奖项，积累了丰富的调水工程建设运营管理经验，不仅培养了一大批工程建设管理人才，还储备了"复杂地质条件下中线穿黄隧洞工程关键技术""膨胀土地段渠道破坏机理及处理技术""大流量预应力渡槽设计和施工技术""东线一期工程现代化泵站群安装"等一大批具有中国特色的跨流域调水工程关键核心技术。

如今，东线一期工程大型贯流泵关键技术在国内多家水泵企业得到推广应用，高效泵装置优化设计方法达到总体国际先进、部分国际领先水平。出台《大中型渠道工程维修养护规程》《南水北调泵站工程自动化系统技术规程》等多项团体标准，构成了南水北调集团做强做优做大的核心竞争力。

南水北调集团立足"调水供水行业龙头企业"战略定位，围绕南水北调和国家水网建设运营，积极拓展涉水相关主业，加大与有关地方和单位战略合作，以重大水利工程为牵引，通过"调水＋"创新水网投资建设运营模式，加快推动高端化、智能化、绿色化、融合化发展，全面提升水利基础设施全生命周期综合效益。

9月14日，南水北调集团与上海市人民政府签署战略合作框架协议。目前，已经建立起集团公司统筹、子公司协同推进的战略合作工作机制，与生态环境部，北京、安徽、青海等20个政府部门和省（自治区、直辖市），签署战略合作框架协议；与水利部水利水电规划设计总院、中国水利水电科学研究院、武汉大学等4所高校和三峡集团、国家电投集团、中国铁建集团等17家企业，以及10家银行签署战略合作协议，进一步夯实未来发展根基。

在"通脉、联网、强链"总体战略下，南水北调集团深化"联网扩能、补网增效、依网强链、网链协同"，坚持依网布链、协同固链、整合优链，积极探索"调水＋"模式，不断延伸上下游产业链规模，拓展左右岸周边产业群，系统搭建产业发展平台，争当现代水产业链"链长"。

南水北调集团成立三年来，积极构建形成"1＋N＋X"规划体系，进一步明确各子公司战略定位和发展路径。截至目前，水网水务、新能源、综合服务、生态环保、水网智科、文化旅游等业务板块项目拓展加速推进。各子公司新签合同均较去年大幅增长，有关业务在南水北调东、中、西三线和国家水网布局区域均有实质性进展。

"二年长枝叶，三年桃有花。"作为唯一一家以水为主责主业的国资央企，对标对表世界一流企业，南水北调集团发展势头强劲。开拓奋进新征程，栉风沐雨砥砺行。南水北调集团将深入贯彻落实习近平总书记关于治水的重要论述和关于南水北调、国家水网的重要讲话以及重要指示批示精神，立足"三个企业"战略定位，深入实施"通脉、联网、强链"总体战略，以开展好学习贯彻习近平新时代中国特色社会主义思想主题教育为契机，把握战略机遇，保持战略定力，全力推进南水北调和国家水网事业高质量发展，为全面建设社会主义现代化国家作出新的更大贡献！

（王菡娟　人民政协网　2023 年 10 月 24 日）

再创历史新高！南水北调中线一期工程超额完成 2021—2022 年度调水任务

记者从中国南水北调集团获悉，10 月 31 日，南水北调中线一期工程超额完成 2021—2022 年度调水任务，向京、津、冀、豫四省（直辖市）调水 92.12 亿立方米，调水量为年度计划的 127.4％，年度调水量再创历史新高。近 8 年来，南水北调中线一期工程累计调水超 523 亿立方米，直接受益人口达 8500 余万人。

水利部相关负责人表示，截至目前，南水北调中线一期工程已超额完成第 8 个年度调水目标，其中，连续 3 年超过工程规划的多年平均供水规模 85.4 亿立方米。

"今年以来，水利部指导中国南水北调集团加强科学调度，强化安全监管，有效保障了工程安全平稳运行、供水正常有序、水质稳定达标。"水利部相关负责人介绍，今年 7 月至 9 月，在汉江丹江口水库来水偏少近七成的情况下，水利部统筹流域和跨流域水资源优化配置，兼顾受水区和调水区用水需求，通过科学精准调度，实施中线水量调度计划按旬批复并严格监管实施，有效保障京、津、冀、豫四省（直辖市）的正常供水。

南水北调，国之大事。中国南水北调集团相关负责人表示，中国南水北调集团成立两年来，牢固树立总体国家安全观，主动把南水北调安全融入构建国家大安全格局，逐步完善管理体制机制，加快构建系统完备的南水北调安全保障体系。从守护生命线的政治高度，切实维护了南水北调工程安全、供水安全、水质安全。

据了解，南水北调东、中线一期工程自 2014 年全线通水以来，工程安全平稳运行，东线干线水质稳定达到地表水Ⅲ类标准，中线干线水质稳定在Ⅱ类标准及以上，累计调水总量已突破 576 亿立方米，惠及沿线 7 省（市）42 座大中城市和 280 多个县，直接受益人口超 1.5 亿人。此外，工程累计向 50 多条（个）河流（河湖）生态补水 92.33 亿立方米，有效改善沿线河湖生态环境。

当前，2022—2023 年度调水工作已经开启，冰期输水在即。中国南水北调集团相关负责人表示，中国南水北调集团将认真学习宣传贯彻党的二十大精神，牢记嘱托、勇担使命，进一步系统分析丹江口水库来水情况、工程运行情况、沿线地方用水需求，以及汛期、冰期等因素，充分发挥好南水北调工程优化水资源配置、保障群众饮水安全、复苏河湖生态环境、畅通南北经济循环的生命线作用，为服务构建新发展格局作出新的贡献。

（余璐　人民网　2023 年 11 月 1 日）

南水北调东线启动 2023 至 2024 年度调水

南水北调东线一期工程 13 日启动 2023 至 2024 年度全线调水，这也是南水北调东线的第 11 个跨年度调水。

中国南水北调集团东线公司总调度中心副主任侯煜表示，按照水利部调度计划，本年度向山东省调水 10.01 亿立方米。同时，向江苏省增供水 5.67 亿立方米，向安徽省增供水 0.23 亿立方米。

南水北调东线一期工程自 2013 年 11 月正式通水以来，累计调水入山东省 61.4 亿立方米，为受水区经济社会发展提供了有力的水资源支撑。

（刘诗平　新华社　2023 年 11 月 13 日）

南水北调中线工程调水突破 600 亿立方米

南水北调中线工程自 2014 年 12 月 12 日全线通水至 11 月 13 日，累计调水量突破 600 亿立方米，京、津、冀、豫四省（直辖市）直接受益人口超过 1.08 亿人。

中国南水北调集团有限公司相关负责人表示，南水北调中线工程通水近 9 年来，通过实施科学调度，受水区范围不断扩大，受益人口逐年增长。目前，北京城区七成以上供水为南水北调水，天津市主城区供水全部为南水北调水。水质方面，南水北调中线水质稳定达到地表水 II 类标准及以上。

作为跨流域、跨区域引调水工程，南水北调中线工程在优化水资源配置、保障群众饮水安全、复苏河湖生态环境、畅通南北经济循环方面发挥着重要作用，为沿线 26 座大中城市经济社会发展提供了有力的水资源支撑。

生态补水方面，南水北调中线工程通水以来，累计向沿线 50 多条河流及湖泊生态补水超过 94 亿立方米，助力华北地区地下水超采综合治理和河湖生态环境复苏成效显著。

据介绍，南水北调中线工程后续建设方面，南水北调集团已编制完成南水北调中线调蓄工程体系总体布局与规模专题研究报告，正在加快编制西霞院水库与总干渠连通工程可研任务书，加快推进中线调蓄工程规划和西黑山电站建设。

（刘诗平　新华社　2023 年 11 月 13 日）

南水北调东线一期工程启动
第 11 个年度全线调水

据中央广播电视总台中国之声《新闻和报纸摘要》报道，据中国南水北调集团消息，截至 11 月 13 日下午 6 时，南水北调中线工程向北方累计调水突破 600 亿立方米，京津冀豫四省（直辖市）直接受益人口超过 1.08 亿人。

南水北调东线一期工程第 11 个年度全线调水 13 日正式启动，供水区累计供水量将达到历史新高。

13 日上午 10 时，位于山东省枣庄市的台儿庄泵站开机，南水北调东线一期工程第 11 个年度调水工作开始全线正式启动。

中国南水北调集团东线公司总调度中心副主任侯煜：本年度向山东省调水 10.01 亿立方米，净供水量 6.93 亿立方米，还将利用东线一期工程调引东平湖等水资源，累计向受水区供水 11.23 亿立方米，供水量达历史新高。

南水北调东线一期工程主要是为黄淮海平原东部和山东半岛补充水源，自 2013 年 11 月正式通水以来，截至目前，惠及沿线超 6800 万人口。

（刘梦雅 央广网 2023 年 11 月 14 日）

累计调水突破 600 亿立方米！
南水北调中线工程惠及超 1.08 亿人口

记者从中国南水北调集团了解到，截至 2023 年 11 月 13 日，南水北调中线工程已持续向北方输水 3258 天，累计调水量突破 600 亿立方米，直接受益人口超过 1.08 亿，为沿线 26 座大中城市 200 多个县（市、区）经济社会高质量发展提供了有力的水资源支撑和水安全保障。

安全保障能力持续提升

南水北调工程作为基础性、战略性、全局性的跨流域跨区域引调水工程，已经成为优化水资源配置、保障群众饮水安全、复苏河湖生态环境、畅通南北经济循环的生命线。中国南水北调集团切实维护南水北调工程安全、供水安全、水质安全。

中线工程自 2014 年 12 月 12 日全线通水以来，先后经历了郑州"7·20"特大暴雨、海河"23·7"流域性特大洪水、冰期输水等极端天气的严峻考验。中国南水北调集团从最不利情况出发，做最充分准备，科学研判，会商部署，提早备汛，及时启动应急响应，严格按照预案方案落实各项措施。防汛工作中，落实物资设备到位，落实重点部位加固到位，落实防汛队伍驻守到位，加密雨中雨后巡查到位，确保了中线工程安全平稳运行。中线工程还开展 420 立方米每秒大流量输水，工程建设质量和运行管理水平经受住重大考验。

输水效益效能逐年攀升

通水近 9 年来，中线工程通过实施科学调度，受水区范围不断扩大，受益人口逐年增长，已成为沿线城乡供水的生命线。

2023 年以来，郑州南片区 50 万人喝上南水北调水，郑州高新区 81 万市民、8.7 万家市场主体用上南水北调水、天津宝坻区实现引江引滦双水源保障。北京城区七成以上供水为南水北调水，天津市主城区供水全部为南水北调水，京津冀豫四省市直接受益人口超过 1.08 亿。陶岔电厂累计上网电量突破 10 亿千瓦时，实现了安全足量高效供水和优质稳定绿色发电"双效"提升。

为保障人民群众喝上放心水，中线公司不断优化完善输水调度体系，按照水利部下达的年度供水计划，积极协调各省市的实际用水需求，制定月水量调度方案和实施方案，全线各级调度机构 24 小时在岗值班，实时监控水情、工情，充分利用物联网、大数据、云计算等技术全面提升信息化水平，输水安全保障能力持续提升。

城乡供水水质保持优良

南水北调工程是关系着千家万户的民生工程，确保水质安全是关键。

中线工程全线立交，不与地表河流发生水体交换。中线公司建立了 1 个中心、5 个水质实验室、13 个自动监测站、30 个固定监测断面的水质监测体系，着力加强水质风险因素研究及防控工作，不断完善"监测、保护、应急、科研、防控"为一体的水质保护体系。

河北省景县地处华北漏斗区，地下水含氟高。苦水营村村民付书明说："过去吃含氟高的井水，村里人落下一嘴黄牙，出门都不敢张大嘴笑。"从吃氟超标的井水到吃南水北调水，"苦水营"变"甜水营"，见证了河北黑龙港流域 500 多万人彻底告别高氟水、苦咸水的历史。北京居民饮水水质也有了明显改善,自来水硬度由过去的 380 毫克每升降至 120 毫克每升。

中线工程水质稳定达到地表水 Ⅱ 类标准及以上,2023 年以来 Ⅰ 类水比例达 90.6%,从"有水吃"到"吃好水"的转变,使人民获得感、幸福感、安全感更加充实、更有保障、更可持续。

生态和谐之美日益彰显

绿色是南水北调工程的底色。中国南水北调集团积极践行生态文明理念,着力打造"绿色长廊"。

全线通水以来,中线工程累计向沿线 50 多条河流湖泊生态补水超过 94 亿立方米,华北地区干涸的洼、淀、河、渠、湿地重现生机,重点流域、区域水源涵养能力和生态自我修复功能大幅增强。滹沱河、大清河、滏阳河等一批河流实现全线贯通,主要补水河道形成了持续稳定的生态基流,断流近 30 年的邢台百泉实现复涌。2021 年 8—9 月,中线工程首次通过北京段大宁调压池退水闸向永定河生态补水,助力永定河实现了 1996 年以来 865 公里河道首次全线通水。

中线工程助力华北地区地下水超采综合治理和河湖生态环境复苏成效显著。自 20 世纪 70 年代以来地下水水位逐年下降的趋势得到根本扭转,深层承压水水位平均回升 6.72 米,治理区河湖生态环境加快复苏。根据治理区 3665 眼地下水监测站点监测数据分析,通过近 5 年治理,地下水水位实现由下降幅度趋缓、到局部回升、再到总体回升的持续好转,治理区约 90% 的区域初步实现地下水采补平衡。2022 年补水河湖有水河长增至 2284 公里,是 2018 年的 2.5 倍。

高质量发展提档加速

在推进南水北调后续工程高质量发展领导小组的统一领导下,后续工程规划建设方案初步形成新共识。

中线引江补汉工程是南水北调后续工程首个开工的重大项目。今年 9 月 19 日,引江补汉工程吹响了全线"百日大干"的劳动号角,出口段工程、前期施工准备工程、施工供电工程迅速掀起大干热潮。9 月 26 日，出口段工程桐木沟检修交通洞提前三个月贯通。目前，出口段主洞已经完成掘进 581 米。引江补汉工程涉及 TBM 的 7 个主标招标公告已挂网发布。

中线调蓄工程体系规划建设是工程停水检修的需要，也是积极应对突发事故风险的需要。在水利部指导下，中国南水北调集团编制完成了中线调蓄工程体系总体布局与规模专题研究报告、工程体系定位研究报告和雄安调蓄库必要性论证报告，加快编制西霞院水库与总干渠连通工程可研任务书。加快推进中线调蓄工程体系规划和西黑山电站建设，充分利用管理、资金、技术、人才等优势，助力南水北调后续工程高质量发展。

一渠清水滋润着华北大地，大大小小的水系互联、互通、共济，中线工程沿线各地抢抓政策机遇，通过实施地下水超采综合治理、城乡供水一体化工程、农村生活水源置换工程、水生态环境治理工程等，水资源统筹调配能力、供水保障能力、战略储备能力进一步增强，农业、工业、生活及生态环境争水的局面得到缓解，助力巩固拓展脱贫攻坚成果和推进乡村振兴战略实施。

目前，中线工程已累计向雄安新区供水超 1.23 亿立方米。同时，通过瀑河、北易水等退水闸向白洋淀及上游河流实施生态补水，白洋淀水质从劣 V 类全面提升至 III 类，进入全国良好湖泊行列。

（梁木　中国经济网　2023 年 11 月 14 日）

南水北调东线一期工程通水 10 周年，
累计抽引长江水 400 多亿立方米

守护清水北上 夯实国家水网（美丽中国）

2013 年 11 月 15 日，南水北调东线一期工程正式通水，10 年来，累计抽引长江水 400 多亿立方米，缓解苏北、鲁北和胶东半岛缺水问题，惠及沿线超 6800 万人。南来之水汩汩北上，南水北调东线保障了受水区供水安全，为北方地区经济社会发展提供有力水资源支撑。

南起江苏扬州的长江岸畔，北至天津，东抵胶东半岛，南水北调东线，宛如清水长廊，润苏北，济齐鲁。

这是一条通江联河的水脉。一路牵手长江、淮河、黄河、海河四大流域，缀连起洪泽湖、骆马湖、南四湖、东平湖，南水北调东线打通长江水北调大动脉，夯实国家水网主骨架。

这是一条畅通南北经济循环的生命线。南水北调东线与京杭大运河同行北上。通水系、增水深、拓航道，古老运河，千帆竞渡，"黄金水道"含金量更高。

从 2013 年 11 月 15 日正式通水至今，10 年来，南水北调东线累计抽引长江水 400 多亿立方米，缓解苏北、鲁北和胶东半岛缺水问题，惠及沿线超 6800 万人。水利部南水北调工程管理司有关负责人介绍，水利部推动南水北调东线二期工程前期工作，不断扩大工程综合效益，进一步提升受水区供水安全保障水平。

10 年来，长江水入鲁 61.4 亿立方米

"南水"入村，苦水村告别了苦咸水。"水垢少，口感绵，好水熬出的米粥又稠又香。"山东省夏津县北城街道苦水村村民王家国说。

夏津县地处引黄工程末端，地表水少，地下水苦，用水曾是大难题。随着南水北调东线工程通水，长江水来到夏津县。"县里启动'村村通自来水'工程，铺设 50 多万米管道，让家家户户喝上长江水。"夏津县水利事业发展中心有关负责人王明军介绍。

从城乡居民饮水到工农业生产用水，南水北调东线促进了水资源优化配置，长江水成了"振兴水""幸福水"。

乡村产业有奔头。曾经，水是苦咸水，地是盐碱地，一亩地粮食产量只有四五百斤。苦水村党支部书记王宪宝说，清淤泥、开沟渠、挖排碱沟，用清水浇地，盐碱地得到有效治理。村里种起油葵，每年村集体增收 5 万多元。

企业用水有保障。"供水稳定，水质优良，我们发展底气更足。"夏津县光大环保能源有限公司水处理中心经理助理马宗鹏说。长江水有力支撑当地纺织服装、生态环保、农产品加工等产业发展。

南水北调东线是发展"保障线"。中国南水北调集团东线有限公司副总工

程师魏军国介绍，江苏形成双线输水格局，实现江淮联调。在山东，调引长江水的渠道与胶东半岛供水干渠相互联通，构筑"T"形骨干水网。多水源协同配置，供水保障能力更强，10年来累计调水入山东61.4亿立方米，受水区内城市的生活和工业供水保证率从最低不足80％提高到97％以上。

10年来，水质断面达标率由3％提高到100％

一条港河跨两省，一边是山东微山县西平镇，一边是江苏沛县大屯街道。

港河汇入南四湖。南四湖是南水北调东线的输水干线和天然调蓄湖泊。东线调水，成败在水质，关键是治污，治污重点又在南四湖。这里承接苏鲁豫皖4省32个县（市、区）的来水，主要入湖河流53条，水网交织，治理难度大。

定期巡查港河，是西平镇六营村党支部书记、村级河长魏衍水的职责。一次巡河中，岸边覆盖的一层新土，引起魏衍水警觉，挖开后，发现了正在排放污水的暗管。"经现场查看，发现这是一处生活污水排污口。"魏衍水第一时间联系沟通，村干部入户做工作，农业农村、生态环境等多部门研究整治方案，及时封堵排污口。

边界河湖从"两不管"变成"合力管"。信息情况联通、矛盾纠纷联调、非法行为联打、河湖污染联治、防汛安全联保，微山县和沛县建立边界河湖治理五联机制，携手守好南四湖。"一旦发现问题，两地及时沟通，混合编组，共同执法。"微山县水务局水政监察大队大队长董瑞介绍。

"水乡人家，环境变好，村民种水稻、葡萄，办起了农家乐，吃上了'生态饭'。"魏衍水说。如今，微山县与周边8个区县签订补偿协议，明晰上下游水质保护责任。南四湖跻身全国优良水质湖泊行列。

全线治污，护送一渠清水北上。南水北调东线沿线实施471项治污工程，相关地区多措并举开展水生态治理。通水以来，化学需氧量（COD）和氨氮入河总量减少了85％以上，水质断面达标率由3％提高到100％。

南水北调东线成为水清岸绿的"生态线"。"南水北调东线先后向南四湖、东平湖、济南小清河等累计生态补水7.37亿立方米，向大运河补水3.34亿立方米。江苏、山东受水区城区共关停地下水开采井6274眼，实现地下水压采量5.51亿立方米。"中国南水北调集团有限公司办公室主任井书光说。

13级泵站提水爬升65米，工程安全运行水平不断提高

南水北调东线，总扬程65米。水往高处流，靠的是13级泵站，一级一级提水北上。

位于江苏省淮安市洪泽区的洪泽泵站，是第三梯级泵站之一，泵站加压提长江水入洪泽湖。洪泽泵站管理所运行员刘雨琦，每天巡检、记录、保养，确保"大块头"正常运行。"过去靠人盯，辨声音，找故障，20个人管一座泵站。如今用上数字孪生技术，泵站装上'聪明大脑'，大数据诊断，管理效率大幅提高。"刘雨琦说。

在位于南京市的调度中心，洪泽泵站的5台泵组数据实时显示。指着屏幕上跃动的声纹数据，南水北调东线江苏水源有限责任公司科技信息分公司总经理助理黄富佳说："我们深度挖掘170多万条声纹数据，AI智能识别各种不同状况下的声纹。不管是轴承损坏，还是内叶片撞击外壳，我们都能及时锁定故障点。"

数字技术让调水更精细。以前开几台机组、叶片运行频率如何调，技术人员只能靠经验做判断。如今，大数据构建起智能调控模型。"输入调水流量，模型就能给出最优解，用最低的能耗精准提水，提高水资源利用效率。"黄富佳说。

数字赋能，南水北调东线运行更智慧。打造数字孪生洪泽泵站、邓楼泵站先行先试项目，构建智能调度、工程安全监测、水质监测预警等智能应用场景，工程安全运行水平和效率不断提高。

持续调水，京杭大运河全年通航里程达877公里

11月7日，船长徐卫驾驶货船，从山东济宁市任城区的龙拱港，驶向梁山港。

"这条水路如今越来越好走，两港之间只需一天左右。搁以前，水浅河窄，遇上堵船，少说得一周以上。"徐卫说，这几年梁济运河水位变深，航道更畅通，过去只能通过1000吨的运输船，如今两三千吨的运输船畅通无阻。

梁济运河是京杭大运河通航航道的最北段。南水北调东线调水运行期间，抬高水位，保障主航道水深。目前梁济运河达到二级航道运行条件，2000吨

级运输船从梁山港直达长江，成为通江达海新通道。

运河畔，一座新港口拔地而起。从一片水洼地，到一座 18 个 2000 吨级泊位的现代化港口，梁山港仅用两年时间建成通航。"向南开挖 17.5 公里航道，连通京杭大运河；向北建设 9.18 公里铁路专用线，连通瓦日铁路，梁山港形成了'公路＋铁路＋水运'多式联运。"济宁港航梁山港有限公司综合办事务员孔泽凯介绍。

曾经，济宁内河航道中，三级以下航道占比接近七成。孔泽凯介绍，近年来，通过开展京杭大运河航道升级、南水北调东线持续调水，主航道水深从 3.5 米增加到 4.2 米，济宁通过大运河可抵达长三角、珠三角，物流成本降低 10％至 30％。

南水北调东线重塑京杭大运河"黄金水道"优势。井书光介绍，南水北调东线工程打通了京杭大运河东平湖至南四湖航道，增加里程 62 公里；通过持续补水，改善京杭大运河济宁至长江段的航运条件，航道升级为二级航道，新增港口吞吐能力 1350 万吨，目前京杭大运河全年通航里程达 877 公里，运河水运能力不断提升，进一步畅通南北经济循环。

（王浩 李晓晴 《人民日报》 2023 年 11 月 15 日）

累计调水破六百亿立方米、直接受益人口超一亿

南水北调中线工程有力保障水资源安全

从中国南水北调集团获悉，截至 2023 年 11 月 13 日，南水北调中线工程已持续向北方输水 3258 天，累计调水量突破 600 亿立方米，直接受益人口超 1.08 亿，为沿线 26 座大中城市 200 多个县市区经济社会高质量发展提供了有力的水资源支撑和水安全保障。

中国南水北调集团中线有限公司总调度中心主任陈晓楠介绍，中线工程自 2014 年 12 月 12 日全线通水以来，通过实施科学调度，受水区范围不断扩大，受益人口逐年增长，为沿线城乡供水提供有力保障。2023 年以来，河南省郑州市南片区 50 万人喝上了南水北调水，郑州市高新区 81 万市民、8.7 万

家经营主体用上了南水北调水；天津市宝坻区实现引江引滦双水源保障，北京市城区七成以上供水为南水北调水，天津市主城区供水全部为南水北调水。陶岔电厂累计上网电量突破 10 亿千瓦时，实现了安全足量高效供水和优质稳定绿色发电"双效"提升。

此外，中线工程累计向沿线 50 多条河流湖泊生态补水超过 94 亿立方米，华北地区干涸的洼、淀、河、渠、湿地重现生机，重点流域、区域水源涵养能力和生态自我修复功能大幅增强。在中线工程生态补水助力下，2021 年，永定河实现了 1996 年以来 865 千米河道首次全线通水，华北地区地下水超采综合治理和河湖生态环境复苏成效显著。2022 年，补水河湖有水河长增至 2284 千米，是 2018 年的 2.5 倍。

11 月 13 日，南水北调东线一期工程苏鲁省界台儿庄泵站开机调水北送。至此，南水北调东线一期工程 2023—2024 年度（第 11 个年度）的全线调水工作正式启动。

按照水利部印发的 2023—2024 年度水量调度计划，苏鲁省界台儿庄泵站向山东省调水 10.01 亿立方米，山东省还将利用东线一期工程调引东平湖等水资源，累计向受水区供水 11.23 亿立方米，供水量将达历史新高，进一步发挥工程优化水资源配置作用。

截至 2023 年 9 月，南水北调东线一期工程累计调水 61.4 亿立方米入山东省。东线一期工程充分发挥国家水网主骨架、大动脉作用，大大提升了受水区的供水保障能力，有效缓解了鲁南、鲁北，特别是山东半岛的用水紧缺问题，为保障国家水安全、生态安全、粮食安全、能源安全作出积极贡献。

（付丽丽　《科技日报》　2023 年 11 月 15 日）

十载通水改旧貌　千年运河焕新颜

——南水北调东线通水 10 年扫描

11 月 15 日，南水北调东线一期工程迎来通水 10 周年。

10 年来，南水北调东线调水入山东 61.4 亿立方米，直接受益人口超过

6800 万人。2019 年以来，南水北调东线北延应急供水工程向河北、天津调水 5.87 亿立方米。

从江都水利枢纽起步，世界最大规模的泵站群逐级"托举"长江水北上。10 年来，东线不断优化区域水资源配置，推进沿线河湖生态环境复苏，发挥防洪排涝效益，畅通南北经济循环，工程文化作用凸显。

南水北调东线源头——江都水利枢纽

（新华社记者　刘诗平　摄）

南水北调　优化水资源配置

南水北调东线从江苏扬州市引长江水，利用京杭大运河及与其平行的河道逐级提水北送，出东平湖后"兵分两路"：一路输水北上穿越黄河到达鲁北，一路输水向东抵达胶东半岛，调水主干线全长 1467 千米。

"东线增强了受水区的供水保障能力，实现了多水源协同配置，为黄淮海平原东部和山东半岛补充水源，初步构筑了东部国家水网主骨架、大动脉。"中国南水北调集团有限公司办公室主任井书光说，东线同时完善了苏北调水工程体系，联通了山东调引长江水的渠道与胶东半岛的供水大动脉。

东线打通了长江干流向北方调水通道和奠定了地方水网基本布局，东线北延应急供水工程则有力地促进了京津冀协同发展，它将供水范围扩展至河北、天津，为保障津冀地区春灌储备水源，为雄安新区等京津冀城市群发展提供水资源支撑。

南水北调东线之淮河入海水道大运河立交

（新华社记者　刘诗平　摄）

环保治污　复苏河湖生态环境

水利部南水北调工程管理司副司长袁其田表示，东线通水 10 年来，为解决受水区水生态和水环境长期性、累积性问题提供了重要的替代水源，为沿线环保治污工作发挥了强有力的推进作用。通过水源置换、生态补水等措施，有效保障了沿线河湖生态安全。

东线通水前有"酱油湖"之称的南四湖，通过治理，水质已由当初的Ⅴ类和劣Ⅴ类升至Ⅲ类，跻身于全国水质优良湖泊行列，国家一级保护野生动物、被称为"鸟中大熊猫"的青头潜鸭已重返南四湖定居。

统计显示，东线通水以来，共向沿线生态补水约 11.9 亿立方米，受水区的水域面积总体呈增加趋势，水域面积由 1 万平方千米增加到 1.5 万平方千米。

在强化华北地区地下水超采综合治理方面，东线北延应急供水工程起着重要作用。其中，向京杭大运河补水 3.34 亿立方米，助力京杭大运河 2022 年和 2023 年连续两次实现百年来全线水流贯通。

黄金水道　畅通南北经济循环

"东线打通了水资源优化配置的堵点，解决了受水区水资源短缺的痛点，

南水北调东线台儿庄泵站（新华社记者 刘诗平 摄）

将南方地区的水资源优势转化为北方地区的经济优势。"袁其田说，东线发挥水资源战略配置作用，解放京杭大运河运力束缚，释放山东、河北等地潜在优势资源要素生产能力，实现南北之间各类资源和经济要素的优势互补、畅通流动，有助于提高整体资源配置效率。

在促进产业升级方面，东线对水源区和沿线地区投资数百亿元进行水污染治理和生态环境建设，促使沿线地方政府在加大水污染治理的同时，积极调整产业结构，发展了一批新型生态环保产业。

航运方面，据统计，受益于东线的水量保障，京杭大运河全年通航里程已达 877 公里，大大提高了区域水运能力。

同时，大运河文化经济得到相互促进。江苏境内注重水利文化遗产发掘与保护、水利文化传承与发展，打造了一批水利风景名片，促进了沿线旅游资源质量提升；山东境内组建了台儿庄等 6 处南水北调文化建设试点基地，把地域文化与水利工程有机融合。

"南水北调正在激活千年运河文化，东线工程与文化融合持续推进，世界文化遗产大运河正在焕发新的生机与活力。"井书光说。

（刘诗平 新华社 2023 年 11 月 15 日）

南水北调中线工程累计调水
突破 600 亿立方米

截至 2023 年 11 月 13 日，南水北调中线工程已持续向北方输水 3258 天，累计调水量突破 600 亿立方米，直接受益人口超过 1.08 亿，为沿线 26 座大中城市 200 多个县市区经济社会高质量发展提供了有力的水资源支撑和水安全保障。

中国南水北调集团有限公司相关负责人表示，南水北调工程是关系着千家万户的民生工程，确保水质安全是关键。中线工程全线立交，不与地表河流发生水体交换。中线公司建立了 1 个中心、5 个水质实验室、13 个自动监测站、30 个固定监测断面的水质监测体系，着力加强水质风险因素研究及防控工作，不断完善"监测、保护、应急、科研、防控"为一体的水质保护体系，打造输送好水的"健康长廊"。

该负责人介绍，通水近 9 年来，中线工程通过实施科学调度，受水区范围不断扩大，受益人口逐年增长，已成为沿线城乡供水的生命线。"2023 年以来，郑州南片区 50 万人喝上南水北调水，郑州高新区 81 万市民、8.7 万家市场主体用上南水北调水、天津宝坻区实现引江引滦双水源保障。北京城区七成以上供水为南水北调水，天津市主城区供水全部为南水北调水，京津冀豫四省市直接受益人口超过 1.08 亿。陶岔电厂累计上网电量突破 10 亿千瓦时，实现了安全足量高效供水和优质稳定绿色发电'双效'提升。"

（欧阳易佳　人民网　2023 年 11 月 15 日）

写在南水北调东线一期工程通水 10 周年之际：
一泓碧水润北国　千年运河焕新生

从长江下游江苏省扬州市江都区引长江水，打通了长江干流向北方调水的通道，构建了长江水、淮河水、黄河水、当地水优化配置和联合调度的骨干水网，缀连起洪泽湖、骆马湖、南四湖、东平湖，一路向北穿过黄河输水到达山东北部；一路向东到达胶东半岛。

2013 年 11 月 15 日，南水北调东线一期工程正式通水。通水 10 年来，东线一期工程累计抽引江水 400 多亿立方米，调入山东省水量 61.4 亿立方米，有效缓解了南水北调东线沿线受水区缺水问题，受益人口超 6800 万人。

保障群众饮水安全　成为超 6800 万人的供水生命线

"在没有饮用长江水以前，人们喝地下水，含氟量大，村民普遍有黄牙病、脚后跟疼。自从南水北调工程过来后，用上了长江水，长江水的口感好，没水垢，作物生长好。"说起南水北调，山东省德州市武城县郝王庄镇庞庄村的张金云忍不住打开话匣子。

武城县位于山东省西北部，海河流域卫运河下游，引黄末端。2015 年底，长江水从南水北调东线大屯水库工程进入自来水厂，武城拥有黄河水、长江水"双水源"供水县。

"供水量有了保障，为农业灌溉节省了黄河水，更保证了全县居民的饮水安全。"武城县委书记张磊说。南水北调改变了千百年来本地人饮用高氟水、苦咸水的历史，人民群众的获得感、幸福感、安全感不断提升。

据了解，南水北调东线一期工程主要是为黄淮海平原东部和山东半岛补充水源，2016 年 3 月 10 日，东线一期工程调引长江水到达山东省最东端威海市，规划供水范围全部覆盖，为江苏、安徽、山东 3 省的 23 个地级市和其辖内的 101 个县（市、区）补充城市生活、工业和环境用水，兼顾农业、航运和其他用水，惠及沿线超 6800 万人。

提供生活保障水和生产必需水。工程通水以来，安全平稳运行，完成各年度水量调度计划，有效缓解了黄淮海地区水资源短缺问题。

数据显示，受水区内城市的生活和工业供水保证率从最低不足 80% 提高到 97% 以上，苏皖两省受水区农业供水保证率大幅提高，长江—洪泽湖段基本可以达到 95%，其他区段也可以达到 75%～80%，比规划基准年提高了 20%～30%。

复苏河湖生态环境　成为建设美丽中国的靓丽风景线

"泗水县，穷光蛋，碗里端着地瓜蛋，脚下踩着石头蛋。"一句当地流传的民谣是 20 世纪 80 年代对济宁市泗水县地薄人穷的真实写照。

为保障南水北调水质，2020 年山东省泗水县将生态环境治理与乡村振兴结合，实施山、水、林、田、路、村综合治理，探索山区生态清洁小流域建设模式。如今的泗水县山顶松柏戴帽，山腰果树缠腰，山沟层层拦蓄，山下高效农业。

泗水县水利事业发展中心副主任李丹介绍，泗水县以发展生态产业来保持流域内水质稳定，保障了入泗河的国控断面水质达到了 Ⅱ 类水标准。

据了解，山东省实施完成的济宁市南四湖湿地保护恢复项目，治理水域 2000 亩，全面消除整治区劣 Ⅴ 类水体，使流域内南水北调干线的优良水体比例达到 100％。

助力沿线生态复苏。东线一期工程通水以来向沿线生态补水约 11.9 亿立方米，工程受水区的水域面积总体呈增加趋势，水域面积由 1 万平方公里增加到 1.5 万平方公里，面积占比由 6％增加到 8％，水库坑塘面积增加明显，林草地面积增加了 126 平方公里。

相关负责人介绍，东线一期工程增加了沿线河湖水网水体流动力，改善了江苏段里下河腹地水质，助力白马湖等湖泊退圩还湖，助推徐州境内潘安湖、安国湖、大沙河西等生态湿地建设。里运河、中运河、古黄河等干线和支线河道被打造为风景秀美的城市景观河道，淮安市获得国家环保模范城市称号，"煤都"徐州市依托碧湖、绿地、清水打造成为宜居的绿色之城。

在河北省沧州市东光县油坊口村有一口 600 多年的古井，村里 40 岁以上的老人大都喝过古井水。20 世纪 80 年代末，受地下水超采、大运河断流、干旱等因素影响，这口古井逐渐干涸，随着河北省地下水压采治理和南水北调工程补水，古井在干涸近 40 年后复涌清水。村委会主任霍灿福介绍："2018 年古井开始重新有水，水位慢慢上升，2022 年 5 月，水位最高时距离井口 2 米。"

古井复涌只是东线一期工程复苏河湖生态环境的一个缩影，南水北调输水沿线已经成为建设美丽中国的靓丽风景线。

畅通南北经济循环　成为国内第二条"黄金水道"

东线一期工程发挥水资源战略配置作用，解放京杭大运河运力束缚，释放山东、河北等省市潜在优势资源要素生产能力，实现南北之间各类资源和经济要素的优势互补、畅通流动。

中国南水北调集团有限公司办公室主任井书光介绍，2002年，京杭大运河被纳入南水北调东线工程。2022年，京杭大运河实现百年来首次全线水流贯通。受益于东线一期工程的水量保障，目前京杭大运河的全年通航里程达877公里，大大提高了区域水运能力，成为国内仅次于长江的第二条"黄金水道"。

据了解，东线一期工程在江苏境内新开河道17.96公里，改善航道92.45公里，提高了金宝航道、徐洪河等一批河道的通航标准和通航等级，徐洪河由5级航道提升为3级，金宝航道由6级航道提升为3级。

数据显示，苏北运河2013年货运量2.72亿吨，2022年货运量达3.39亿吨，年均增速2.5%。金宝航道的货运量由工程建成前年平均约200万吨提升到400万吨，徐洪河线则由年平均航运量约100万吨提升到250万吨。

井书光介绍，山东境内打通了两湖段的水上通道，新增通航里程62公里，将东平湖与南四湖连为一体，京杭运河韩庄运河段航道已由3级航道提升为2级航道，梁济运河段已具备2级航道的过航能力，新增港口吞吐能力1350万吨。济宁段主航道长210公里，通航里程和运力在京杭运河沿线城市中排第一位。

新建成的济宁市梁山港迅速发展成为京杭大运河上"西煤东输、北煤南运、南货北调、集装箱运输"的大型航运物资集散地，2000吨级货船、万吨级船队可从梁山港直达长江，有18个2000吨级泊位，是江北最大的内河港口。济宁市以运河为轴通过借水赋能，目前建立了7座内河港口，形成物流加工、船舶制造、高端装备等特色产业集群，打造国内一流的"内河经济新廊道"，港口货物吞吐量突破1亿吨，可以说，正是南水北调东线的泵站群，催生了运河沿线的港口群。

南水北调东线一期工程通水10年来，为我国东部地区率先高质量发展提供有力的水资源支撑和水安全保障，绘就了工程受水区一幅又一幅绿色画卷，让沿线人民享受到生态文明和美丽中国的福祉。

（欧阳易佳　人民网　2023年11月15日）

南水北调东线一期工程通水 10 年
综合效益显著

记者从水利部获悉，截至 2023 年 11 月 10 日，南水北调东线一期工程累计调水入山东 61.38 亿立方米，受水区直接受益人口超 0.68 亿人。2019 年以来，通过东线北延应急供水工程（以下简称"北延工程"），累计向河北、天津调水 5.87 亿立方米，综合效益显著。

2013 年 11 月 15 日，南水北调东线一期工程（以下简称"东线一期工程"）正式通水。通水 10 年来，水利部、沿线地方政府及工程运管单位持续加强调度管理，确保工程安全运行和效益发挥。

东线一期工程的建成通水，进一步完善了江苏省的水网体系，构建了山东省"T"字形骨干水网，有效增加了区域水资源供给保障能力。工程保障了江苏省各项用水需求尤其是农业灌溉用水需求，有效应对 2019 年苏北地区 60 年一遇气象干旱，江苏粮食总产量连续 9 年稳定在 700 亿斤以上，2022 年首次突破 750 亿斤。2016 年以来，工程向胶东地区调水超 25 亿立方米，有效应对了胶东地区 2017 年、2018 年连续干旱，保障了供水安全。北延工程将供水范围扩展至河北、天津，为保障津冀地区春灌储备水源，确保国家粮食安全，巩固华北地区地下水超采综合治理成效提供有力的水资源支撑。

水利部及沿线地方政府坚决贯彻"先节水后调水、先治污后通水、先环保后用水"原则，强力推进水污染治理和河湖生态修复。工程通水以来，调水水质稳定达到地表水Ⅲ类标准。通过水源置换、生态补水等措施，有效保障了沿线河湖生态安全。昔日被称为"酱油湖"的南四湖目前已跻身全国水质优良湖泊行列，"泉城"济南再现四季泉水喷涌景象。北延工程向大运河补水 3.34 亿立方米，助力京杭大运河 2022 年和 2023 年实现百年来连续 2 次全线水流贯通。

东线一期工程增强了相关河道的防洪排涝功能，打通了部分防洪通道，提高了沿线地区的防洪排涝能力。2021 年，黄河严重秋汛期间，八里湾泵站、济平干渠、穿黄出湖闸等累计泄洪 3.07 亿立方米，有效缓解了东平湖防洪压力；2013 年以来，江苏省南水北调新建泵站累计抽排涝水 4.45 亿立方米。东线一期工程在洪涝灾害防御中发挥了重要保障作用。

另外，东线一期工程还打通了水资源优化配置的堵点，解决了受水区水资源短缺的痛点，将南方地区的水资源优势转化为北方地区的经济优势。工程显著改善了京杭大运河的航运条件。江苏、山东境内新增通航里程80公里，连通了南四湖和东平湖，多条航道通航条件得到改善，航运效益显著。山东济宁段航道实现了内河航运通江达海，江苏运河货运量明显提升，金宝航道由2013年的年均200万吨增至最大年份400万吨，徐洪河线由年均100万吨提升至250万吨。

东线一期工程使大运河焕发新的生机与活力。2014年6月，京杭大运河成功入选世界文化遗产名录。东线一期工程与文化融合持续推进，沿线建成江都水利枢纽等一批水利风景区，韩庄运河台儿庄段等河段被评为美丽幸福示范河湖。同时，依托沿线枢纽工程建成东线江苏水情教育基地等多个国情水情教育基地，年均开展水情教育1000多批次，受众达5万多人次。

当前，水利部正按照国家水网建设规划纲要有关部署，推动南水北调东线二期工程前期工作，下一步将在确保东线一期工程安全、供水安全、水质安全的同时，加快完善体制机制，不断扩大工程综合效益，进一步提升受水区供水安全保障水平，切实把东线工程建设成为优化水资源配置、保障群众饮水安全、复苏河湖生态环境、畅通南北经济循环的生命线。

（张艳玲　中国网　2023年11月15日）

南水北调东线一期工程通水十周年
受益人口超 6800 万

据中央广播电视总台中国之声《新闻和报纸摘要》报道，南水北调工程是优化我国水资源配置、保障国家水安全的重大战略性基础设施，也是国家水网的主骨架、大动脉。2013年11月15日，南水北调东线一期工程正式通水，十年来累计抽引江水400多亿立方米，成为优化水资源配置、保障群众饮水安全、复苏河湖生态环境、畅通南北经济循环的生命线。

自2013年11月正式通水以来，南水北调东线一期工程累计抽引江水400多亿立方米，调水入山东61.4亿立方米，有效缓解了沿线受水区缺水问题。中国南水北调集团东线公司总调度中心副主任侯煜介绍，工程涉及江苏、安徽、山东3省23个地级市及其辖内的101个县（市、区），惠及沿线超6800万人口，成为支撑东线受水区的一条生命线。

侯煜：南水北调东线一期工程充分发挥了国家水网主骨架、大动脉作用，改善了受水区水资源配置格局，大大提升了受水区的供水保障能力，有效缓解了鲁南、鲁北，特别是山东半岛用水紧缺问题，为沿线社会、经济和生态高质量发展提供了可靠的水资源。

由微山湖、昭阳湖、独山湖、南阳湖组成的南四湖，是我国北方最大的淡水湖，随着南四湖成为南水北调东线一期工程的重要节点，水质由Ⅴ类和劣Ⅴ类提升到Ⅲ类。南水北调东线山东干线公司党委副书记高德刚介绍，东线一期工程通水以来，向沿线生态补水约11.9亿立方米，工程受水区的水域面积由1万平方公里增加到1.5万平方公里。

高德刚：山东这一片，原来南四湖和东平湖在上游不来水的情况下曾经干过湖，南水北调东线输水以后改善了这两个湖泊的生态环境，包括毛刀鱼、桃花水母这些对环境要求很高的物种都有了，现在东线输水沿线水质稳定在Ⅲ类标准。

侯煜介绍，南水北调工程东、中、西三条调水线路通过与长江、黄河、淮河和海河相互连接，构成我国水资源配置"四横三纵、南北调配、东西互济"的总体格局。

侯煜：目前已经开启第11个年度的调水工作，我们将深入开展数字孪生建设，进一步提高调度运行管理水平。与此同时，还将优化南水北调东线二期工程布局方案，力争早日开工建设，持续为我国东部地区高质量发展提供有力的水资源支撑和水安全保障。

（刘梦雅　杨森　央广网　2023年11月15日）

南水北调东线一期工程10年
惠及人口超6800万

11月15日，南水北调东线一期工程通水十周年。记者从水利部获悉，截至 11 月 10 日，东线一期工程累计调水入山东 61.38 亿立方米，受水区直接受益人口超 0.68 亿人。2019 年以来，通过东线北延应急供水工程（以下简称"北延工程"），累计向河北、天津调水 5.87 亿立方米，综合效益显著。

从区域水资源配置看，东线一期工程的建成通水，进一步完善了江苏省的水网体系，构建了山东省"T"字形骨干水网，有效增加了区域水资源供给保障能力。工程保障了江苏省各项用水需求，尤其是农业灌溉用水需求，有效应对了 2019 年苏北地区 60 年一遇的气象干旱。2016 年以来，工程向胶东地区调水超 25 亿立方米，有效应对了胶东地区 2017 年、2018 年发生的连续干旱，保障了供水安全。北延工程将供水范围扩展至河北、天津，为保障津冀地区春灌储备水源，确保国家粮食安全，巩固华北地区地下水超采综合治理成效提供了有力的水资源支撑。

与此同时，沿线河湖生态环境复苏持续推进。工程通水以来，调水水质稳定达到地表水Ⅲ类标准。通过水源置换、生态补水等措施，有效保障了沿线河湖生态安全。昔日被称为"酱油湖"的南四湖目前已跻身全国水质优良湖泊行列，"泉城"济南再现四季泉水喷涌景象。北延工程向大运河补水 3.34 亿立方米，助力京杭大运河 2022 年和 2023 年实现百年来连续两次全线水流贯通。

南北经济循环也进一步畅通。东线一期工程显著改善了京杭大运河的航运条件，江苏山东境内新增通航里程 80 公里，连通了南四湖和东平湖，多条航道通航条件得到改善，航运效益显著。山东济宁段航道实现了内河航运通江达海，江苏运河货运量明显提升，金宝航道由 2013 年的年均 200 万吨增至最大年份 400 万吨，徐洪河线由年均 100 万吨提升至 250 万吨。

水利部表示，当前正按照国家水网建设规划纲要有关部署，推动南水北调东线二期工程前期工作，下一步将在确保东线一期工程安全、供水安全、水质安全的同时，加快完善体制机制，不断扩大工程综合效益，进一步提升受水区供水安全保障水平。

（汪子旭 《经济参考报》 2023 年 11 月 16 日）

南水北调山东段第十个调水年度结束
省内直接受益人口 4000 多万人

记者 11 月 22 日从山东省人民政府新闻办召开的新闻发布会上获悉，南水北调东线山东段工程第十个调水年度结束。截至今年 9 月底，工程累计调水 80.27 亿立方米，有效缓解了山东水资源供需矛盾，保障了供水安全，省内直接受益人口 4000 多万人。

山东省水利厅二级巡视员刘长军介绍，南水北调山东段属于南水北调工程东线调水线路，在山东境内为南北、东西两条输水干线，全长 1191 千米。山东省内供水区范围涉及济南、青岛等 13 个市、56 个县（市、区），有效缓解鲁南、山东半岛和鲁北地区城市缺水问题，兼顾生态和环境用水，具备向河北、天津应急供水条件。

据悉，南水北调山东段自 2013 年 11 月 15 日正式建成通水，至今已圆满完成十个年度调水任务，工程运行安全平稳，水质稳定达标，供水能力稳步提升，为山东经济社会发展提供了优质可靠的水安全支撑。

（袁敏　高天　新华社　2023 年 11 月 23 日）

南水北调东线一期工程通水十周年
带动京杭运河成"黄金水道"

今年是南水北调东线一期工程通水十周年，十年来，在解决北方城市缺水问题的同时，东线工程也带动京杭大运河成为"黄金水道"。京杭大运河山东段全长 643 公里，占总长的三分之一。

曾经，这里的水道只能跑跑散货船，沿线河湖的水质更是堪忧。南水北调给这里带来了怎样的变化？我们就通过运河上的一家"船三代"，看看京杭大运河的航运变迁。

船主杨杰伟、杨光两兄弟的祖辈就以跑船为生，最早他们的爷爷驾驶的是一艘载重仅有几吨的小木船，后来到了他们父亲这辈，家里换了一艘 80 多吨的水泥船。那时行驶在航道上的货船大都是散货船，最大的也不过 500 吨。

船主 杨光：原先货比较单一，就是煤炭，别的没什么了。

2002 年 12 月南水北调东线一期工程正式启动建设，济宁以南利用京杭大运河作为调水河道，大运河航运里程增加 62 公里，加之南水北调的水量保障，京杭大运河全年通航里程达 877 公里，济宁以南可通航 2000 吨级船舶和万吨级船队，成为国内仅次于长江的第二条"黄金水道"。每年节省直接物流成本近 10 亿元，减少航运油耗 15 万吨。

航道升级了，对在运河里行驶船只的要求也就更高了。杨杰伟父亲的水泥船由于没有生活污水处理系统，存在效益低、不安全等问题，被淘汰报废处理。

船主 杨杰伟：二级航道，加深加宽，你要一成不变，就适应不了。

为了减少航运货物对运河水质造成的污染，山东济宁市鼓励船主更换高效、节能、环保的集装箱货轮，并提供相应政策支持，对通过京杭大运河山东段，包括支流航道的集装箱货船给予免费过闸、优先通行的权利。借着这个机会，杨杰伟和弟弟杨光贷款购买了一艘大型的集装箱货轮。

记者：你算账了吗？大概几年能还上（贷款）？

船主 杨杰伟：一百五六十万元要是正常的话，三四年时间。

航线污染成过去　退渔还湖保生态

现在，杨杰伟、杨光兄弟俩经常穿行微山县的南四湖前往长三角，这里是京杭大运河主航道、南水北调东线的主渠道和重要调蓄湖泊。与老电影留给大家的印象不同，包括微山湖在内的南四湖一度被称为"酱油湖"，污染严重。为保障清水北上，微山县先后关停了 200 多家散乱污企业。2012 年开始清理网箱、网围，逐步让渔民退出南四湖自然保护区核心区和缓冲区。大运河上还有了流动垃圾收储船。

杨杰伟妻子 张玲：我们有污水柜，把水都排到污水柜，有专业的小船来收这个污水。像那个小船就是放到我们边上，抛个管子就把我们污水柜里的水抽走了。

现在，大运河沿线水质都达到"集中式生活饮用水源地二级保护区、一般鱼类保护区及游泳区"的标准。

（央视网　2023 年 11 月 25 日）

南水北调中线启动 2023
至 2024 年度冰期输水

南水北调中线工程 1 日启动 2023 至 2024 年度冰期输水工作，预计至 2024 年 2 月底冰期输水结束。

中国南水北调集团有限公司相关负责人表示，冰期输水是南水北调中线工程运行调度的关键阶段，公司上下将加强冰期输水运行调度管理，动态优化冰期输水调度方案，在保障南水北调工程安全、供水安全、水质安全基础上提升冰期输水效益。

据介绍，目前，南水北调中线工程沿线 104 道拦冰索安设到位，180 套融冰设备、111 套扰冰设备维护调试完毕，15 座排冰闸及 4 套液压耙冰机检修工作全部完成。河北省石家庄市以北渠段 59 座左排倒虹吸、左排涵洞进出口已采取保温措施。中国南水北调集团中线有限公司河北分公司、天津分公司和北京分公司积极开展冰冻灾害应急演练，检验应急预案可行性，提升队伍应急处置能力。

南水北调中线工程自 2014 年 12 月全线通水以来，已连续 9 年实现冰期输水安全平稳运行，近两年冰期输水期间多供水超 5 亿立方米。

（刘诗平　新华社　2023 年 12 月 1 日）

水利部：到 2035 年实现丹江口库区
及其上游存量问题全面解决

11 日，水利部召开"丹江口库区及其上游流域水质安全保障工作进展和成效"新闻发布会。水利部表示，按照山水林田湖草沙一体化保护和系统治理的总体要求，水利部将会同相关部门、地方加强丹江口库区及其上游流域统一管理，将丹江口水库库区及其上游干支流涉及的河南、湖北、陕西 3 省 10 市 46 县（市、区）和重庆市城口县、四川省万源市、甘肃省两当县相关乡镇 9.52 万平方公里全部纳入治理范围，到 2025 年，使丹江口水库水质稳定达到供水要求，水环境质量稳中向好，水生态系统功能基本恢复，生物多样性进一步提高，水环境风险得到有效管控；到 2035 年，实现存量问题全面解决，潜在风险全面化解，增量问题全部抑制，体制机制全面健全。

据了解，丹江口库区及其上游流域是南水北调中线工程的水源地，是保障北方受水区供水安全的"生命线"。2006 年以来，国务院连续批准实施四轮丹江口库区及上游水污染防治和水土保持规划，国家发展改革委会同有关部门和地方建立丹江口库区及上游水污染防治和水土保持部际联席会议机制，推动水源区生态环境质量持续改善，丹江口库区水质常年保持在Ⅱ类及以上，为南水北调中线工程提供了坚实的水质安全保障。

水利部副部长王道席在会上表示，将从以下几个方面抓好落实：

切实加强水质保障综合治理。全面检视存在问题与风险隐患，将有悖于实现"一泓清水永续北上"目标的风险源都列为治理对象，加大综合治理力度。加快水土流失综合防治，加强丹江口水库消落区治理，加强工业和城镇污水治理，加强农业农村污染治理，加强尾矿库治理。

加快构建严密的监测体系。按照"应设尽设、应测尽测、应在线尽在线"的原则，加快完善水文水质监测体系，完善库区、库周遥感监测体系，构建水土流失监测体系和生态流量泄放监测体系，构建雨水情监测预报"三道防线"，完善省界、重要干支流、出入库、源头区全覆盖的站网布局，推进天空地一体化监测能力建设。

构建流域水资源调度体系。按照"需求牵引、应用至上、数字赋能、提升能力"的要求，统筹建设数字孪生流域、数字孪生工程，构建汉江流域多目标统筹水资源调度系统，持续加强汉江流域水资源统一调度，精准实施南水北调中线一期工程水量调度，积极推进引汉济渭等跨流域调水工程水资源调度管理。

增强突发水污染事件应对能力。针对各类风险源，提前制订并滚动修订应对预案，加强交通运输风险防控与应急处置，强化尾矿库风险管控与应急处置，提高环境风险防控和应急处置能力，坚决守住丹江口库区水质安全底线。

最后，还将持续强化体制机制与法治保障。坚持全流域"一盘棋"思想，建立健全流域治理管理体制机制，强化河湖长制，完善危险化学品运输风险源管控机制，严格落实饮用水水源保护区制度，落实水行政执法与刑事司法衔接、水行政执法与检察公益诉讼协作机制，加强法治保障，提升丹江口库区及其上游流域水质安全保障水平。

（卢俊宇　新华网　2023 年 12 月 11 日）

水利部：坚决守好丹江口水库一库碧水，
确保"一泓清水永续北上"

水利部 11 日举行新闻发布会，介绍丹江口库区及其上游流域水质安全保障工作进展和成效。水利部副部长王道席表示，水利部门将加强丹江口库区及其上游流域统一管理，到 2025 年，使丹江口水库水质稳定达到供水要求。

南水北调工程是实现我国水资源优化配置、促进经济社会可持续发展、保障和改善民生的重大战略性基础设施。南水北调中线一期工程自 2014 年 12 月 12 日通水以来，9 年累计调水 605 亿立方米，受益人口达 1.08 亿，为 51 条河流累计补水 95 亿立方米。

丹江口库区及其上游流域作为南水北调中线工程的水源地，是保障北方受水区供水安全的"生命线"。2006 年以来，国务院连续批准实施四轮丹江口库区及上游水污染防治和水土保持规划，国家发展改革委会同有关部门和地方建立丹江口库区及上游水污染防治和水土保持部际联席会议机制，推动水源区生态环境质量持续改善，丹江口库区水质常年保持在 Ⅱ 类及以上，为南水北调中线工程提供坚实的水质安全保障。

保障丹江口库区及其上游流域水质安全是守护北方受水区生命线的重大责任，是切实维护中线工程水质安全的迫切要求。水利部要求强化丹江口库区及其上游流域水资源管理保护，加强水土流失防治，研究建立水文水质全覆盖监测体系，充分发挥河湖长制平台作用，建立与地方协同管理机制，切实保障丹江口库区及其上游流域水质安全，确保"一泓清水永续北上"。

保障丹江口库区及其上游流域水质安全，需要协调上下游、左右岸、干支流涉及的不同地区，需要统筹水资源、水环境、水生态治理涉及的多个部门。下一步，水利部将按照山水林田湖草沙一体化保护和系统治理的总体要求，加强丹江口库区及其上游流域统一管理，将丹江口水库库区及其上游干支流涉及的河南、湖北、陕西3省10市46县（市、区）和重庆市城口县、四川省万源市、甘肃省两当县相关乡镇9.52万平方公里全部纳入治理范围，到2025年，使丹江口水库水质稳定达到供水要求，水环境质量稳中向好，水生态系统功能基本恢复，生物多样性进一步提高，水环境风险得到有效管控；到2035年，实现存量问题全面解决，潜在风险全面化解，增量问题全部抑制，体制机制全面健全。

同时，加快水土流失综合防治，加强丹江口水库消落区治理，加强工业和城镇污水治理，加强农业农村污染治理，加强尾矿库治理。加快完善水文水质监测体系，完善库区、库周遥感监测体系，构建水土流失监测体系和生态流量泄放监测体系，构建雨水情监测预报"三道防线"，完善省界、重要干支流、出入库、源头区全覆盖的站网布局，推进天空地一体化监测能力建设。统筹建设数字孪生流域、数字孪生工程，构建汉江流域多目标统筹水资源调度系统，持续加强汉江流域水资源统一调度，精准实施南水北调中线一期工程水量调度，积极推进引汉济渭等跨流域调水工程水资源调度管理。

加强各类风险防控与应急处置，坚决守住丹江口库区水质安全底线。建立健全流域治理管理体制机制，强化河湖长制，完善危险化学品运输风险源管控机制，严格落实饮用水水源保护区制度，落实水行政执法与刑事司法衔接、水行政执法与检察公益诉讼协作机制，加强法治保障，提升丹江口库区及其上游流域水质安全保障水平。

王道席表示，丹江口库区及其上游流域水质安全保障是一项复杂的系统工程，涉及面广，需要统筹各方力量，凝聚共识，形成工作合力。水利部将推进各项任务落实，坚决守好一库碧水，为"一泓清水永续北上"提供有力保障。

（张艳玲　中国网　2023年12月11日）

南水北调东中线一期工程累计调水超670亿立方米

12月12日，南水北调东中线一期工程全面通水将迎来9周年。记者从南水北调集团获悉，中线一期工程已累计调水超 670 亿立方米（含东线北延应急供水工程），为 1.76 亿人提供了水安全保障，支撑了受水区 40 多座大中城市超 13 万亿元 GDP 增长，为京津冀协同发展、中部崛起、黄河流域生态保护和高质量发展等国家重大战略实施提供了有力的水资源支撑。

（潘旭涛 《人民日报·海外版》 2023 年 12 月 12 日）

丹江口库区水质常年保持在 Ⅱ 类及以上

记者从水利部举行的丹江口库区及其上游流域水质安全保障工作进展和成效新闻发布会上获悉：丹江口库区水质常年保持在 Ⅱ 类及以上，为南水北调中线工程提供了坚实的水质安全保障。

丹江口库区及其上游流域作为南水北调中线工程的水源地，是保障北方受水区供水安全的"生命线"。水利部将按照山水林田湖草沙一体化保护和系统治理的总体要求，加强丹江口库区及其上游流域统一管理，将丹江口水库库区及其上游干支流涉及的河南、湖北、陕西 3 省 10 市 46 县（市、区）和重庆市城口县、四川省万源市、甘肃省两当县相关乡镇 9.52 万平方公里全部纳入治理范围，到 2025 年，使丹江口水库水质稳定达到供水要求，水环境质量稳中向好，水生态系统功能基本恢复，生物多样性进一步提高，水环境风险得到有效管控。

（王浩 赵林 《人民日报·海外版》 2023 年 12 月 12 日）

水利部：到 2035 年实现丹江口库区
及上游存量问题全面解决

"南水北调中线一期工程正式通水 9 年来，累计向北方调水超 605 亿立方米，已成为京津冀豫 26 座大中城市的主力水源，直接受益人口超 1.08

亿人。"11 日，在水利部召开的"丹江口库区及其上游流域水质安全保障工作进展和成效"新闻发布会上，水利部南水北调工程管理司司长李勇透露。

丹江口库区及其上游流域作为南水北调中线工程的水源地，是保障北方受水区供水安全的"生命线"，因此保证水质尤为关键。

水利部副部长王道席表示，水利部将会同相关部门、地方加强丹江口库区及其上游流域统一管理，将丹江口水库库区及其上游干支流涉及的河南、湖北、陕西 3 省 10 市 46 县（市、区）和重庆市城口县、四川省万源市、甘肃省两当县相关乡镇 9.52 万平方公里全部纳入治理范围；到 2025 年，使丹江口水库水质稳定达到供水要求，水环境质量稳中向好，水生态系统功能基本恢复，生物多样性进一步提高，水环境风险得到有效管控；到 2035 年，实现存量问题全面解决，潜在风险全面化解，增量问题全部抑制，体制机制全面健全。

王道席表示，要切实加强水质保障综合治理。全面检视存在问题与风险隐患，将有悖于实现"一泓清水永续北上"目标的风险源都列为治理对象，加大综合治理力度。同时，加快完善水文水质监测体系，完善库区、库周遥感监测体系，构建水土流失监测体系和生态流量泄放监测体系，构建雨水情监测预报"三道防线"，完善省界、重要干支流、出入库、源头区全覆盖的站网布局，推进天空地一体化监测能力建设。

水利部水土保持司司长蒲朝勇介绍，水土流失与库区水质关系密切。一方面，流失的土壤以泥沙形式进入水体，造成库容减少且增加了水的浊度；另一方面，流失的土壤中含有大量的氮、磷等有机质，可能会影响水库水质。经多年治理，库区水土流失面积由 2011 年的 3.24 万平方公里减少到 2022 年的 2.70 万平方公里，减幅为 16.67%。

王道席强调，水利部将持续增强突发水污染事件应对能力。针对各类风险源，提前制定并滚动修订应对预案，加强交通运输、尾矿库风险管控与应急处置，提高环境风险防控和应急处置能力，坚决守住丹江口库区水质安全底线。

（付丽丽　《科技日报》　2023 年 12 月 12 日）

南水北调东中线工程全面通水 9 周年
累计调水超 670 亿立方米

南水北调东中线工程 12 日迎来全面通水 9 周年。全面通水以来，东中线工程累计调水超过 670 亿立方米，惠及沿线 44 座大中城市，直接受益人口超过 1.76 亿人。

作为跨流域、跨区域引调水工程，南水北调东中线工程在优化水资源配置、保障群众饮水安全、复苏河湖生态环境、畅通南北经济循环方面发挥着重要作用。

水利部南水北调工程管理司有关负责人介绍，全面通水以来，南水北调中线供水水质稳定在地表水 Ⅱ 类标准及以上，东线供水水质稳定在地表水 Ⅲ 类标准。中线的南水已由规划的辅助水源成为受水区的主力水源，北京城区七成以上供水为南水，天津市主城区供水几乎全部为南水；东线构建了山东省 T 字形骨干水网，东线北延应急工程则将供水范围扩展到了河北省、天津市。

中国南水北调集团有限公司有关负责人表示，通过水源置换、生态补水等措施，有效保障了南水北调工程沿线河湖生态安全，助力华北地区地下水超采综合治理。工程累计实施生态补水近 100 亿立方米，推动了永定河、滹沱河、白洋淀等一大批河湖重现生机。通过东线北延应急工程向大运河补水，助力京杭大运河 2022 年和 2023 年实现百年来连续两次全线水流贯通。

南水北调东线从扬州市江都水利枢纽起始，长江水北上流入山东，东线北延应急工程将供水范围扩展至冀津；中线从丹江口水库陶岔渠首闸引水入渠，南水千里奔流，润泽豫冀津京。规划中的南水北调工程，分东线、中线、西线向北方调水，连接起长江、淮河、黄河、海河，形成"四横三纵、南北调配、东西互济"的水资源配置格局。

据了解，水利部和南水北调集团正在全力推进南水北调东线二期工程、西线工程前期工作，中线引江补汉工程输水总干线将进入全面施工阶段，数字孪生水网南水北调工程建设正在加快推进，国家水网主骨架和大动脉加快构建。

（刘诗平　新华社　2023 年 12 月 12 日）

南水北调助力高质量发展
国家水网主骨架加速构建

——写在南水北调东中线一期工程全面通水 8 周年之际

南水北调中线工程陶岔渠首（水利部供图）

60 年前，河南省林县百姓不认命不服输，在太行山上矗立起一座不朽的精神丰碑。2022 年 12 月，南水北调中线配套安阳市西部调水工程将南水提上太行，一渠好水接续润泽红旗渠故乡。

南水北调东中线一期工程全面通水 8 年来，持续扩大调水综合效益，依托南水北调国家水网主骨架和大动脉，沿线受水区不断完善配套工程，国家水网加速构建。

随着渠成水到，华北大地上形成了一张张大小不一的区域水网，受水区水资源统筹调配能力、供水保障能力、战略储备能力进一步增强，南水北调工程已经成为沿线 42 座大中城市 280 多个县（市、区）的生命线。

综合效益不断彰显　支撑国家重大战略实施

南水北调全面通水以来，水利部指导中国南水北调集团实施科学调度，实现了年调水量从 20 多亿立方米持续攀升至近 100 亿立方米的突破性进展。南水北调工程不断扩大供水范围，支撑了京津冀协同发展、雄安新区建设、黄河流域生态保护和高质量发展等国家重大战略实施，复苏了河湖生态环境，防洪减灾效益明显。

今年夏季，长江中下游地区旱情严重，南水北调中线一期引江济汉工程、东线一期工程相继启动泵站，加入调水抗旱行动，南水成为湖北、江苏等沿线省市保障生产生活的"救命水"。

河南省禹州市神垕镇是"钧瓷之都"。"过去制作瓷器用水，都去驺虞河里拉水，河水干了之后，只好打深水井，电费高，水质差，便选择水窖接雨水用。"河南省禹州市供水有限公司神垕水厂董事长王敏霞说："雨水也不够用，瓷器生产企业只好从30公里外拉水，每吨水近40元，很多企业支撑不下去。"

2015年1月12日，南水北调中线一期工程向禹州市和神垕镇正式供水，年平均供水396万立方米，彻底解决了古镇缺水问题。"现在用南水烧制的瓷器釉表面光滑剔透，品质极佳，产品价格比以前提高了20%到30%。"神垕镇的瓷器生产企业老板高兴地说。

截至今年11月底，神垕镇累计使用南水2004.48万立方米，充足的南水让神垕镇钧瓷产业实现了规模化发展，神垕镇目前拥有260家钧陶瓷企业，年产钧瓷150万件以上。各类陶瓷衍生产品年产值就达28亿元。神垕镇先后荣获"全国农村100个小城镇经济开发试点镇""全国重点镇"等多项荣誉称号。今年9月，神垕古镇被确定为"国家4A级旅游景区"。

南水北调工程促进沿线地区产业结构优化调整，河南省禹州市神垕镇仅是一个缩影。在江苏省江都区，通过生态倒逼，传统制造业企业主动转型。河南省、河北省关停并转水源保护区内的污染企业和养殖项目，大力发展绿色、循环、低碳工业。

一泓清水润泽四方，南水北调工程为华北地下水压采和河湖生态环境复苏积极助力，有力推进了沿线生态环境治理。南水北调中线一期工程已累计向50余条河流实施生态补水，补水总量90多亿立方米。华北地区地下水位下降和漏斗面积增大的趋势得到有效遏制，部分区域地下水位开始止跌回升。截至12月12日，南水北调中线一期工程累计向雄安新区供水9134万立方米，为雄安新区建设，以及城市生活和工业用水提供了优质水资源保障。

今年4月至5月，水利部联合北京、天津、河北、山东四省（直辖市）政府和中国南水北调集团开展京杭大运河2022年全线贯通补水工作，南水北调东线一期北延工程向京杭大运河黄河以北 707 公里河段补水 1.89 亿立方米，助力京杭大运河实现了近百年来全线水流贯通。12 月 9 日，北延工程首次启动冬季大规模调水，计划向河北、天津调水 2.16 亿立方米，调水量创历史新高。

以东中两线为主骨架初步形成国家区域水网

作为国家水网的主骨架和大动脉，南水北调东中线一期工程目前累计输水超 586 亿立方米，直接受益人口超 1.5 亿人。

从万米高空俯瞰，南水北调东中线一期工程如两条巨龙蜿蜒千里。在水利部的指导下，工程沿线依托东中线一期工程之"纲"，初步织就起优化水资源配置的区域骨干水网之"目"，以重点调蓄工程和水源工程为"结"，不断编织出我国从南到北，从城市辐射乡村的两条带状水网。

纵向的南水北调东线一期工程与横向的长江、黄河、淮河自西向东相交，绘就一个大写的"丰"字。2021 至 2022 年度，南水北调中线调水再创历史新高，超 92 亿立方米。

在江苏，南水北调东线一期工程充分利用京杭大运河、入江水道、徐洪河等开放式河道，串联洪泽湖、骆马湖、南四湖，如一个麻花辫，有效提高了江苏境内受水区供水保证率。

在山东，南水北调东线一期山东干线工程及配套工程体系，构建起山东省 T 字形骨干水网格局，实现了长江水、黄河水、当地水的联合调度优化配置，全面构建"一轴三环、七纵九横、两湖多库"的总体布局。

在北京，沿着北五环、东五环、南五环及西四环的输水环路，北京市累计接受南水 84 亿立方米，1500 万人受益。全市构建起"地表水、地下水、外调水"三水联调、环向输水、放射供水、高效用水的安全保障格局。

在天津，82 亿立方米南水让 1400 万人受益，天津市逐步形成了一个以中线一期工程、引滦输水工程一横一纵为骨架横卧的十字形水网。

在河北，南水让 3200 万人受益，500 多万群众告别了长期饮用高氟水和苦咸水的历史。未来，河北还将构建"南水、水库水、地下水"三水联调、"两纵八横、多库群井"的配套工程体系。

在河南，南北一纵线、东西多横线的供水水网覆盖南阳、平顶山等 11 座省辖市及 41 座县级市，受益人口 2600 万人。"八横六纵，四域贯通"的河南现代水网蓝图已绘就。

如今，以南水北调东中两线为主骨架的国家区域水网已显现雏形，我国"四横三纵、南北调配、东西互济"的水网格局初步形成。

推进后续工程规划建设　畅通国家水网大动脉

南水北调中线引江补汉工程是加快构建国家水网主骨架和大动脉的重要标志性工程。作为南水北调后续工程首个开工项目，水利部加强协调，统筹调度，全力推动引江补汉工程建设。

坚持科技创新是推进南水北调后续工程高质量发展的强大动力。水利部高度重视科技创新工作，指导中国南水北调集团加快打造原创技术策源地，紧密围绕国家创新驱动发展战略、南水北调和国家水网规划建设运营重大需求、水产业链安全和企业长远发展，开展技术攻关研发和成果转化。

引江补汉工程采用深埋长距离大口径隧洞输水，是我国在建长度最长、洞径最大、一次性投入超大直径 TBM 设备最多、洞挖工程量最大、引流量最大、综合难度最高的长距离有压调水隧洞。为应对这一挑战，中国南水北调集团提前谋划有效应对。中国南水北调集团江汉水网公司组织开展"复杂地质条件下超大直径 TBM 选型、优化及智能掘进系统研究"等科研攻关课题，把科研成果转化为破解工程建设难题的"金钥匙"。目前，引江补汉工程出口段建设即将转入洞挖施工新阶段。

在推进南水北调后续工程高质量发展领导小组的统一部署下，后续工程规划建设科学有序推进。中国南水北调集团高标准高质量建设中线引江补工程，依法合规推进沿线调蓄工程规划实施，实施好防洪加固工程。同时，优化南水北调东线二期工程布局方案，加快推进可研审批。深化西线线路比选和有关重大专题研究，加强战略合作，大力推动西线工程前期工作，力促工程早日决策立项。

水网建设起来，将是中华民族在治水历程中又一个世纪画卷，会载入千秋史册。水利部将按照《国家水网建设规划纲要》和南水北调后续工程高质量发展工作思路的要求，加快后续工程前期工作，早日构建国家水网主骨架和大动脉，加强已建工程运行管理，充分发挥工程综合效益，推动南水北调

高质量发展，不断提升国家水安全保障能力，为全面建设社会主义现代化国家作出新的更大贡献。

（余璐　人民网　2023 年 12 月 12 日）

"十年调水路　千里润华夏"系列之一

王浩院士：共建绿色"黄金水道" 共迎"双碳"美好未来

近日，南水北调东线一期工程启动第 11 个年度的全线调水。这条总长 1467 公里的"南北通渠"，将继续发挥优化水资源调配的重要作用。

回望过去，南水北调东线一期工程通水的十年里，为沿线地区带来了哪些生态效益和民生福祉？展望未来，在"双碳"目标的引领下，南水北调东线工程又将如何继续走好绿色发展之路？对此，人民网记者采访了中国工程院院士、水文学及水资源学家、流域水循环模拟与调控国家重点实验室主任、中国水利水电科学研究院水资源所名誉所长王浩。

送来了生态保护"源头活水"

"南水北调东线一期工程惠及民生，有益于生态环境改善，取得了较为显著的综合效益。"王浩认为，南水北调东线一期工程正式通水改变了受水区的供水格局，提高了大中型城市供水安全保障能力。"从前，黄河以北地区大多干旱缺水，大部分河流已经干涸断流。各地长期超采地下水，造成了水质恶化、地面沉降和海水入侵等危害，不仅难以保障经济生产需要，也影响到人们的日常生活。东线工程从长江下游调水，向黄淮海平原东部和山东半岛补充水源，有助于解决北方地区水资源紧缺的问题。"

据悉，南水北调东线一期工程自 2013 年建成通水以来，共调水入山东超过 60 亿立方米，惠及江苏、安徽、山东 3 省的 23 个地级市和其辖内的 101 个县（市、区）。特别是 2017 年山东半岛大旱，工程向青岛、烟台等地供水

6.35亿立方米，成为当地的"救命水"。

南水北调送来的更是生态保护的"源头活水"。王浩表示，南水北调东线一期工程强力推进沿线治污工作，先期安排5大类426项治污项目，着力减少污染物排放总量，保障水质稳定达标。

"曾经，南四湖水体污染严重，被当地人称为'酱油湖'。"王浩回忆，"经过多年的集中治理和生态修复，南四湖、东平湖等治污关键点已经跻身全国水质优良湖泊行列。"

数据显示，南水北调东线一期工程通水以来，累计向沿线生态补水约11.9亿立方米，工程受水区的水域面积总体呈增加趋势，水域面积由1万平方公里增加到1.5万平方公里，面积占比由6%增加到8%。

如今，在南四湖栖息的鸟类达到200种，数量多达15万余只。绝迹多年的小银鱼、毛刀鱼等再次出现，其支流白马河亦发现了素有"水中熊猫"之称的桃花水母，中华秋沙鸭、黑鹳等珍稀鸟类也相继出现在附近水域。沿线的湖泊、河流呈现出沙鸥翔集、鱼跃鸢飞的和谐景象，是"美丽中国"的生动写照。

河湖涅槃重现绿意，千年运河世纪复苏。古今交汇间，南水北调送来的长江水为京杭大运河带来了新的生机。"2022年，南水北调东线一期工程北延应急供水工程顺利完成了京杭大运河补水任务，累计补水1.89亿立方米，首次实现了京杭大运河近百年来的全线贯通。"王浩介绍，"京杭大运河全年通航里程达到877公里，是相当于三条铁路运力的'黄金水道'，既大大提高了区域水运能力，也为山东、江苏等省带来了新的发展机遇。"

迎接更绿色、智能的美好未来

在王浩看来，南水北调东线一期工程已经取得了一系列成果，为复苏河湖生态、畅通南北经济循环做出了重要贡献。而在"双碳"目标的指引下，南水北调东线工程将面向更加长远的未来，展开更为深刻的变革。

王浩认为，南水北调东线工程绿色发展的关键在于发展"低碳"运行技术。作为世界上规模最大的泵站群，东线的梯级泵站群为提水调水带来了极大便利，但也存在着耗能大、运行管理费用高等现象。

对此，王浩建议，要积极研究风电、光伏与梯级泵站联合开发利用方式，探索输水工程风光水互补提水运营模式，实现东线工程"低碳"乃至"零碳"运行。

此外，泵站自身的装机利用率仍有提升空间。王浩表示，南水北调东线调水期一般为去年 11 月至次年 5 月的枯期，汛期不调水。为提升装机利用小时数，可以在汛期探索泵站协助区域排涝、利用行洪水头差发电等综合利用方式，充分发挥装机设备的作用。

"智慧化赋能大型泵站群运行管理，提高东线工程运行管理效率，助力东线运行管理的数字化转型是势在必行的。"王浩说，数字孪生等现代信息技术可以有效提升调水系统运行状态精准感知、沿线风光能与来水预测预报、水量优化调配、互补系统优化调度、工程精准控制、安全高效运行管理能力等，弥补人工经验的不足，引领南水北调东线工程走向更绿色、更智能的美好未来。

（欧阳易佳　人民网　2023 年 12 月 12 日）

南水北调中线一期工程 9 周年：
累计调水超 606 亿立方米
直接受益人口超 1.08 亿

中国南水北调集团 12 日消息，南水北调中线一期工程自 2014 年 12 月 12 日正式通水以来，截至 2023 年 12 月 12 日，累计调水超 606 亿立方米，直接受益人口超过 1.08 亿，已成为沿线 26 座大中城市 200 多个县（市、区）经济社会高质量发展的生命线。

据介绍，中线一期工程优化了受水区供水格局，提高了供水保证率，受水城市的生活供水保证率由最低不足 75％提高到 95％以上，工业供水保证率达 90％以上。

水安全是京津冀协同发展关键一环，通水 9 年来，中线一期工程共向京津冀调水 378 亿立方米，其中调入北京 93 亿立方米，除近七成用于生产生活外，其余存补于水源地，密云水库最大蓄水量达 35.79 亿立方米，显著提高了首都水资源战略安全的韧性。

统计显示，中线一期工程累计向天津市供水 92 亿立方米，南水覆盖天津市中心城区、环城四区及滨海新区等 14 个行政区。中线一期工程累计向石家庄供水 89 亿立方米。中线一期工程累计向雄安新区城市生活和工业供水超 1.2 亿立方米。雄安新区正在建设雄安干渠工程，将进一步完善雄安新区多水源保障供水体系。中线一期工程累计为河南省供水 208 亿立方米，支撑河南省发展战略性新兴产业，综合实力和竞争力不断增强。

为进一步提高汉江流域水资源调配能力，继中线一期工程实施引江济汉工程后，2022 年 7 月 7 日开工建设了引江补汉工程。目前，引江补汉工程土建施工及金结机电安装项目合同已经签署，即将进入全线全面开工建设新阶段。工程建成后，将提高汉江中下游水资源保障能力，同步增加中线工程北调水量，进一步促进湖北和中线沿线省市经济社会高质量发展。

目前，南水北调集团正在加快推进西线工程规划编制和先期工程可研工作，力争早日开工建设。南水北调西线工程是黄河流域生态保护和高质量发展的重要支撑，也是沿黄西北城市群高质量发展的重要保证。工程建成后，将完善南水北调"四横三纵"工程体系，促进我国人口经济布局和国土空间利用格局优化调整。

（阮煜琳 中国新闻网 2023 年 12 月 12 日）

南水北调东中线一期工程全面通水 9 周年

累计调水超 670 亿立方米

记者从中国南水北调集团获悉，2023 年 12 月 12 日，南水北调东中线一期工程全面通水 9 周年，累计调水超 670 亿立方米（含东线北延应急供水工程），为 1.76 亿人提供了水安全保障，支撑了受水区 40 多座大中城市超 13 万亿 GDP 增长，为京津冀协同发展、中部崛起、乡村振兴、雄安新区建设、黄河流域生态保护和高质量发展等国家重大战略实施提供了有力的水资源支撑，助力美丽中国建设，为沿线城市高质量发展拓展了新空间。

据统计，东线受水区城市的生活和工业供水保证率从 80％提高到 97％以上，中线受水区城市的生活供水保证率由 75％提高到 95％以上，工业供水保证率达 90％以上。东中线一期工程全面推动沿线城市构建新发展格局，产业结构不断优化，经济布局更加合理，核心竞争力进一步提高。

水安全是京津冀协同发展关键一环，通水 9 年来，中线一期工程共向京津冀调水 378 亿立方米，其中调入北京 93 亿立方米，除近七成用于生产生活外，其余存补于水源地，密云水库最大蓄水量达 35.79 亿立方米，显著提高了首都水资源战略安全的韧性。北京城区供水安全系数由 1.0 提升至 1.2，自来水硬度由以前的 380 毫克每升下降为 120～130 毫克每升。

为进一步提高汉江流域水资源调配能力，继中线一期工程实施引江济汉工程后，2022 年 7 月 7 日开工建设了引江补汉工程。目前，引江补汉工程土建施工及金结机电安装项目合同已经签署，即将进入全线全面开工建设新阶段。工程建成后，将提高汉江中下游水资源保障能力，同步增加中线工程北调水量，进一步促进湖北和中线沿线省市经济社会高质量发展。

东线一期工程构建起长江、淮河、黄河、当地水优化配置和联合调度的骨干水网，提升了苏、皖两省水安全保障能力，改善了山东省水资源配置格局。京杭大运河济宁以北到梁山段航运迎来新生，一条 2000 吨的集装箱船从济宁市梁山港出发可直达杭州，京杭大运河全年通航里程达 877 公里，成为国内仅次于长江的第二条"黄金水道"。

东线工程已成为支撑山东胶东地区烟台、威海、青岛和潍坊市经济社会发展的重要水源。胶东半岛 2014 至 2018 年连续干旱，东线一期工程 4 次抗旱应急调水，保证烟台、威海、青岛和潍坊 4 市的供水安全。近年来，南水北调东线山东段工程累计泄洪、分洪近 6 亿立方米。

构建新发展格局，形成全国统一大市场和畅通的国内大循环，离不开水资源的有力支撑。南水北调集团将立足"调水供水行业龙头企业、国家水网建设领军企业、水安全保障骨干企业"战略定位，深入实施"通脉、联网、强链"总体战略，全面推进南水北调后续工程高质量发展，全力推进加快构建国家水网，为中国式现代化提供更加有力的水安全保障。

（王菡娟　人民政协网　2023 年 12 月 12 日）

南水北调东中线一期工程通水 9 周年：
为 1.76 亿人提供水安全保障

记者从中国南水北调集团公司获悉，2023 年 12 月 12 日，南水北调东中线一期工程全面通水 9 周年，累计调水超 670 亿立方米（含东线北延应急供水工程），为 1.76 亿人提供了水安全保障，支撑了受水区 40 多座大中城市超 13 万亿 GDP 增长。

促进沿线城市高质量发展

据统计，东线受水区城市的生活和工业供水保证率从 80％提高到 97％以上，中线受水区城市的生活供水保证率由 75％提高到 95％以上，工业供水保证率达 90％以上。东中线一期工程全面推动沿线城市构建新发展格局，产业结构不断优化，经济布局更加合理，核心竞争力进一步提高。

通水 9 年来，南水北调中线一期工程共向京津冀调水 378 亿立方米，其中调入北京 93 亿立方米，除近七成用于生产生活外，其余存补于水源地；中线一期工程累计向天津市供水 92 亿立方米；向石家庄供水 89 亿立方米；向雄安新区城市生活和工业供水超 1.2 亿立方米。东线北延应急供水工程将供水范围扩展到河北、天津，保障了津冀地区春灌储备水源。

中线一期工程累计为河南省供水 208 亿立方米。为进一步提高汉江流域水资源调配能力，继中线一期工程实施引江济汉工程后，2022 年 7 月 7 日开工建设了引江补汉工程。工程建成后，将提高汉江中下游水资源保障能力，同步增加中线工程北调水量，进一步促进湖北和中线沿线省市经济社会高质量发展。

东线一期工程构建起长江、淮河、黄河、当地水优化配置和联合调度的骨干水网，提升了苏、皖两省水安全保障能力，改善了山东省水资源配置格局。京杭大运河济宁以北到梁山段航运迎来新生，一条 2000 吨的集装箱船从济宁市梁山港出发可直达杭州，京杭大运河全年通航里程达 877 公里，成为国内仅次于长江的第二条"黄金水道"。

助力乡村振兴和美丽中国建设

农村供水工程是扎实推进乡村振兴的重要支撑。2021 年底，濮阳市在全国率先实现了城乡供水模式。目前，河南省 64 个乡镇群众喝上了南水，河北省受水区 1300 多万农村人口喝上了优质南水，天津市 286.8 万农村居民喝上了南水。特别是河北黑龙港流域 500 多万人彻底告别长期饮用苦咸水、高氟水的历史，极大提升当地群众幸福感。

34.5 万南水北调移民搬迁后，河南、湖北两省出台帮扶政策，加快移民产业发展，促进移民增收致富。"移民新村就是一道风景，村集体经济兜底，在家门口就业。"目前，蔬菜大棚、稀有菌种植、果树、冷库等产业项目形成规模，南水北调移民新村集体经济产业不断壮大，移民群众的幸福指数大幅度提升。

北京和天津与湖北、河南、陕西三省对口协作，水源地分批实施生态环保项目，优化库区生态环境，推动产业结构调整，民生得到逐步改善，旅游产业迎来大发展。

东线一期工程为济南市生态补泉行动创造了条件，趵突泉实现持续喷涌。东线北延应急供水工程累计向京杭大运河补水 3.34 亿立方米，助力京杭大运河连续两年实现全线水流贯通。中线一期工程累计向沿线 50 多条河流补水超 95 亿立方米，白洋淀、滹沱河等一大批河湖重现生机。滹沱河已成为石家庄市的后花园，"夜游正定古城"融入市民日常。焦作市天河公园内的国家方志馆南水北调分馆每天开放。许昌市"泛舟河上、环游许昌"成为新时尚。白洋淀水质实现了从劣 V 类到 III 类的跨越性突破。

下一步，中国南水北调集团将全面推进南水北调后续工程高质量发展，全力推进加快构建国家水网，为中国式现代化提供更加有力的水安全保障。

（张艳玲　中国网　2023 年 12 月 12 日）

全面通水 9 周年

南水北调东中线累计调水超 670 亿立方米

记者从水利部、中国南水北调集团有限公司获悉：12 日，南水北调东中线一期工程迎来全面通水 9 周年。截至目前，工程累计调水超 670 亿立方米，惠及沿线 44 座大中城市，直接受益人口超 1.76 亿人，综合效益显著，充分发挥水安全保障支撑作用。

南水北调水已由规划时的辅助水源成为受水区的主力水源，北京城区七成以上供水为南水，天津市主城区供水几乎全部为南水。通水以来，中线供水水质稳定在地表水 Ⅱ 类标准及以上，东线供水水质稳定在地表水 Ⅲ 类标准。

工程助力复苏河湖生态环境。工程累计向北方 50 余条河流生态补水超 98 亿立方米，推动了滹沱河、瀑河、白洋淀等一大批河湖重现生机，河湖生态环境显著改善。工程累计向华北地区生态补水 59.75 亿立方米，华北地区地下水水位持续下降趋势得到有效遏制，地下水超采综合治理取得明显成效。

南水北调东中线促进了受水区经济结构优化调整。9 年来，工程累计向京津冀地区供水 376 亿立方米，为京津冀协同发展、雄安新区建设等提供有力水资源保障。东线工程显著改善了京杭大运河航运条件，江苏及山东境内新增通航里程 80 公里，连通了南四湖和东平湖，多条航道通航条件得到改善，助力畅通南北经济循环。

（王浩 《人民日报》 2023 年 12 月 13 日）

南水北调东中线一期工程全面通水 9 年来，累计调水超 670 亿立方米，直接受益人口超 1.76 亿人——

一路北上，汩汩南水泽万家

浩荡北上，南水情长。

2014 年 12 月 12 日 14 时 32 分，河南南阳陶岔渠首大闸缓缓开启，蓄势已久的南水奔涌而出。自此，南水北调中线一期工程正式通水、南水北调东中线一期工程全面通水。

时光倏忽而过，2023 年 12 月 12 日，南水北调东中线一期工程迎来全面通水 9 周年。9 年来，南水北调东中线一期工程累计调水超 670 亿立方米（含东线北延应急供水工程），惠及沿线 44 座大中城市，直接受益人口超 1.76 亿人。在东线，长江水提自江苏扬州江都水利枢纽，沿京杭大运河及平行河道逐级提水北送，向黄淮海平原东部、胶东地区等地供水；在中线，南水向北穿行 1432 公里，润泽京津冀豫。一路北上的涓涓南水，流入北方大地，润泽亿万沿线群众的心田，优化了我国水资源配置格局，修复了区域生态环境，为沿线城市高质量发展提供了有力的水资源支撑，发挥了显著的综合效益。

润泽北方，优化供水格局助力河湖复苏

今天，在河北，白洋淀重现"明珠"风采；曾经干涸的滹沱河成为"百鸟天堂"；曾生产"贡米"的正定县周家庄村恢复了水稻种植，"夜游正定古城"融入石家庄市民的生活日常……水波泛起的背后，离不开南水的无声浸润。

"水源置换、生态补水等措施，有效保障了南水北调工程沿线河湖生态安全，助力华北地区地下水超采综合治理。南水北调工程累计实施生态补水近 100 亿立方米，推动了永定河、滹沱河、白洋淀等一大批河湖重现生机。南水北调东线一期工程北延应急供水工程向大运河补水，助力京杭大运河 2022 年和 2023 年实现百年来连续两次全线水流贯通。"中国南水北调集团有限公司质量安全部主任李开杰告诉记者。

被南水润泽的，不只河湖，还有受水区的人们。

"南水北调东中线一期工程提高了受水区 40 多座城市的供水保证率，为 1.76 亿人提供了水安全保障。"李开杰介绍，中线一期工程优化了受水区供水格局，提高了供水保证率，受水城市的生活供水保证率由最低不足 75％提高到 95％以上，工业供水保证率达 90％以上。东线一期工程有效缓解了黄淮海地区水资源短缺问题，受水区内城市的生活和工业供水保证率从最低不足 80％提高到 97％以上。

看中线——北京主城区南水占自来水供水量的七成左右，北京年人均水资源量由 100 立方米增加到 150 立方米，城区供水安全系数由 1.0 提升至 1.2；天津市主城区供水全部为南水，1200 多万市民直接受益；截至目前，中线一期工程为河南供水 208 亿立方米，通水区域覆盖河南 11 个省辖市市区、49 个县（市）城区和 122 个乡镇，受益人口达 2900 万人；河北省引江水有力保障了 9 个市（含定州、辛集）和雄安新区 177 座水厂的供水安全，受益人口达 5137 万人。

看东线——山东干线工程及其配套工程构成了山东省"T"字形调水大水网，实现了长江水、黄河水和本地水的联合调度与优化配置，胶东半岛实

现南水全覆盖；江苏 50 个区县 4500 多万亩农田的灌溉保证率得到提高。

护水节水，确保一泓清水永续北上

"这里的监测频次为每天 4 次，每 6 小时监测一次，24 小时不间断，如果遇到突发情况，会适当增加频次。我们能监测水质基本指标 32 项、挥发性微量有毒有机物 24 项以及生物毒性等共 89 项参数，在目前国内自动监测站中首屈一指。"说起水质监测，中国南水北调集团中线公司水质专员井菲的自豪之情溢于言表。"中线工程全线立交，不与地表河流发生水体交换。我们中线公司有 5 个水质实验室、13 个自动监测站、30 个固定监测断面，着力加强水质风险因素研究及防控。"井菲说。

千里调水，成败在水质。

南水北调东中线一期工程全面通水 9 年来，中线工程水质稳定达到地表水 Ⅱ 类标准及以上，东线水质稳定达到 Ⅲ 类。受水区群众喝上甘甜的南水，河北黑龙港流域，山东省夏津、武城等地群众告别高氟水、苦咸水，北京居民自来水硬度由过去的 380 毫克每升降至 120 毫克每升。受水区从"缺水吃"到"有水吃"，再到"吃好水"的转变，离不开南水北调东中线水源区和沿线地区的铁腕治污和倾力保护。

与此同时，喝上好水的人们亦饮水思源，努力做好节水的大文章。

记者了解到，南水北调受水区坚持调水节水两手硬，节水工作在高刚性约束、提高水效、提升意识、全民节水等方面取得明显成效，万元地区生产总值用水量进一步降至 38.7 立方米，远低于全国万元国内生产总值用水量，农田灌溉水有效利用系数进一步提高到 0.614，远高于全国平均水平的 0.572，居全国先进水平。

开足马力，后续工程建设全面推进

位于湖北丹江口市的引江补汉工程输水总干线出口段施工现场，机械车来回穿梭，隧洞内的三臂凿岩台车、全自动液压台车开足马力进行掌子面钻孔作业和二次衬砌施工，建设现场一片繁忙。

"隧洞地质条件复杂，施工难度大，施工单位加大了大型机械化设备和智能化设施的投入。现在使用的三臂凿岩台车采用全电脑控制，相比传统作业方式，既提高了工效，又保证了施工的安全和质量。"引江补汉工程建设管理三部工程处处长蔡连利介绍。

在引江补汉工程的进口端湖北宜昌，工程1号支洞工地现场热火朝天，数十台挖掘机挥舞着有力的"臂膀"，混凝土罐车、渣土车在工地上往来穿梭。截至12月6日，前期施工准备工程1标完成年度投资任务的95%，支洞掘进总计544米，弃渣场、防汛备料场、桥梁等工程已全部提前完工，其他建设任务正对照年度目标有序有力推进。

不久的将来，一条近195公里的输水隧洞将横空出世。作为南水北调后续工程首个开工重大项目，引江补汉工程从长江三峡库区引水入汉江，将不断提升南水北调中线工程的供水效益，进一步打通南北输水通道，筑牢国家水网主骨架、大动脉，全面增强国家水资源宏观配置调度的能力和水平。

除了引江补汉工程，南水北调后续工程建设全面推进——水利部按照国家水网建设规划纲要和南水北调后续工程高质量发展下一步工作思路的要求，全力推进《南水北调工程总体规划》修编和东线二期工程、西线工程前期工作；数字孪生水网南水北调工程建设加快推进，工程管理数字化、网络化、智能化水平不断提高，水安全保障的基础不断夯实。

下一步，水利部和中国南水北调集团将按照国家水网建设规划纲要有关部署，全力推动后续工程各项工作，加快构建完善国家水网主骨架和大动脉，为不断提升国家水安全保障能力提供坚实支撑。

（陈晨 《光明日报》 2023 年 12 月 13 日）

守好这一库碧水

——探访南水北调中线工程水源地丹江口库区

两条清漂船在碧波荡漾的水面上缓慢行驶，清漂工人拿着网兜、耙子、竹竿等工具打捞水面上的树枝、塑料瓶等漂浮物。这是记者12月12日一早在南水北调中线工程水源地丹江口水库看到的一幕。

12月12日，在河南省南阳市淅川县丹江口水库，
清漂工人在作业（新华社记者 郝源 摄）

这些清漂工人来自河南省南阳市淅川县，丹江口水库一半的水面在这里。靠岸后，工人会将这些漂浮物分类后运往垃圾处理场。自 2013 年成立清漂队以来，淅川县已累计清理各种漂浮物 13 万吨，而这仅仅是守好这一库碧水的其中一项工作。

南水北调中线从丹江口水库陶岔渠首闸引水入渠，南水千里奔流，润泽豫冀津京。2014 年 12 月 12 日，南水北调中线工程全面通水；9 年来，累计调水量已超过 600 亿立方米，四省市直接受益人口超过 1.08 亿人。

水利部南水北调工程管理司有关负责人介绍，全面通水以来，南水北调中线供水水质稳定在地表水Ⅱ类标准及以上。这也印证了记者在此次探访过程中的最大感受：在淅川，最大的事是防止水污染。

南阳市生态环境局淅川分局相关负责人告诉记者，淅川县设立了 2400 多个"护水员"公益岗位和一支 83 人的专业清漂队，还建成了 14 个污水处理厂、12 个垃圾处理场、175 个农村小型污水处理设施，并在五大主要河流和丹江口水库建成了 12 个水质自动监测站，确保注入丹江口水库的水质达到Ⅱ类标准及以上。

保持好水质，不仅要治污，还需要全流域的良好生态。淅川当地有句话："丹江水清不清，就看山绿不绿。"但是，让淅川的山"绿"起来却不是一件容易的事。

淅川是典型的岩溶地貌区，全县荒山石漠化面积曾达 125 万亩，其中 55

万亩是重度石漠化，并且集中在丹江口水库周围。马蹬镇葛家沟村周边的山头就是这种地貌。

12月12日，护林员在河南省南阳市淅川县马蹬镇葛家沟
国储林基地巡护（新华社记者　郝源　摄）

"这种地貌立地条件差，水土流失严重，造林难度大。"当了19年护林员的李国锋对记者说。2020年，县里申请到一个国家储备林项目，治理葛家沟村周边的几个石漠化比较严重的山头。

"先用机械在石头上挖大穴，然后再运土填进去，一个穴种一棵树。如果不能机械作业，就在石头缝儿里找土多的地方或填土栽树。很多机械、土、树苗都是靠人扛、驴拉等方式运到山上的，因为一些山头根本没有路。"谈起如何种树造林，李国锋打开了话匣子。

目前，葛家沟国储林基地6000亩石漠化山头已全部种上了树。一排排火炬松、侧柏染绿了一个又一个山头，站在山顶向下望，一半青山、一半碧水。而这只是淅川县12个石漠化造林点之一，这个县已高标准完成石漠化治理38.2万亩。

树种好了，还要养护好、管理好。淅川县探索"林长＋公安局长＋检察长＋法院院长"的治林新模式，依托"四员"（护林员、技术员、警员、监督员）构建立体管护网络，推进森林资源保护。全县设立了县、乡、村三级林长1480人，构建"一长四员"基层网格366个，实现"山有人管、树有人护、责有人担"。

绿水青山有了，如何把它变成金山银山？鉴于库区生态保护需要，淅川

葛家沟国储林基地 2020 年与 2022 年前后对比图（资料照片）

（淅川县委宣传部供图）

县围绕生态经济做文章，大力发展林果经济、中草药种植和生态旅游，更好推动乡村振兴。

在丹江口水库旁一个 1200 亩的石榴园里，"80 后"总经理高辰已经营这个果园 10 年。"为了杜绝污染，我们使用的是有机肥，杀虫用的是生物制剂和防虫灯。"高辰说，虽然成本增加了，但有政府补贴，而且石榴是"喝"丹江水长大的，品牌效益不错。现在，高辰正盘算着对果园附近移民留下的旧房屋进行改造，发展生态观光农业。

经过多年努力，淅川县已发展石榴、大樱桃、杏、李等特色林果 23 万亩。2022 年，全县林果业产值达 6 亿元，10 万库区群众走上了增收致富路。

这是在河南省南阳市淅川县拍摄的丹江口水库

（无人机照片）（淅川县委宣传部供图）

"保护丹江口水库水质就是保护淅川发展的根基，也是提高人民群众幸福指数的基础，我们坚持走生态经济化、经济生态化绿色发展道路，实现在发展中保护、在保护中发展。"南阳市委常委、淅川县委书记周大鹏说。

（刘金辉　新华网　2023 年 12 月 13 日）

九年调水，南水北调中线
让上亿人口直接受益

夏汛冬枯、北缺南丰，水资源时空分布极不均衡，是千百年来我国的基本水情。南水北调工程构建起我国水资源"四横三纵、南北调配、东西互济"的总体布局。到今年的 12 月 12 日，南水北调中线工程已经通水整整九年时间，累计调水量突破 606 亿立方米，京津冀豫四省市直接受益人口超过 1.08 亿人。

从"紧箍咒"变新引擎
水质保护倒逼水源地经济转型

河南省淅川县是南水北调中线工程的核心水源地和渠首所在地。浩瀚的丹江水就是从这里奔涌而出，穿黄河、依太行，在 1400 多公里的长途跋涉中，一路北上。

为了确保一泓清水永续北送，南水北调中线工程通水九年以来，"水质保护"逐渐从戴在淅川县头顶的"紧箍咒"，变为了绿色转型的新引擎。

为了保护水质，从 2003 年开始，淅川县对县域内所有的冶炼、化工等涉污企业陆续实施政策性关停并转。

淅川县在经历了化工企业全面关停后，选择发展汽车零部件产业集群，在当地龙头企业的带动下，诞生了 80 余家汽车零部件生产企业，产业集群逐步形成和完善。

划定为南水北调水源地之后，淅川县走"生态经济化、经济生态化"发展路子，以先进制造业为高质量发展主攻方向，着力培育打造汽车零部件、现代中药、新型建材和新材料四大产业集群，2022年先进制造业实现产值149亿元。

秸秆变成生物肥
农民再挣一份收入

为了减少化肥造成的面源污染，淅川县成立了一家生物肥生产企业，与华中科技大学的科研团队达成合作，研制出了一款以秸秆为原料的新型多功能生物有机肥。既解决秸秆焚烧问题，又能减少化肥使用，还增加了农民收入。

当地还通过推广配方施肥、统防统治、水肥一体化和无人机新技术新设备等，全方位降低农药化肥使用量。

居民用上干净水
企业摆脱地下水
漏斗区不再缺水

河北邢台的柏乡县距离淅川县700多公里，是华北平原地下水漏斗区的中心位置之一。

南郝村位于柏乡县东南部，几年前，村里人用的水都是村里自备井的井水，水里经常有杂质不说，还三天两头断水。今年春天"南水进村"后，水质好了、用水也方便了。

从2017年开始，柏乡县进行南水北调江水置换工作，累计出资了3亿多元，新建了两个水厂，对121个村的地下管网进行了改造，安装新水表79000多块。截至目前，已经对全县大约16万人完成了生活水源切换。

源源不断的南水，让柏乡县地下水位回升4.19米，"南水进厂"也让企业摆脱了对地下水的依赖，为企业稳定有序发展提供水源支撑。

红薯是当地的主要农作物之一，以往由于水源不足，只能是收获后直接卖掉，价钱也不理想。有了充足的水源，当地一家深加工企业每天能够处理1万多斤红薯，在帮助农民增收的同时也吸纳了附近村民就近就业。

科技守护南水北调

从河南省荥阳市的空中俯瞰，奔涌的"南水"和黄河在这里相遇，北上的长江水通过两条穿黄隧洞在此与黄河立体交叉俯冲而下，穿越万古黄河。这就是南水北调中线上的标志性、控制性工程——穿黄工程，被称为南水北调中线工程的"咽喉"。

穿黄工程，是人类工程史上第一次穿越黄河，也是南水北调中线工程最宏大的地下隧洞工程。施工人员克服种种困难，在地质条件特殊的黄河古河道砂土层中开凿出了隧洞。

一条调水线也是一条"科技线"。工程完工通水之后，很多来自天南海北的工程师、技术员们留在了这里，继续为工程的运行保驾护航。他们还研发了水下机器人，用于明渠暗渠、长距离输水隧洞等工况的水下探测。

通过三维声呐扫描、高清摄像头，实时传回水下画面、水温等检测数据，能够清晰地看到水下工程实体全方位的运行情况，相当于给渠底隧道做了个"B超"。

不仅仅是在穿黄工程，作为数字孪生水利工程建设先行先试项目之一，建设数字孪生中线已经成为了南水北调中线工程的新发力点。

南水北调工程事关战略全局、事关长远发展、事关人民福祉。面对新变化、新需求，推进南水北调后续工程高质量发展，将为确保国家水安全、实现中国式现代化提供坚实的水资源支撑。

（曹欣怡 景延 央视财经 《经济半小时》 2023 年 12 月 13 日）

护一泓清水永续北上

12 月 12 日，南水北调中线一期工程迎来全面通水 9 周年。通水 9 年来，中线工程累计向北方调水超 605 亿立方米，已成为京津冀豫 26 座大中城市的主力水源，直接受益人口超 1.08 亿人。

丹江口库区及其上游流域是南水北调中线工程水源地，关系着中线工程供水安全、水质安全。水利部副部长王道席表示，一直以来，水利部始终强化丹江口库区及其上游流域水资源管理保护，推动水源区生态环境质量持续改善，丹江口库区水质常年保持在 II 类及以上，为南水北调中线工程提供了坚实的水质安全保障。

"苦水营" 变成 "甜水营"

河北省景县地处华北地下水漏斗区，地下水含氟高。苦水营村村民付书明说，"过去吃含氟高的井水，村里人落下一嘴黄牙，出门都不敢张大嘴笑"。"苦水营" 名字的由来便和水直接相关。从吃氟超标的井水到吃南水北调的水，昔日的 "苦水营" 变成了 "甜水营"，苦水营村的变化也见证着河北黑龙港流域 500 多万人彻底告别了高氟水、苦咸水的历史。

"中线一期工程优化了受水区供水格局，提高了供水保证率，受水城市的生活供水保证率由最低不足 75％ 提高到 95％ 以上，工业供水保证率达 90％ 以上。" 中国南水北调集团中线有限公司副总经理韦耀国说。

截至目前，中线一期工程为河南供水 208 亿立方米，通水区域覆盖河南 11 个省辖市市区、49 个县（市）城区和 122 个乡镇，受益人口达 2900 万人；河北省引江水有力保障了 9 个市（含定州、辛集）和雄安新区 177 座水厂的供水安全，受益人口达 5137 万人；北京城区七成以上供水为南水，城区供水安全系数由 1.0 提升至 1.2；天津市主城区供水几乎全部为南水，1200 多万名市民直接受益。

丹江口库区及其上游流域水资源管理保护，是保证中线安全平稳运行的重要前提，事关本流域和南水北调中线一期工程受水区经济社会发展大局。水利部水资源管理司司长于琪洋介绍，为做好水源地保护，近年来，水利部门全面加强流域区域用水总量控制，组织制定了丹江口库区及其上游地区 "十四五" 用水总量控制指标，到 2025 年用水总量控制在约 55 亿立方米；批复了汉江流域水量分配方案，明确了流域内相关省份地表水分配份额及主要控制断面下泄水量及流量控制指标。

同时，严格取用水事中事后监管，强化流域水资源统一调度，持续做好丹江口水源地保护。逐月开展丹江口库区及主要入库河流 32 个断面水质监测，及时掌握水质状况及变化趋势。不断提升重大突发水污染事件水利应对能力，组织制定流域突发水污染事件水利应急预案。

夯实水质保障责任

丹江口水库是亚洲最大的人造湖泊，俯卧于八百里伏牛山下，依枕豫鄂，库区水面逾千平方公里，总库容达 290 亿立方米。

"水土流失与库区水质关系密切。"水利部水土保持司司长蒲朝勇说,一方面,流失的土壤以泥沙形式进入水体,造成兴利库容减少且增加了水的浊度;另一方面,流失的土壤中含有大量的氮、磷等有机质,可能对水库的水质带来一定程度影响。

为保护中线工程丹江口一库清水,国务院先后批复实施丹江口库区及上游水污染防治和水土保持"十一五""十二五""十三五"规划。通过规划实施,累计安排水土保持中央资金 58 亿元,治理水土流失面积 2.49 万平方公里。经过多年持续治理,库区水土流失面积由 2011 年第一次全国水利普查的 3.24 万平方公里逐步减少到 2022 年的 2.70 万平方公里,减幅为 16.67%,比全国平均减幅高 6.64 个百分点。

与此同时,必须注意的是,丹江口库区及上游水土流失面积仍占国土面积的 20.44%,特别是库区 0.6 万平方公里中度及以上侵蚀强度水土流失面积中,仅坡耕地就占了 0.44 万平方公里,治理任务依然较重。

丹江口水库及上游地区陕西、湖北、河南三省始终牢记南水北调水质保障责任,凝聚生态大保护合力,解决区域突出水生态环境问题。比如,陕西省汉中市实施一河一策,实现"河长+警长"全覆盖,率先出台《河长巡河指导意见》,累计巡河上万余次;湖北省十堰市则在流域单元、流域系统保护和一体化治理中先行先试,积累了大量技术经验。

蒲朝勇说,下一步,水利部将进一步加大库区及上游流域水土流失综合防治力度,增强水源涵养能力,保护与改善库区生态环境,维护库区水质安全。一方面,督促指导河南、湖北、陕西三省将水土流失防治目标与任务分解落实到市县,实行地方政府水土保持目标责任制和考核奖惩制度;另一方面,以丹江上游、汉江源区、库区周边等区域为重点,全面实施小流域综合治理提质增效,以改造 5 度至 15 度缓坡耕地为重点,推进坡耕地水土流失综合治理,全面提升水土保持功能和生态产品供给能力。2025 年底前,新增水土流失治理面积 1810 平方公里以上,全面完成"十四五"规划的目标任务。

此外,还将强化人为水土流失监管。常态化开展水土保持动态监测和遥感监管,坚决管住人为水土流失增量。

环境质量稳中向好

"保障丹江口库区及其上游流域水质安全,需要协调上下游、左右岸、干支流涉及的不同地区，需要统筹水资源、水环境、水生态治理涉及的多个部门。"王道席说，丹江口库区及其上游流域水质安全保障是一项复杂的系统工程，涉及面广，需要统筹各方力量，凝聚共识，形成合力。

水利部近日召开了推进丹江口库区及其上游流域水质安全保障工作会议，国家发展改革委、科技部、工业和信息化部、公安部、司法部、生态环境部等17个部门，河南、湖北、陕西省人民政府和中国南水北调集团有限公司相关负责人参加会议，进一步加强沟通协调联动，形成工作合力，推进水质安全保障任务落实落地。

王道席指出，下一步，水利部门将按照山水林田湖草沙一体化保护和系统治理的总体要求，加强丹江口库区及其上游流域统一管理，将丹江口水库库区及其上游干支流涉及的河南、湖北、陕西3省10市46县（市、区）和重庆市城口县、四川省万源市、甘肃省两当县相关乡镇9.52万平方公里全部纳入治理范围；到2025年，使丹江口水库水质稳定达到供水要求，水环境质量稳中向好，水生态系统功能基本恢复，生物多样性进一步提高，水环境风险得到有效管控；到2035年，实现存量问题全面解决，潜在风险全面化解，增量问题全部抑制，体制机制全面健全。

同时，全面检视存在问题与风险隐患，将有悖于实现"一泓清水永续北上"目标的风险源都列为治理对象，加大综合治理力度。加快水土流失综合防治，加强丹江口水库消落区治理，加强工业和城镇污水治理，加强农业农村污染治理，加强尾矿库治理。

（吉蕾蕾 《经济日报》 2023年12月18日）

"南水"入京逾93亿立方米
北京全市直接受益人口超1500万

12月27日，南水北调中线一期工程迎来水源进京9周年。截至目前，北京已累计利用南水北调水超93亿立方米，全市直接受益人口超过1500万。

据了解，在 93 亿立方米"南水"中，有 63 亿立方米主要用于居民生活用水，约占进京"南水"总量的七成，北京市主要自来水厂基本实现双水源供水。"南水"已成为保障北京城市用水需求的主力水源，大大缓解了首都水资源严重短缺的形势。

雪后的怀柔水库（北京市水务局供图）

此外，北京 9 年来累计向大宁调蓄水库、怀柔水库、密云水库、十三陵水库、亦庄调节池存蓄水量约 8 亿立方米，加强了北京地区水资源的战略储备。同时，北京市初步构建起"南水"、本地地表水、地下水、再生水等多源共济的水源保障格局，地下水超采情况得到有效控制。通过综合实施"控、管、节、调、换、补"治理措施，全市平原区地下水位连续 8 年累计回升10.64 米，增加储量 54.5 亿立方米。

"南水"进京后，北京水务部门还利用引水工程连通水库，通过境内永定河、潮白河、北运河等主要河道向水源地补水，实现了北京市重点水库、地下水源、河湖水网、输水管道渠道等互联互通，河湖生态环境复苏成效显著，很多河流、湖库成为鸟类迁徙的驿站和栖息的乐园，河湖健康和生物多样性水平大幅提升。

北京市水务局相关负责人介绍，北京市坚持"先节水后调水，先治污后通水，先环保后用水"，始终把节水、治污、保水放在首位，最大限度珍惜用好"南水"。未来，北京水务部门将加快落实北京城市总体规划确定的"用足南水北调中线，开辟东线，打通西部应急通道，加强北部水源保护"的首都

天鹅在密云水库流域太师屯小南河内休憩

（新华社记者 李欣 摄）

水资源保障格局，积极推动南水北调后续工程高质量发展，持续巩固提升南水北调对口协作支持成果，与水源地人民一道护水保水、共谋发展。

（田晨旭 新华社 2023 年 12 月 27 日）

河南：现代水网润中原　豫水扬波启新航

2022年10月，党的二十大胜利闭幕不久，习近平总书记首次国内考察来到红旗渠，就新时代传承弘扬红旗渠精神作出重要指示，提出殷切希望，河南省水利人备受鼓舞、深感责任重大。

河南省最大的灌区——赵口引黄灌区二期工程试通水；前坪水库工程通过竣工验收，为淮河流域沙颍河支流北汝河安澜增添一道屏障；继南水北调东中线一期工程后，国内在建规模最大的跨流域引调水工程——引江济淮工程河南段全线试通水……

2022年，河南省各地以奋发有为的精神状态和扎实有力的工作举措推进水利建设，以红旗渠为榜样，以红旗渠精神为动力，认真贯彻落实习近平总书记治水重要论述和省委省政府决策部署，坚持项目为王，统筹推进"四水同治""五水综改"，推动全省水利蓬勃发展。

兴利除害　加快构建现代水网

八横六纵，四域贯通。2022年，河南省政府批复《河南省现代水网建设规划》（以下简称《规划》），描绘了全省现代水网建设的框架体系。

河南水网肩负着保障京津冀供水安全，保障黄河、淮河及海河下游防洪安全的重要责任，是"四横三纵"国家水网核心区。从此前"三横一纵、四域贯通"，到如今《规划》提出"八横六纵、四域贯通"，河南兴利除害的现代水网体系规划更加完备。

八横，即黄河、淮河、沙颍河、洪汝河4条自然水系，南水北调豫北供水、郑州都市圈供水、引黄入卫（西霞院—卫共）、大运河（伊洛河—通济渠）4条输水通道，构成8条东西向重要输排水通道。六纵，即唐白河、南水北调中线总干渠、引黄入冀补淀、引江济淮、小浪底南北岸、淮水北送—引黄输水通道，构成6条南北向重要输排水通道。四域贯通，即以"八横六纵"主骨架为基础,通过南水北调中线总干渠、黄河、淮河等上连国家水网;通过拓展输配水通道下接市县水网,实现四个流域互联贯通,长淮黄海"四水"调配。

根据《规划》确定的总体布局,河南省积极践行习近平总书记"节水优先、空间均衡、系统治理、两手发力"治水思路,紧紧围绕国家战略布局和河南发展需求,坚持问题导向、目标导向和系统观念,以国家水网为依托,以水网建设管理运行体制机制创新为动力,以项目化、工程化、方案化为抓手,通过联网、补网、强链,加快建设省级水网,同步推进与市县水网联通,形成"系统完备、安全可靠、集约高效、绿色智能、循环通畅、调控有序"的河南现代水网,筑牢畅通国家水网(河南段)主骨架和大动脉,为经济社会高质量发展提供坚实的水安全保障。

《规划》从建设、管理、改革和能力提升等方面,提出了高质量打造水资源配置网、高标准构筑防洪减灾功能网、高水平构建水生态功能网、高层次打造数字孪生水网、高协同创新现代化水网管理等五方面的重点任务,安排了水资源保障、防洪减灾、水生态环境保护与修复、南水北调"三个安全"(工程安全、供水安全、水质安全)保障、智慧水网建设等五大类66个重点水利项目。

根据《规划》确定的目标,到2035年,基本建成多功能现代水网体系,与国家骨干水网全面互联互通,市级、县级水网加快构建,水资源调蓄和调配能力及洪涝灾害防御能力显著提升,水生态环境得到有效保护,水网工程智慧化水平大幅度提升,水治理体系和治理能力基本实现现代化,全省水安全基本得到保障。

服务大局 着力推动高质量发展

河南省深入推动黄河流域生态保护和高质量发展,编制完成黄河流域生态保护和高质量发展规划体系,明确了构建"一轴两翼三水"的黄河水安全保障总体布局。

河南省加快建设小浪底南北岸、赵口引黄灌区二期和西霞院输水灌溉等四大灌区,发展和改善引黄灌溉面积516万亩。对重点支流实施"一河一策"整治,实施综合整治项目422个,已治理省内黄河流域水土流失127平方千米,新建及除险加固淤地坝35座,黄河出境水质持续保持在Ⅱ类以上。

一条"大河"波浪宽，润泽中原整八年。2022年12月12日，南水北调中线一期工程正式通水8周年。8年里，优质甘甜的丹江水奔涌进入河南成千上万寻常百姓家，2600万人直接受益，同时滋润了流经中原大地的26条江河湖泊。

近年来，河南省持续推动南水北调后续工程高质量发展。出台《加强南水北调配套工程运行管理工作的意见》，理顺管理体制。学习红旗渠修建引调水工程的精髓，全力推进南水北调中线工程这一全世界规模最大的引调水工程，16万库区群众舍小家为大家，移民搬迁"四年任务两年完成"；攻克多项世界性技术难题，完成沙颍河渡槽、穿黄隧道等重大工程，建成干渠731千米、配套工程管线1048千米。开展南水北调中线工程水源保护区生态环境保护专项行动，治理丹江口库区及上游水土流失面积50平方千米，恢复有效库容480万立方米，连通水域5400亩。2021—2022年度调水实际供水31.33亿立方米，首次突破30亿立方米，水质始终保持在地表水Ⅱ类及以上标准，惠及人口2800万人。

项目为王　加快推进水利现代化

沃野之上，一条蓝色动脉横亘，崭新的渠道，奔涌的水流，宛如玉带。

2022年12月30日上午，继南水北调东中线一期工程之后，国内规模最大的跨流域引调水工程——引江济淮工程实现全线试通水。

"引江济淮工程（河南段）建成通水，是全省加快构建兴利除害的现代水网体系的生动实践，更是治水兴水保障民生的具体体现。"河南省水利厅有关负责人表示。

河南省委省政府深入分析全省治水矛盾，科学研判治水形势，经过充分调研论证，作出"高效利用水资源、系统修复水生态、综合治理水环境、科学防治水灾害"四水同治的重大战略部署。2018年年底，以十大水利工程为标志的"四水同治"正式拉开帷幕。

四年多来，经过全省上下相关部门共同努力和建设单位的日夜奋战，破解河南"水难题"的十大水利工程成果显著，已开工的9项工程主体工程均已基本完工或取得重要进展，工程涉及防洪、引调水、灌区和生态保护修复等，这些都是支撑区域经济社会高质量发展的水利基础设施。

十大水利工程中，引江济淮工程（河南段）、赵口引黄灌区二期工程、小浪底南岸灌区工程主干渠建成通水，以十大水利工程为代表的重大水利工程已经成为河南构建兴利除害现代水网的"四梁八柱"。

截至 2022 年年底，十大水利工程累计完成投资 304.6 亿元。十大水利工程竣工后，河南省每年将新增供水能力 17.81 亿立方米，新增灌溉面积 338.7 万亩，新增补源灌溉面积 402 万亩。

河南省牢固树立"项目为王"，推进重点工程，扎实推进"四个一批"，为稳定全省经济发挥了重要作用。

建成达效一批。小浪底南岸灌区工程 2022 年 10 月实现试通水，新增灌溉面积 53.68 万亩；引江济淮工程试通水，赵口引黄灌区二期工程试通水，前坪水库工程顺利竣工验收。

加快推进一批。大别山革命老区引淮供水灌溉、宿鸭湖水库清淤扩容、洪汝河治理等重点工程 2022 年年底前主要建设任务落地；贾鲁河综合治理工程完成河道疏浚和堤防填筑，袁湾水库成功截流。

开工建设一批。2022 年第二、三季度分两批次开工建设汉山水库、黄河故道一期水生态治理工程等 31 个重大项目；计划再集中开工昭平台水库扩容、卫河共产主义渠综合治理等 12 个重点水利项目。

谋划储备一批。谋划水资源保障、防洪减灾、水生态保护与修复、南水北调"三个安全"保障、智慧水网建设等五大类 66 项近远期重点水利项目。

人民至上　切实办好民生水利

河南省学习红旗渠民生为本理念，聚焦确保农村饮水安全和粮食安全两大中心任务，加快发展民生水利。

全力保障安全饮水。河南省已建成 21119 处农村集中供水工程，7600 万农村居民实现了集中供水，全省农村集中供水率达到 94%，自来水普及率达到 91.5%，农村饮水问题实现动态清零。河南省水利厅连续 3 年在全省脱贫攻坚和定点扶贫工作考核中，均获得"好"的等次，位居省直单位前列。

深入推进农村供水"四化"。加大农村供水工程建设投入，河南省 886 万人用上地表水，濮阳市及安阳市滑县、内黄县、汤阴县已实现全域通水。河南省三个项目入选水利部农村规模化供水工程"两手发力"典型经验案例。

积极开展大中型灌区改造。年度投资 15.68 亿元，完成 26 处大中型灌区续建配套与现代化改造任务，恢复和改善有效灌溉面积 117.38 万亩，为保障粮食安全提供了坚实的水利基础。

2022 年，河南省扎实做好水旱灾害防御，有效应对淮河干流有记录以来的最大春汛，获得省委书记楼阳生批示肯定。强化"五预"（预报、预警、预判、预案、预演）措施，落实预警"叫应"机制，精准科学调度出山店、盘石头、宿鸭湖、前坪等水库预泄、拦洪，实现了水库上游不受淹、大坝工程和下游河道保安全，有效应对全省 11 次较强降雨过程。

河南省坚持防汛抗旱两手抓，先后两次启动省级水旱灾害防御（抗旱）Ⅳ级应急响应，全力保障抗旱用水，全省累计投入抗旱资金 15.93 亿元，调度水库灌区抗旱供水 11.56 亿立方米，抗旱浇灌 6209 万亩次，解决 7.36 万人临时性饮水困难。

同时，加快推进灾后重建。灾后重建规划内 4312 个水利项目目前已完工4307 个，累计完成投资 74.11 亿元，占比 103.9％，420 座小型水库除险加固项目遗留问题全部整改完成，水利灾后重建在省委组织部和省重建办联合考核中获得"好"等次。

系统治理　筑牢水利保障基础

2022 年 8 月，在河南省"五水综改"工作领导小组组织的签约仪式上，4宗水权交易集中签约。河南省一方面持续推进初始水权确认，探索建立水权交易常态机制；另一方面持续加强水权交易指导协调。河南省改革亮点频现，将持续发挥好试点的示范带动作用，牵引推动综合改革，系统解决水问题。

河南是经济大省、人口大省，也是水资源紧缺省份，解决好水的问题是重大战略问题。实施水源、水权、水利、水工、水务"五水综改"，是河南省委省政府作出的重大决策部署。作为全国 7 个国家级水权试点之一，河南探索开展的多种形式水权交易，充分发挥市场在水资源配置中的决定性作用，成为落实"五水综改"工作的重要实践。

统筹推进"五水综改"，水源是前提，水权是基础，水利是根本，水工是支柱，水务是主业。河南省制定《河南省"五水综改"工作任务分工方案》《河南省"五水综改"2022 年工作要点》，开展 13 个专项研究，以项目化、清单化推动"五水综改"工作部署落实落地。

抓好水源前提，修订出台《河南省节约用水条例》《河南省取水许可管理办法》等法规，出台取水许可、规划水资源论证等系列制度，强化水资源刚性约束落地机制。

夯实水权基础，研究制定水权交易管理办法，推进水权交易增量扩容，新增结余水量转让、水库供水收费权转让、农业节水指标转让等形式水权交易5宗共3.77亿立方米，累计达成交易9宗，涉及年交易水量5.49亿立方米、交易资金8.1亿元。

筑牢水利根本，深化水利投融资改革，抢抓政策性开发性金融工具机遇，河南省水利项目签约13个，总投资277.33亿元，投放基金24.4亿元，占全省总签约投放额度的11.2%。

立稳水工支柱，完成事业单位重塑性改革，省级层面初步形成了"一厅、一中心、一集团"（省水利厅、省水文水资源中心、省水投集团）边界清晰、职能衔接、分工合作的政事企协同高效新体制。加快推进水利工程标准化管理体制改革，登封市、舞钢市等5个县（市）成功创建全国深化小型水库管理体制改革样板县。

做强水务主业，推广农村供水"四化"，60个试点县（市）累计完成投资163亿元，完成年度投资72亿元，新增覆盖人口300万人。

近年来，河南省严格落实"四水四定"。一是完善刚性约束指标体系。完成全省流域面积1000平方千米以上19条主要河流水量分配和全省第二轮地下水超采区划定，首次开展并完成全省地下水水量水位管控指标、可用水量确定及水资源开发利用分区初步成果。探索开展15条河流33个断面生态流量调度保障。二是推进地下水管理。压采地下水0.39亿立方米，完成投资6.6亿元。持续推进南水北调受水区地下水压采，累计封填取水井1.2万眼，形成压采能力8.04亿立方米。三是严格管理水资源。规范全省取用水秩序，累计核查登记取水口129.36万个，取水项目6.6万个，整治项目4.78万个，集中解决一批违法违规取用水问题。2.17万户取水户纳入用水统计调查范围。

同时，河南省不断提升治理能力。落实省委省政府第4号、第5号总河长令，推动河南省河湖长制进入"3.0升级版"阶段。强力开展丹江口水库"守好一库碧水"、河湖"清四乱"、妨碍河道行洪突出问题和河道非法采砂等四个专项整治，累计清理整治"四乱"（乱堆、乱占、乱采、乱建）问题2852个、妨碍行洪问题 1312 个，河湖乱象得到有力遏制，规模性非法采砂基本杜绝。

一部大典纵观古今，河湖水系尽收眼底。2022 年 7 月，《河南河湖大典》正式出版发行，摸清了河南省河湖"家底"。《河南河湖大典》收录条目 2353 个，图片 2195 张，共 460 万字，是一部依托河南省河湖的综合性、知识性、实用性著作，全面记载了河南的自然环境、河湖水系、历史文化，记录了几千年来中原儿女治水兴水故事，系统反映了河南河湖水系的基本状况和特点，体现了河南深厚的文化底蕴，具有鲜明的时代特色。

红旗渠是新中国水利建设史上的一面旗帜、一座丰碑。"自力更生、艰苦创业、团结协作、无私奉献"的红旗渠精神，一直激励着河南乃至全国人民。由此催生的已连续开展 26 届的"红旗渠精神杯"竞赛活动，一次次掀起了全省各地大兴水利的热潮，兴修了大量水利工程，奠定了新时期河南水利的坚实基础。

进入新时期，河南水利将持续以习近平新时代中国特色社会主义思想为指导，全面贯彻党的二十大精神，锚定"两个确保"，实施"十大战略"，传承弘扬红旗渠精神，持续推进"四水同治""五水综改"，全力推进新阶段水利事业高质量发展，为现代化河南建设提供坚实的水保障、水支撑。

（李乐乐　彭可　国立杰 《中国水利报》　2023 年 1 月 14 日）

全力保障"南水"进京安全

巡检闸门控制设备

北京市南水北调干线管理处西四环管理所主要负责保障南水北调中线干线（北京段）工程卢沟桥暗涵至明渠末端闸工程的运行安全。春节期间，管理所结合沿线运行工况，调整值守方案及人员配备，严格落实三级值班制度，加强巡查管控，通过人防、技防相结合的方式，对沿线设备设施及周边进行安全巡查，全力保障节日期间工程平稳运行。

（肖洋　董培培　中国水利网　2023年1月30日）

只为一泓清水进万家

一元复始，万象更新。2023年1月28日，大年初七，春节假期后第一个工作日，地处秦巴山区腹地的陕西省安康市繁华喧闹，春节氛围依然浓厚。

在这里，清澈见底的汉江穿安康城区而过，一泓清水跨越千百公里，让安康市民与首都市民共饮一泓水、共享喜庆中国年。

安康作为南水北调中线工程重要的水源涵养区，春节期间如何保障"一泓清水永续北上"？常住人口90万的安康市汉滨区，佳节之际怎样保障供水安全？带着新春的问候，记者走近了汉滨区春节在岗、全力保障城市有序运行的水利人。

早上8时，汉江江面在冬日暖阳的照射下，犹如一面镜子，倒映着蓝天白云和沿岸林立的高楼，防洪堤内"保护水资源　改善水环境""落实绿色发展理念　全面深化河长制"的大幅标语格外醒目。不远处江滩上的"一抹红"，不仅为节日增添了一份喜气，也引起了记者的好奇。

只见一群身着红色马甲的护河员，正沿着江滩捡拾各类垃圾。他们手持夹子和撮箕，认真地扫视经过的每一块石头，时不时用夹子夹起一个塑料袋或一张废纸。

"这样的护河员小队每天都能见到，风雨无阻。"汉滨区汉江中心城区段环境保护工作办公室督查组组长张卫军边说边打开手机，向记者展示工作群里的信息。群里不断弹出图片或视频，都是分散在各个点位的护河员、巡河员发来的动态信息。

近年来，汉滨区以河湖长制为强力抓手，持续强化汉江水资源保护，成立了汉江中心城区段环境保护工作办公室，常态化、全天候在中心城区沿江两岸开展洗衣服、洗车等不文明行为的劝导工作。

"春节期间，我们组织'红袖章'巡逻队、志愿者服务队、护河员开展河道环境卫生整治和文明劝导等工作，每天有人巡查、有人督查、有人劝导，确保一江两岸环境卫生整洁。"张卫军说。

"汉江在安康境内流长 340 余公里，水资源总量占丹江口水库总来水量的 67％。目前汉江出陕断面水质持续稳定，达到国家地表水 Ⅱ 类标准，全市水环境质量考核排名在陕西省位居前列。"安康市河长办主任、市水利局局长刘昌兰告诉记者。

中午，记者随汉滨区水利局的工作人员驱车赶到距城区 7 公里的汉滨区建民水厂。这座集镇水厂为周边 49 个村约 10 万人提供饮水保障。

"我们水厂采用自动化控制系统和视频监控系统，按照水质安全标准自动调节加药设备的药剂投放量……"汉滨区五里区域供水分站站长丁义良介绍起水厂的设备如数家珍，条理清晰的话语透露着他对这份工作的热爱。

春节期间，水厂员工每天坚持检测水质，做好供水设施巡查和 24 小时值守。"春节期间可不能停水，这是我们的工作底线，为此我们还准备了两台应急供水车。"顺着丁义良手指的方向，记者看到了停在厂房前时刻待命的应急供水车。

离开建民水厂，记者又来到位于城乡结合部的新城街道九里联村水厂。

此时，汉滨区吉河区域供水分站副站长陈剑正坐在电脑前查看水厂运行的各项指标。春节期间，他一直坚守岗位，时刻关注着供水保障情况。

据介绍，这座水厂于 2019 年 6 月建成，在此之前，周围群众饮水要从很远的山涧担水。条件好的村民集资修建了简易水塔，但水质难以保证。

"感谢共产党，感谢政府给我们建水厂，让我们喝上干净水。"在九里村村民王兴恩家，他打开水龙头，看着白花花的自来水，迫不及待地向记者展示，"春节期间，我们做饭烧水都没断过水，多亏了咱们水厂。"

锚定岗位职责，诠释实干担当，安康水利人为春节的平安祥和留下最好的注脚。不只在安康市，在首都、在南水北调中线工程受水区，每家每户因这一泓清水，年味更加浓郁，幸福更加醇厚。

（张元一 《中国水利报》 2023 年 1 月 31 日）

提升调蓄能力 完善补偿机制
加强南水北调中线配套工程运管能力

南水北调中线工程覆盖面广、距离长，是一条连接南北流域、贯通华中和华北地区经济线的"桥梁"，是国家水网的主骨架和大动脉工程之一。自2003年建设以来，沿线各省市探索推进配套工程的运行管理工作，强化工程统一调度、推进运行管理标准化建设、落实管理责任并加强监督，因地制宜建立了符合本地区实际需要的运行管理模式，但仍需进一步提升工程运行管理水平，进而有力保障区域水安全、支撑区域经济社会高质量发展。

水量调配机制尚不健全
运行管理仍需精细化

水量调配机制不健全。南水北调工程规划设计时立足于补充水源，如今南水北调水已逐步成为北京市、天津市等城市的主力水源，且未来对水资源的需求仍在增加；实践中，水情丰枯变化对外调水利用提出了更高要求，当平枯水年受水区缺水、供水区又难以为继时，南水北调中线工程与沿线地上、地下水源等不同水源间协调程度不够，南水北调水主要供居民用水，尚缺乏跨省生态用水水量分配机制和补偿机制。

能力建设仍需提升。部分工程运行管理人员缺乏上下游之间调度衔接等方面的精细化管理经验；随着汉江流域用水和北调水量快速增长，水资源配置矛盾日益突出，而现有水库精准调度能力有待提升，难以满足运行管理调度新需求。

建设运行维护体系有待完善。南水北调中线工程体系复杂，工程难以进行长时间停水检修，给输水保障带来挑战；中线配套工程绝大部分为地下暗涵，虽划定了工程保护范围，但保护范围内土地未征地，不利于持续保障工程运行安全。

着力提升工程调蓄能力
完善生态补水长效机制

大力推进配套工程建设。结合新形势下南水需求，充分消纳南水北调中线工程来水，补充完善一批南水北调中线工程向沿线河道的分水设施；同时加快推进配套水厂管线建设，在城市配套管网的基础上实现城市管网互联互通，进一步压减地下水开采。推进配套工程竣工验收，进行资产移交，保障工程后续运行、检修、监管等工作顺利开展。

加快推进工程运行管理标准化建设。试点推进工程运行管理信息化建设，有效提高工程运行管理规范化、精细化水平；细化推进配套工程标准化建设、运行、监管全生命周期的各项体制机制建设；制定详细、合理的配套工程标准化建设及考核体系，实现标准升级、管理升级，持续保障配套工程供水安全；深化落实配套工程执法监管工作，持续加强对配套工程沿线存在的污染活动、非法用地等行为的约束和规范。

着力提升工程调蓄能力。尽快推进南水北调在线调蓄工程建设，建立南水北调中线工程管理部门与沿线各省市联合调度机制，将中线工程沿线有关水库作为应急备用水源加入南水北调中线输水工程中，充分利用水库调蓄能力联合调度，提升南水北调工程水源保障能力和应急保障能力。推动建立重点关注和平衡各方利益需求的南水北调中线调蓄工程协商机制，成立协商小组，促进协调发展。

完善生态补水长效机制。推动建立南水北调中线工程生态补水评价指标体系，对生态补水地区的地下水水位、补水河道水生态系统、补水区域植被生态系统、局地气候等主要生态系统表征指标变化进行系统科学评估。持续开展汉江适应性优化调度研究，为南水北调中线工程生态调水提供更大的水资源利用空间。建立系统的、易操作的南水北调工程沿线生态补偿机制。考虑到工程沿线划定了工程保护范围和水源保护区，对工程沿线的土地利用、产业布局带来一定影响，研究确定工程沿线生态补偿标准、补偿主体以及补偿方式等，给工程沿线地方政府在工程保护和水源保护方面提供动力支持。

统筹做好工程检修和安全监测。加快完善南水北调工程检修标准，包括日常维护、岁修、大修等的标准、频次和要求，建立工程常态化检修机制，完善停水检修调度机制，研究工程带水检修技术。加强PCCP断丝监测研究，扩大实时监测的范围等，为工程运行管理提供准确的数据支撑；加强地下输水隧洞渗水监测和带水条件下渗漏点的排查和检修，探索渗漏修补的新工艺和新材料；提高安全监测的自动化水平和安全监测结果的分析运用，用安全监测成果科学指导工程运行管理实际。（作者为水利部发展研究中心发展战略

研究处副处长）

（罗琳 《中国水利报》 2023年2月2日）

王道席赴南水北调工程专家委员会
调研并出席专家座谈会

2月7日，水利部党组成员、副部长王道席赴南水北调工程专家委员会（以下简称"专家委员会"）调研并出席座谈会，专家委员会主任陈厚群院士主持座谈会。

王道席在听取专家委员会秘书处工作汇报和出席座谈会的专家发言后，充分肯定专家委员会的工作，并代表部党组和李国英部长对专家委员会在推进南水北调工程高质量发展工作中发挥的重要作用表示感谢。他指出，专家委员会要围绕贯彻落实党的二十大精神和2023年全国水利工作会议部署，继续发挥优良传统，勇于担当作为，为扎实推动新阶段水利和南水北调工程高质量发展作出新的贡献。

王道席强调，专家委员会是为南水北调工程建设提供科学技术咨询的高级咨询组织，要充分发挥咨询作用，在东中线一期工程竣工验收、总体规划修编、数字孪生南水北调工程建设等方面提供高质量技术支持；发挥技术把关作用，继续为南水北调工程建设与运行管理、安全保障等工作把脉问诊；发挥桥梁和纽带作用，广泛吸收社会各界不同领域、不同专家学者意见建议，积极发声，引导舆论，为南水北调工作营造良好氛围。

王道席要求，部机关相关司局要加强工作协调，更好支持专家委员会发挥作用；南水北调规划设计管理局要加强专家委员会秘书处工作，继续做好支撑服务工作，为专家委员会履行职能创造良好条件。

专家委员会副主任及部分委员，水利部规划计划司、南水北调工程管理司、南水北调规划设计管理局负责同志参加座谈会。

（陈阳 杨晶 《中国水利报》 2023年2月9日）

王道席调研永定河水量调度
与生态补水工作

2月8日,水利部副部长王道席赴永定河拦河闸至屈家店段调研永定河水量调度与生态补水工作。

王道席先后调研永定河北京段卢沟桥拦河闸调度及永定河防洪体系情况、大宁水库南水北调中线水源向永定河补水情况,永定河天津段屈家店闸水量调度情况,武清区邵七堤及河北廊坊段河道水情、冰情、工情,廊坊市南三通道过水路面架桥施工情况。每到一处,王道席详细了解永定河水资源状况、用水需求、河道现状、补水工程措施等情况。

王道席指出,做好永定河水资源统一调度及河湖生态环境复苏工作,是贯彻习近平生态文明思想和习近平总书记"节水优先、空间均衡、系统治理、两手发力"治水思路的重要体现,是落实水利部党组关于复苏河湖生态环境,促进人水和谐共生的必然要求。各单位要提高政治站位,心怀"国之大者",站在推进京津冀协同发展重大国家战略、促进人与自然和谐共生的高度,以时时放心不下的责任感,从大时空、大系统、大担当、大安全四个方面准确把握永定河水量调度与生态补水工作,坚定不移地做好恢复永定河生命的工作,持之以恒全面复苏北京"母亲河"。

王道席要求,要科学合理设定永定河水量调度工作目标,强化永定河全年调度工作思维,统筹各项工作措施,工程建设等要服从水资源统一调度;落实并压实各方工作责任,建立高效的协调工作机制;加快数字孪生永定河流域建设,提升永定河"四预"保障能力;统筹"引黄水、引江水、当地水、再生水"调度,进一步优化调度方式,以日保旬,以旬保月,以月保季,以季保年,实现永定河河道全年生态调度目标。

水利部规划计划司、调水管理司负责同志参加调研,南水北调工程管理司,海河水利委员会,北京市、天津市、河北省水利(水务)厅(局)及永定河流域公司负责同志分段汇报相关情况。

(中国水利网　2023年2月9日)

着力建设"四条生命线"和世界一流工程

2023年全国水利工作会议是在贯彻落实党的二十大精神开局之年召开的一次重要会议。南水北调工程管理工作将聚焦"高质量发展"主题，着力建设"四条生命线"和世界一流工程。

一是持续提升工程"三个安全"水平。逐项落实中线风险评估对策建议措施，完善中线工程风险防御体系。加固特殊时点、重大活动期间安全监管措施；扎实做好冰期输水和度汛工作。推动落实2023年水质安全保障重点工作。二是不断提升工程综合效益。组织完成2022—2023年度东线向山东调水9.25亿立方米、中线调水68.33亿立方米的水量调度计划；完成东线北延应急供水工程年度调水2.72亿立方米目标；配合做好2023年度华北地区生态环境复苏生态补水及大运河全线贯通补水工作。三是扎实推进后续工程高质量发展。推动加快引江补汉工程建设；组织开展体制机制、水价水费水权等专项研究；协调推进中线在线调蓄工程规划；积极配合总体规划修编和后续工程前期工作。四是持续推进"数字孪生南水北调工程"建设。五是推动启动一期工程竣工验收。协调配合做好东中线一期工程竣工决算审计工作。六是深化南水北调品牌建设。传承南水北调精神，打造南水北调品牌。（水利部南水北调工程管理司司长　李勇）

（《中国水利报》　2023年2月10日）

全国政协委员、民建天津市委会主委、
天津市副市长李文海：加快推进
南水北调东线二期工程建设

南水北调是造福民族、造福人民的民生工程。南水北调中线一期工程建成通水以来，在经济社会发展和生态环境保护方面发挥了重要作用。海河流域水资源禀赋差，刚性需求大，南水北调中线一期工程通水后，一定程度上缓解了水资源供需矛盾，但未彻底扭转缺水局面，水资源供需仍处于"紧平衡"状态。围绕将水资源供需由"紧平衡"扭转为"全保障"这一目标，建议早日开工建设南水北调东线二期工程，实现可供水总量增加、各水源互济互备，提升区域供水安全保障程度。此外，应统筹考虑各省市用水需求，科学谋划总体布局、工程规模和输水线路，加快东线后续工程各项前期工作，力争早日全面开工建设，保障东线二期工程受水区用水需求。

（《中国水利报》 2023 年 3 月 7 日）

全国人大代表、河南南阳市市长王智慧：
加大南水北调中线工程水源区保护支持力度

南阳是南水北调中线工程核心水源地和渠首所在地。自 2014 年通水以来，南水北调中线工程累计输水超 500 亿立方米，相当于黄河一年的流量，水质持续稳定保持Ⅱ类及以上标准，已成为沿线 24 座大中城市、200 多个县（市、区）的供水生命线，发挥了巨大的社会、经济、生态效益。

水生态环境保护是一项常态性和持久性工作，在水源区水质保护上，依旧存在区域协调不紧密、技术创新能力不足等问题，加强水质保护任重道远。建议加大对南水北调中线工程水源区水质保护和地方发展的支持力度，在监管体制创设、水质保护技术创新等方面给予政策、资金和项目倾斜。同时，以实现水源区绿色发展为目标，在产业转移、乡村振兴、教育医疗、科技人才等领域，巩固成果、拓展合作、完善机制，为水源区生态保护、民生改善提供更大支持。

（《中国水利报》 2023 年 3 月 9 日）

南水北调工程 2022—2023 年度冰期输水
15.2 亿立方米

南水北调中线一期工程和东线北延应急供水工程 2022—2023 年度冰期输

水工作近日结束，累计向北京、天津、河北、河南四省（直辖市）供水 15.2 亿立方米。

中线一期工程和东线北延应急供水工程冰期输水，正值元旦和春节重大节日期间，关系到工程沿线人民群众供水安全、社会和谐稳定和河湖生态环境复苏，政治责任重大。在水利部的指导下，中国南水北调集团科学组织、周密部署、压实责任，加强巡查值守，确保了工程安全平稳有序运行。自 2022 年 12 月 1 日开始冰期输水，截至 2023 年 2 月 28 日，中线一期工程累计向北京供水 1.73 亿立方米，较同期下达计划供水量增加 0.17 亿立方米；累计向天津供水 1.92 亿立方米，较同期下达计划供水量增加 0.36 亿立方米；东线北延应急供水工程向河北、天津供水 1.2 亿立方米。

南水北调工程冰期输水为促进沿线地区经济社会高质量发展、保障和改善民生，以及农业春耕生产提供了有力的水资源支撑，为服务构建新发展格局作出了贡献。

（杨晶 《中国水利报》 2023 年 3 月 9 日）

全国政协委员蒋旭光：加快推进南水北调西线工程规划建设构建与中国式现代化相适应的国家水安全保障体系

"西线工程作为南水北调'四横三纵'的重要一纵，是国家水网大动脉的重要组成部分，对于促进黄河流域生态保护和高质量发展重大国家战略实施，保障国家水安全、生态安全、粮食安全、能源安全的实施具有战略性重大意义。"全国政协委员，中国南水北调集团党组书记、董事长蒋旭光在接受本报记者采访时说，建议加快推进西线工程前期工作，尽快启动西线一期先期实施工程可研工作，为工程"十四五"末开工建设创造条件。

南水北调工程是国家水网主骨架、大动脉，《南水北调工程总体规划》明确，南水北调工程包括东线、中线、西线三条调水线路。2014 年，东、中线一期工程全面建成通水。通水 8 年多来，已累计调水超 600 亿立方米，惠及北京、天津、河北、河南、江苏、山东、安徽7省（直辖市）沿线40多座大中城市280多个县市区，直接受益人口超1.5亿人。目前尚未开工的西线工程计划在长江上游调水入黄河上游，主要目标是解决青海、甘肃、宁夏、内蒙古、陕西、山西等6省（自治区）在内的黄河上中游地区和渭河关中平原的缺水问题，规划调水总规模170亿立方米。

"西线工程前期工作已历经70多年论证，成果丰富，已具备较好基础，是看得准、迟早要干、晚干不如早干的国家重大战略性基础设施。"蒋旭光说，"工程遵循由近及远、先易后难、从小到大的原则分期实施。西线一期工程计划投资2000多亿元。从建设周期看，西线一期工期至少需要10年时间。"蒋旭光建议，加快推进西线工程前期工作，优化进度安排。

"中国南水北调集团将认真贯彻落实习近平总书记重要指示精神和党中央决策部署，积极协同主管部门和有关方面深化西线工程建设前期工作，主动担当，深化改革，全力以赴推进西线工程等后续工程早日开工建设。充分发挥好市场主体作用，承担好工程建设运营的责任，为加快构建国家水网主骨架和大动脉、完善与中国式现代化相适应的水安全保障体系作出贡献。"蒋旭光说。

（岳虹　杨轶　《中国水利报》　2023年3月10日）

全国人大代表张肖：加快推进南水北调
东线后续工程建设

"为保障安徽省皖北、江淮地区供水安全，支撑区域经济社会高质量发展，建议尽早实施南水北调东线后续工程建设。"在今年的全国两会上，全国人大代表，安徽省水利厅党组书记、厅长张肖聚焦的重点是区域水安全。

2021年5月14日，习近平总书记在主持召开的推进南水北调后续工程高质量发展座谈会上强调，要深入分析南水北调工程面临的新形势新任务，加强顶层设计，优化战略安排，统筹指导和推进后续工程建设，抓紧做好后续工程规划设计。

近年来，极端天气增加，安徽省频繁遭遇干旱威胁。补齐工程短板，加快推进南水北调东线后续工程建设的呼声越来越高。去年安徽省发生了超 50 年一遇的严重干旱，暴露出全省供水、灌溉保障能力不足等问题。

"南水北调东线一期工程在安徽省境内与引江济淮工程一道，形成'东西互济、南北共保'的供水保障格局，对改善淮河中游干旱缺水问题、支撑淮河流域高质量发展意义重大。"张肖深知提升水安全保障能力的重要性。为此他建议国家发展改革委、水利部加快推进南水北调东线后续工程前期工作，力争项目早日上马、尽快实施。

张肖介绍，国家早在 2012 年就要求加快开展东、中线后续工程论证工作。2019 年 12 月水利部淮河水利委员会完成《南水北调东线二期工程规划报告》。2020 年 9 月，水利部淮河水利委员会编制完成《南水北调东线二期工程可行性研究报告》。

"经过分析论证，南水北调东线后续工程在安徽省供水范围涉及皖北地区和江淮分水岭地区的宿州、淮北、蚌埠、滁州 4 市 14 个县（区），供水范围内 2035 年规划总人口 843 万，农田有效灌溉总面积 453 万亩。"张肖说，南水北调东线后续工程建设后，将为安徽省区域经济社会发展提供有力的水安全保障。

（杨晶 《中国水利报》 2023 年 3 月 10 日）

水利部 国家能源局联合出台《南水北调中线干线与石油天然气长输管道交汇工程保护管理办法》

为加强南水北调中线干线工程与石油天然气长输管道相互穿越、跨越及邻接工程（以下简称"交汇工程"）的保护，保障南水北调中线干线工程和石油天然气长输管道的安全，近日水利部、国家能源局联合出台了《南水北调中线干线与石油天然气长输管道交汇工程保护管理办法》（以下简称《办法》），对拟建、在建和已建交汇工程保护工作提出了具体要求。

《办法》强调,水利部和国家能源局按照部门职责分工,依法指导协调交汇工程保护工作,有关地方人民政府及中国南水北调集团有限公司、国家石油天然气管网集团有限公司相关企业依法负责交汇工程保护的有关工作。要统筹发展和安全,坚持依法合规、统筹兼顾、后建服从先建、经济合理和保护环境的原则,围绕交汇工程可行性研究、设计、施工、竣工验收、运行管理等全过程,加强交汇工程保护管理工作。

《办法》已于 2023 年 3 月 1 日施行,对于规范交汇工程保护管理,建立跨部门长效工作机制,保障南水北调中线干线工程和石油天然气长输管道的平稳运行具有重要意义。

(中国水利网　2023 年 3 月 13 日)

水利部召开 2023 年永定河水量调度工作部署会

3 月 16 日,水利部召开 2023 年永定河水量调度工作部署会,听取近期永定河水量调度开展情况汇报,部署下一步工作。水利部副部长王道席出席会议并讲话,总工程师仲志余主持会议。

会议指出,近年来,水利部深入贯彻落实习近平生态文明思想和习近平总书记"节水优先、空间均衡、系统治理、两手发力"治水思路,大力开展永定河水量统一调度,成效显著。特别是 2021 年首次批复永定河水量调度计划以来,三次实现全线通水,地下水水位明显回升,生态廊道逐步稳定,沿线群众获得感、幸福感大幅提升。

会议强调,开展永定河水量调度、恢复永定河健康生命是贯彻落实习近平生态文明思想和习近平总书记"节水优先、空间均衡、系统治理、两手发力"治水思路的使命要求,是支撑保障京津冀协同发展重大战略实施的责任担当,是复苏河湖生态环境、促进人水和谐的有力举措。要深入贯彻落实 2023 年全国水利工作会议部署和李国英部长调研永定河流域治理管理工作时的讲话要求,今年力争实现永定河全年全线有水。

会议要求，各单位要严格按照《2023年度永定河水量调度计划》明确的任务分工，强化责任落实和协调配合，确保目标实现；强化全年调度思维，加强研判、提前部署，提高工作的预见性和系统性；科学精准调控河道过流流量，充分利用有限水资源实现全年全线有水目标。

会议以视频形式召开。驻部纪检监察组，部相关机关司局和在京直属单位负责同志在主会场参加会议。中国南水北调集团有限公司，相关流域管理机构、省级水行政主管部门及相关企业负责同志在分会场参加会议。

（中国水利网　　2023年3月16日）

引江补汉工程初设报告通过审查

近日，引江补汉工程初步设计报告顺利通过审查，标志着引江补汉工程取得了突破性进展，为取得初设批复、确保年内全面开工奠定了坚实基础。

引江补汉工程是南水北调后续工程首个开工项目，是全面推进南水北调后续工程高质量发展、加快构建国家水网主骨架和大动脉的重要标志性工程，建成后将为汉江流域和华北地区提供更好的水源保障。工程多年平均引江水量39亿立方米，输水线路全长194.7公里，采用有压单洞自流输水，设计施工总工期9年，可研批复静态总投资582.35亿元。目前，引江补汉工程输水总干渠出口段已进入主体隧洞施工阶段。

（杨泽亚　《中国水利报》　　2023年3月21日）

南水北调工程助力天津"十项行动"见行见效

南水北调工程是天津城市供水生命线。天津水务系统深入学习贯彻落实习近平总书记在推进南水北调后续工程高质量发展座谈会上的重要讲话精神，把加强南水北调工程建设管理与天津建设社会主义现代化大都市"十项行动"紧密结合，持续推动南水北调配套工程建设，提高水资源节约集约利用水平，改善河湖水生态环境质量。

2022年年底，天津市委经济工作会议提出组织实施包括京津冀协同发展纵深推进、制造业高质量发展、乡村振兴全面推进、绿色低碳发展等在内的"十项行动"。"十项行动"清晰勾勒出天津未来5年发展蓝图。南水北调工程正助力"十项行动"见行见效，推动天津高质量发展迈上新台阶。

完善南水北调配套工程建设

静海区是天津南部缺水地区，53万居民吃水主要依靠市区水厂供水。随着静海区经济社会发展，区域水资源供需矛盾日益突出。

2021年年底，天津加快实施引江静海供水工程，从王庆坨调蓄水库取水，通过新建的静海加压泵站加压，经48.6公里输水管线向静海区输送引江水，预计实现日供水量20吨。目前，工程已完成静海加压泵站建设和大部分管线铺设，2023年年内完成全部建设任务，届时将彻底改善静海区供水条件。

作为南水北调受水区，天津近年来始终把推动南水北调配套工程建设摆在重要位置，先后建成武清、宁汉原水管线，以及南干线至凌庄水厂、北塘水库至新区水厂等供水工程，王庆坨水库蓄水运行，供水覆盖范围扩大到14个区，受益人口近1200万，引江、引滦"一横一纵"双水源供水工程体系进一步完善。在此基础上，天津水务部门准确把握南水北调工程面临的新形势新任务，聚焦市委、市政府"十项行动"关于保障供水安全的要求，科学谋划南水北调后续配套工程建设，大力推进北大港水库扩容、尔王庄水库扩容、引江宝坻供水等重点工程建设，不断提高城市供水保障能力，力争早日实现引滦、引江中线和东线三水源保障格局。

以节水促发展提效益

天津市新天钢联合特钢有限公司是一家大型钢铁企业，近年来公司坚持提升水资源循环利用水平，通过建设水循环处理系统和供水水质监控监管系统，实现各道生产工序废水分质循环利用，工业用水重复利用率达98%以上，达到行业先进水平。

作为资源型缺水城市，天津始终把节水作为一项战略措施常抓不懈，通过节水顶层设计、水资源优化配置、价格杠杆、节水技术推广等多项举措，持续推动节水型社会建设，更好发挥引江水综合效益。截至目前，全市 16 个区全部完成县域节水型社会达标建设，全市万元生产总值用水量降至 20.57 立方米、万元工业增加值用水量降至 8.48 立方米，农田灌溉水利用系数 0.722，再生水利用率达 45％，主要节水指标始终保持全国先进水平，以水资源可持续利用保障了经济社会高质量发展。

2023 年天津牢牢把握市委、市政府"十项行动"关于绿色低碳、制造业高质量发展等工作要求，把服务企业节水作为工作重点，鼓励引导具备条件的企业使用再生水等非常规水源，充分结合企业发展需求，对超计划用水企业进行预警提示和节水管理指导，推动高耗水企业完善节水管理制度，积极推广合同节水模式，支持企业争创国家水效领跑者、节水型企业、节水标杆等示范，以节水促发展、提效益，让引江水更好服务企业发展。

提升河湖水域环境质量

大运河天津段流经全市 7 个区，全长 182.6 公里，是天津重要的生态廊道。2023 年年初以来，天津充分运用南水北调东线北延调水，累计向大运河实施生态补水 0.33 亿立方米，在补充大运河生态水量的同时，为南部静海、滨海新区等缺水地区补充生态和农业灌溉水源。

天津地处海河流域尾闾，在京津冀区域生态格局中具有重要地位。近年来，天津水务部门把推动南水北调建设和管理工作纳入京津冀协同发展大战略，积极推动大运河文化传承利用，利用南水北调生态补水改善大运河水量水质，为实现大运河分段旅游通航目标打下基础；通过河湖长制强化南水北调工程管理，压实市、区、镇、村四级河湖长管护责任，强化京津冀三地河湖长联动，共同维护南水北调工程安全、供水安全、水质安全。

长江水来之不易，必须倍加珍惜。天津将持续做好南水北调建设管理工作，助力天津"十项行动"取得实效，让清澈甘甜的江水造福津门大地。

（王延 《中国水利报》 2023 年 3 月 24 日）

强化依法治水　共护千里水脉

——南水北调集团中线河南分公司开展"世界水日""中国水周"主题宣传活动

阳春三月，中国南水北调集团中线有限公司河南分公司"世界水日""中国水周"主题宣传活动如期而至。

为起到联动效应，此次活动的主会场设在穿黄管理处，分会场在沿线各管理处举办。一时间，"强化依法治水　共护千里水脉"的宣讲声传扬长渠两岸。

3月22日，在穿黄管理处活动现场，华北水利水电大学师生和樱花园游客走进研学基地，通过听讲解、看视频、做实验、品南水、答问题等环节，"沉浸式"感受南水北调主题活动的丰富多彩。

"我是华北水利水电大学的学生，之前只是听说南水北调，这次亲身体验后，我不仅看到了工程的雄伟，还学习了老一辈水利人为人民幸福生活的付出与努力，他们的精神激励我们后辈奋发自强。"学生唐国中参观后忍不住感慨。

此外，主会场还设置了南水北调宣讲团走进郑州博物馆"大河文明展"的环节，让大家了解南水北调，认识南水北调，看到水文化与水文明的传承与精彩。

分会场的活动同样出彩。沿线管理处的工作人员走上广场、走入班组、走进学校、走向社区……水利工程师化身为节水护水宣讲员，普及"世界水日""中国水周"的由来与意义、南水北调工程建设及运行管理情况、防溺水知识和《南水北调工程供用水管理条例》等涉水法律法规，助推南水北调中线工程安全平稳运行。

"这个'大家伙'在水下怎么发挥功能？""它检测的精度和准度高吗？"在郑州管理处活动现场，郑州一中的学生对守护南水北调安全的高科技水下机器人产生浓厚的兴趣。听着宣讲员的讲解，学生们不住地对南水北调的科技力量点赞。"将来有机会，我也要研发一款机器，守护咱们这条渠。"同学们发自内心地爱护南水北调长渠。

在鹤壁市天赉小学，鹤壁管理处宣讲员从中国水资源状况、南水北调中线工程知识等方面，讲述水资源短缺形势与南水北调工程的意义。通过播放宣传片，带领学生穿越云层，俯瞰穿黄工程、沙河渡槽，一睹中线风采，感悟建设期无数技术人员攻坚克难、无数移民舍小家为大家的奉献精神。在宣讲员的号召下，15名学生现场加入南水北调护水志愿者队列，与鹤壁管理处职工一起在淇河边诗苑长廊开展"共护母亲河"环卫活动。

（杨媛　尹锦贞　中国水利网　2023年3月28日）

北京密云水库调蓄工程启动反向输水

北京市密云水库调蓄工程2023年度首次反向供水日前启动，南水北调水将通过九级泵站逐级输送至密云水库，增加水库蓄水量。

密云水库调蓄工程是南水北调中线工程在北京市内的配套工程之一，南水北调来水从团城湖"出发"，加压输送至密云水库，提高北京市水资源战略储备和城市供水率。南水北调水通过京密引水渠上的九级提升泵站"爬高"133米，再流入密云水库。2022年度，工程向密云水库输水3821.76万立方米。

据悉，此次运行前期为小流量输水，调度采取间歇性运行模式以满足各级泵站水量匹配要求，后续将根据具体来水量逐步调整运行模式。团城湖管理处将持续统筹工程调度运行工作，确保安全平稳完成输水工作。

（龚晨　《中国水利报》　2023年3月31日）

南水北调后续工程高质量发展
高层研讨会召开

4月2日，2023年水利科技创新论坛暨南水北调后续工程高质量发展高层研讨会在北京召开，深入研讨南水北调后续工程高质量发展与国家水网建设面临的关键科学问题，为加快构建国家水网主骨架和大动脉提供科技支撑。

本次研讨会特邀中国科学院院士、俄罗斯科学院外籍院士等专家，围绕黄淮海流域水安全与南水北调、国家水网布局优化、南水北调工程高质量发展、黄河中游矿山"五水转化"对黄河"五水共治"的战略意义等课题作了报告。

与会专家代表还围绕跨流域调水水量概率预测与多目标风险调控等方面，深入交流南水北调工程受水区发展需求、水源区优化调度、高质量规划建设与管理、调水效益的综合评估等问题，分享了多年的研究成果和工程建设经验。

（王鹏翔 《中国水利报》 2023 年 4 月 4 日）

河南 3 宗南水北调水权交易集中签约

河南省水利厅近日在省公共资源交易中心组织签约 3 宗南水北调水权交易，年转让水量 1.9 亿立方米。截至目前，河南省南水北调水权交易已累计达成 8 宗，涉及年交易水量 4.12 亿立方米。

此次签约的 3 宗南水北调水权交易包括焦作市向开封市年转让水量 1 亿立方米、新乡市向驻马店市年转让水量 4000 万立方米、鹤壁市向商丘市年转让水量 5000 万立方米，有效解决了开封、驻马店和商丘三市缺少优质地表水、没有南水北调用水指标的问题。

据悉，河南是全国 7 个国家级水权试点之一，主要任务是在南水北调中线工程受水区组织开展跨区域跨流域水权交易。河南省水利厅近年来按照省委省政府"五水综改"工作要求，积极推进水权改革，探索开展了多种形式的水权交易。

（李乐乐 彭可 《中国水利报》 2023 年 4 月 7 日）

水利部开展南水北调中线工程汛前检查工作

4 月 7 日至 8 日，水利部副部长王道席带队，检查南水北调中线工程备汛工作。检查组实地查看了南水北调中线干线河南段工程汛前准备情况，重点检查了鲁山管理处澎河渡槽、长葛管理处沉降渠段、焦作管理处高填方沉降段和高地下水段工程情况，以及南水北调中线干线工程防洪加固项目建设情况等，详细了解防汛责任制落实、隐患排查、预案修订等情况，并与中国南水北调集团有限公司（以下简称"南水北调集团"）总经理汪安南、河南省水利厅及有关地方负责同志现场交换了意见。

检查组指出，中线干线工程位于伏牛山和太行山前，沿线多地为暴雨集中地带，易受暴雨洪水袭击，左岸水库风险、交叉河道风险、左排建筑物排水通道风险、退水通道风险、区域性地表沉降等风险叠加，凸显了南水北调中线工程防汛工作任务复杂艰巨。检查组要求各级各有关部门深入学习贯彻党的二十大精神和习近平总书记关于防汛抗旱工作的重要指示精神，坚持人民至上、生命至上，全力做好南水北调工程防汛度汛工作，确保工程安全、供水安全。

检查组强调，南水北调集团要切实担起防汛主体责任，落实好水利部水旱灾害防御会议部署要求，落实责任，强化沟通，查漏补缺。要充分运用好南水北调工程河湖长制有力抓手，主动加强与属地政府、有关部门防汛协同，巩固完善信息共享、防汛抢险等联络机制，加强培训演练，形成防汛合力。要把南水北调"三个安全"牢牢掌握在自己手里，坚持安全第一、预防为主，坚持底线思维、极限思维，从最不利工况角度出发强化"四预"措施。抓住主汛期到来前的有限时间，抓紧开展风险隐患排查整改，全面落实应急预案、队伍、物资等准备。要加快南水北调中线干线工程防洪加固项目和汛前维护项目建设，坚持质量第一，狠抓安全生产，确保汛前完成。要强化数字孪生南水北调工程试点应用，充分利用信息化技术提升预报预警和科学调度水平。

水利部南水北调工程管理司、水旱灾害防御司、河南省水利厅及有关地方负责同志等参加检查。

（中国水利网　2023年4月10日）

水利部召开南水北调工程管理工作会

4月7日，水利部在河南省南阳市召开南水北调工程管理工作会议，深入贯彻党的二十大精神，认真落实全国水利工作会议部署，总结近年来南水北调工程管理工作，分析面临的形势与任务，部署2023年工作任务。水利部副部长王道席、河南省副省长杨青玖，中国南水北调集团有限公司（以下简称"南水北调集团"）总经理汪安南出席会议，水利部总工程师仲志余主持会议。

会议指出，近年来，南水北调工程管理工作取得了重要进展，"三个安全"底线切实守牢，工程综合效益不断提升，引江补汉工程实现开工，完工财务决算和完工验收全面完成，后续工程高质量发展加快推动，为推进南水北调工程高质量发展奠定了坚实基础。

会议强调，要对标对表党中央、国务院决策部署，对标对表习近平总书记在推进南水北调后续工程高质量发展座谈会上的重要讲话精神，聚焦高质量发展主题，加强科学系统谋划，着力提升发展质量和效益，推动南水北调工程高质量发展。

会议要求，要全面学习贯彻党的二十大精神，深入贯彻落实习近平总书记治水重要论述和关于南水北调工程重要讲话指示批示精神；统筹发展和安全，确保南水北调"三个安全"；按照建设"四条生命线"要求，稳步提升工程综合效益；加快引江补汉工程建设，努力把工程建设成安全、绿色、优质工程；持续建设数字孪生南水北调工程，不断提升工程建设和运行管理数字化、信息化水平；全力做好一期工程竣工验收有关工作；加快推动后续工程前期工作；继续做好依法管理、南水北调工程专家委员会等各项工作。

会上，水利部规划计划司介绍了南水北调后续工程前期工作有关进展情况，长江水利委员会、淮河水利委员会、海河水利委员会、天津市水务局、山东省水利厅、河南省水利厅及南水北调集团等单位作交流发言。部机关有关司局、部直属有关单位、有关流域管理机构、工程沿线省（直辖市）水利（水务）厅（局）以及南水北调集团、有关工程运行管理单位负责同志参会。

（中国水利网　2023 年 4 月 10 日）

王道席检查南水北调中线工程备汛工作

4月7—8日，水利部副部长王道席带队，检查南水北调中线工程备汛工作。检查组实地查看了南水北调中线干线河南段工程汛前准备情况，重点检查了鲁山管理处澎河渡槽、长葛管理处沉降渠段、焦作管理处高填方沉降段和高地下水段工程情况，以及南水北调中线干线工程防洪加固项目建设情况等，详细了解防汛责任制落实、隐患排查、预案修订等情况，并与中国南水北调集团有限公司总经理汪安南、河南省水利厅及有关地方负责人现场交换了意见。

检查组指出，中线干线工程位于伏牛山和太行山前，沿线多地为暴雨集中地带，易受暴雨洪水袭击，左岸水库风险、交叉河道风险、左排建筑物排水通道风险、退水通道风险、区域性地表沉降等风险叠加，凸显了南水北调中线工程防汛工作任务复杂艰巨。检查组要求各级各有关部门深入学习贯彻党的二十大精神和习近平总书记关于防汛抗旱工作的重要指示精神，坚持人民至上、生命至上，全力做好南水北调工程防汛度汛工作，确保工程安全、供水安全。

检查组强调，南水北调集团要切实担起防汛主体责任，落实好水利部水旱灾害防御会议部署要求，落实责任，强化沟通，查漏补缺。要充分运用好南水北调工程河湖长制有力抓手，主动加强与属地政府、有关部门防汛协同，巩固完善信息共享、防汛抢险等联络机制，加强培训演练，形成防汛合力。要把南水北调"三个安全"牢牢掌握在自己手里，坚持安全第一、预防为主，坚持底线思维、极限思维，从最不利工况角度出发强化"四预"（预报、预警、预演、预案）措施。抓住主汛期到来前的有限时间，抓紧开展风险隐患排查整改，全面落实应急预案、队伍、物资等准备。要加快南水北调中线干线工程防洪加固项目和汛前维护项目建设，坚持质量第一，狠抓安全生产，确保汛前完成。要强化数字孪生南水北调工程试点应用，充分利用信息化技术提升预报预警和科学调度水平。

水利部南水北调工程管理司、水旱灾害防御司、河南省水利厅及有关地方负责人等参加检查。

（梁祎 《中国水利报》 2023 年 4 月 13 日）

大国重器　泽润千里

——河南以"红旗渠精神"推进南水北调后续工程高质量发展

在太行山东麓河南省林州市，丹江水经南水北调中线工程源源不断流入林州市第三水厂。

"南水北调中线配套工程安阳市西部调水工程通水后,我们林州人民也可以吃到优质的丹江水了!水厂日供水能力 12 万吨,可以保障 60 万人的日常生活用水。"林州市第三水厂厂长苏宏伟说。

南水北调中线工程通水 8 年多来,河南省持续弘扬"红旗渠精神",稳步推进南水北调后续工程高质量发展,不断扩大南水北调供水范围,发挥了显著的经济效益、社会效益、生态效益。

工程效益发挥显著

作为南水北调中线工程的核心水源地和渠首所在地,河南既是"大水缸",也是"水龙头"。

南水北调中线工程通水 8 年多来,累计供水超 530 亿立方米,向河南省供水 188 亿立方米,供水水质始终保持在地表水Ⅱ类及以上标准,河南 11 个省辖市市区、49 个县(市)城区和 101 个乡镇共计 2800 万名群众受益。

在丹江口水库来水丰沛时,南水北调中线工程加大流量输水,向沿线河流、湖泊、湿地补水,发挥了华北地区地下水超采综合治理主力军作用。8 年来,中线工程累计向北方 50 多条河流进行生态补水,河湖生态持续改善,华北地区浅层地下水水位止跌回升。

8 年来,河南省还通过实行区域用水总量控制、加强用水定额管理等措施,带动发展高效节水行业,淘汰限制高耗水、高污染产业,加快了产业结构调整步伐。

保障工程"三个安全"

河南省水利厅扛牢政治责任,保障南水北调工程安全、供水安全、水质安全。河南不断健全南水北调运行管理制度,先后出台 59 项运管制度、3 个规程标准和 2 个预算定额,推行标准化规范化管理,并通过购买专业化、社会化服务,加强工程维修养护,强化工程运行监管。对影响总干渠安全的 249 座水库和 272 处风险点,按照"一库一案""一点一案"全面排查整治,保证水毁项目修复进度,消除风险隐患。

围绕保障供水安全，河南科学制订供水计划，完善水量调度机制，实施精准调度，确保满足调度年度内规划新增的城乡供水需求。此外，河南建立全省统筹的跨区域供水指标调整、水权交易、水量调度机制。截至目前，河南省南水北调水权交易已达成 8 宗，涉及年交易水量 4.12 亿立方米。

2022 年 3 月 1 日，《河南省南水北调饮用水水源保护条例》正式施行，省水利厅会同省直有关部门和地方政府，谋划实施一批水污染防治和生态保护修复项目，加强水质保护。此外，南水北调中线工程河南段设立省、市、县、乡、村五级河湖长 987 名，共同确保工程水质安全。

"我们正有序推进观音寺、沙陀湖、鱼泉等 9 座调蓄工程建设，加快实施开封、巩义等 32 个市（县）新增供水工程建设，推进南水北调后续工程高质量发展取得新成效。"河南省水利厅南水北调工程管理处处长石世魁说。

打造移民幸福家园

"以前我家是瓦房，出远门得先坐渡船，交通很不方便。现在在新村，环境好，交通方便，就像生活在公园里！"48 岁的宝丰县马川新村村民刘玉芬描述起现在的生活，脸上洋溢起幸福的笑容。

2009 年 8 月 25 日，原马川村村民从淅川县盛湾镇整体搬迁到宝丰县马川新村。10 余年来，宝丰县积极探索丹江口库区移民迁安工作思路，以珍稀食用菌产业为龙头，发展移民特色产业，拓宽移民增收渠道，马川新村成了乡村振兴的"龙头村"。

自库区移民搬迁至全省 208 个移民新村以来，河南各级各有关部门累计下达后期扶持结余资金和南水北调移民生产发展奖补资金 10 多亿元，加上政府产业基金、支农惠农资金、移民自筹资金及招商引资，共同助力移民村发展。2022 年，河南农村移民人均可支配收入达 1.79 万元，同比增长7.5％。

"我们坚持因地制宜、分类指导，对新建水库移民村，高起点规划、高标准配套基础设施和公共服务，做到了硬化、亮化、绿化、美化、净化，打造宜居宜业和美移民家园。"河南省水利厅党组成员、副厅长杜晓琳说。

大国重器，蜿蜒雄踞。南水北调中线工程建设过程中，河南省 16.6 万名库区群众舍小家为大家，移民搬迁"四年任务两年完成"。技术人员夜以继日历尽艰辛，攻克多项技术难题，建成干渠731公里、配套管线1048公里，用实际行动诠释了"红旗渠精神"的新时代内涵。

（李乐乐　彭可　齐继贺　《中国水利报》　2023年5月6日）

南水北调中线一期工程天津干线天津市2段工程获中国水利工程优质（大禹）奖

南水北调中线一期工程天津干线天津市2段外环河出口闸全貌

5月5日，中国水利工程协会发布《关于颁发2021—2022年度中国水利工程优质（大禹）奖的决定》，南水北调中线一期工程天津干线天津市2段工程喜获大禹奖。这是河北省水利工程局集团有限公司承建的项目第五次问鼎全国水利行业优质工程最高奖项。

南水北调中线一期工程天津干线天津市2段工程位于天津市西青区中北镇中北工业园区内，是南水北调中线天津干线工程的重要组成部分，担负向天津南部地区及滨海新区供水任务。

工程自2009年3月开工以来，建设单位科学组织施工，编制创优规划，完善质量管理规章制度，积极采用深层水泥搅拌桩帷幕施工、输水箱涵混凝土一体化施工工法、自行全液压式箱涵钢模台车、双掺混凝土质量控制技术等"四新"技术，为工程顺利实施提供了可靠的技术保障。2018 年 10 月，工程顺利通过竣工验收，质量优良。经过多年运行考验，工程结构安全可靠，运行正常平稳，安全监测系统运行良好。

（李娜 贺磊 吕培 中国水利网 2023 年 5 月 8 日）

水利部召开推进南水北调后续工程高质量
发展工作领导小组全体会议

5 月 12 日，水利部党组书记、部长李国英主持召开水利部推进南水北调后续工程高质量发展工作领导小组全体会议，深入贯彻落实习近平总书记 2021 年 5 月 14 日在推进南水北调后续工程高质量发展座谈会上的重要讲话精神，总结工作进展情况，研究部署下一步重点任务。

会议指出，水利系统认真贯彻落实习近平总书记重要讲话精神，构建完善南水北调工程安全风险防控体系，有效应对各类风险挑战，实现了工程安全、供水安全、水质安全。截至今年 4 月，东、中线一期工程累计调水超 620 亿立方米，受益人口 1.5 亿人，优化水资源配置、保障群众饮水安全、复苏河湖生态环境、畅通南北经济循环的生命线作用日益彰显。

会议强调，要牢牢把握高质量发展这个首要任务，以高度的政治责任感和历史使命感，扎实做好南水北调后续工程高质量发展工作，为经济社会发展提供有力的水安全保障。要按照"系统完备、安全可靠，集约高效、绿色智能，循环通畅、调控有序"的总体要求，加快构建国家水网主骨架和大动脉。要完善南水北调工程风险防范长效机制，持续提升东、中线一期工程效益。要加快数字孪生南水北调建设，提升南水北调工程调配运管的数字化、网络化、智能化能力和水平。要坚持把节水作为受水区的根本出路，长期深入做好节水工作，支持发展节水产业。要深化南水北调工程建设、运营、水价、投融资等体制机制改革，促进南水北调后续工程高质量发展。

（佟昕馨 刘璐 中国水利网 2023 年 5 月 12 日）

守好供水"生命线" 严把安全"源头关"

——南水北调中线水源公司维护"三个安全"的具体实践

2021年5月14日,习近平总书记主持召开推进南水北调后续工程高质量发展座谈会并发表重要讲话。两年来,南水北调中线水源有限责任公司(以下简称"中线水源公司")深入贯彻落实习近平总书记关于南水北调工程重要讲话指示批示精神,从守护生命线的政治高度,切实维护好中线水源工程安全、供水安全、水质安全,努力为全面建设社会主义现代化国家提供有力的水安全保障。走进中线水源公司的工作一线,处处都能感受到中线水源人"维护三个安全、守好一库碧水"的丹心赤忱。

场景一 丹江口大坝170米引张线坝体水平位移观测点

杜飞龙(中线水源公司工程部):"目前丹江口大坝有2000多个测点接入了自动化监测系统,可以随时查看渗压、渗流、应力应变等运行参数。过去需要10个人工作15天才能获取完整的大坝水平位移前方交会信息监测数据,现在一个人当天就能完成。"

牢记嘱托见实效

工程安全是水源工程运行管理的工作核心,也是必守的底线。推进南水北调后续工程高质量发展座谈会召开两年来,中线水源公司以现场督查为主线,以过程管理为重心,健全完善了工程日常运维、技术管理、安全管理及应急处置等制度体系。

在有序开展人工巡查监测的基础上,中线水源公司依托安全监测自动化系统,实时关注2392个测点数据,实现对大坝坝体及库区的可视化监控,及时发现并处置安全隐患。

2023年以来,中线水源公司有序组织大坝加高工程汛前检查,发现各类问题隐患26项并逐项完成整改,顺利完成大坝混凝土表面防护工程、金属结构全面监测与评估工作,同时全面启动了标准化建设工作,构建起"1+2+1"框架体系(管理手册+管理标准、技术标准+工作标准)。

落实安全生产责任制，建立双重防控机制，科学编制实施方案预案……中线水源公司扎实推进工程运行管理的规范化、标准化、精细化、信息化建设，切实维护工程安全。截至目前，中线水源工程连续安全生产超 4300 天。

场景二　数字孪生丹江口工程平台

杨星玥（中线水源公司技术部）："像人到了现场一样，更能看到现场看不到的动态数据，各个坝段的强度、稳定性、新老坝体结合面状态一目了然。水质安全板块对主要入库支流水质、流量自动监测进行补充，进一步提高了水质安全信息的感知能力。"

牢 记 嘱 托 见 实 效

加快建设数字孪生流域和数字孪生工程，是推进智慧水利建设、推动新阶段水利高质量发展的重要部署。

数字孪生丹江口工程建设启动以来，中线水源公司从维护中线水源工程"三个安全"的政治高度和运行管理实际需求出发，按照水利部、长江水利委员会统一部署，组织 15 家技术单位，汇聚 20 余个专业领域的百余名技术骨干，从防洪保安全、优质水资源、健康水生态、宜居水环境四个方面，打造大坝安全、供水安全、水质安全、库区安全四大场景，形成了数字孪生丹江口工程 1.0 版本，获得水利部数字孪生流域建设先行先试中期评估"优秀"等次，"丹江口水质安全模型平台与'四预'业务"被评为优秀案例。

推进南水北调后续工程高质量发展座谈会召开两年来，数字孪生丹江口工程建设工作行稳致远，为切实维护"三个安全"提供了有力的智慧支撑。当前，中线水源公司正加快建设数字孪生丹江口工程 2.0 版本，持续补充数据底板，研发专业模型，完善"四预"（预报、预警、预演、预案）功能，加快构建智能化管理信息系统，力争打造水利行业数字孪生样板工程。

场景三　丹江口市羊山村与淅川县雷庄村的省际边界水域

张成玉（中线水源公司库管部）："网箱养鱼严重危害库区生态环境，个别网箱跨省流动是令湖北、河南两省都'头疼'的难题。在政企协同管理机制下，两省执法部门开展跨省界跨区域联合巡查执法，通过现场取证、明确责任、就地办公，成功解决了多项省际涉库违规行为，有力保障了一库清水永续北送。"

牢记嘱托见实效

丹江口库区沿线涉及河南、湖北两省的 6 个县（市、区），库区管理与保护任务繁重、责任重大。中线水源公司创新提出"政企协同管理"方案，与丹江口库区县（市、区）订立协同管理试点协议，将企业技术优势和政府属地管理优势互补，做大库区保护"朋友圈"，凝聚起维护供水安全的强大合力。

一直以来，中线水源公司全面履行丹江口水库管理的职责，结合长江保护法、水利部相关文件及库区管理新形势，持续强化和规范水库管理与保护工作，修订印发巡库管理办法，编制消落区管理与保护指导意见和库区管理专项规划，力求库区管理务实有效，有力保障了丹江口水库正常运行和库岸稳定。

2023 年以来，中线水源公司持续加强丹江口水库水域岸线巡查，积极推进水库管理与保护范围界桩、标示牌维护测设工作，扎实做好水库诱发地震、地灾监测及预警工作，同时不断巩固"守好一库碧水"专项整治行动成果，大力推动库区管理从"有名有实"转向"有力有效"。

场景四　南水北调中线水源区及干线水质保护

倪雪峰（中线水源公司供水部）："每天收到南水北调集团中线公司发来的陶岔和干渠 13 个自动站的 12 项水质监测信息，我们也向对方提供陶岔常规 9 项和库区 7 个自动站 10 余项水质信息，每月两公司还会共享库区 32 个监测断面和干渠 30 个监测断面的水质信息。"

牢记嘱托见实效

中线水源公司近年来持续深化水质安全管理工作。为切实凝聚中线水源区和干线水质安全保障合力，在水利部、长江委的坚强领导和有力支持下，中线水源公司与南水北调集团中线公司探索建立南水北调中线水源区及干线水质保护信息共享及会商机制。

通过水质监测数据共享、年度会商、月度会商、专题会商、水质安全保障会商工作专报、突发事件信息通报等方式，南水北调中线水源区及干线水质保护实现了从"各自为战"到"协同作战"跨越，监测信息互通有无，突发事件迅速响应，联防联控不断加强，为南水北调中线工程筑牢了水质安全屏障。

当前，中线水源公司正与生态环境部长江局梳理丹江口水库水质监测信息共享需求，研究制定建立先行先试示范区的前期工作方案，全力打造"全流域、全要素、全天候"的水质监测体系，切实维护南水北调中线工程水质安全。

场景五　丹江口库区水质监测陶岔

断 面 采 样

秦赫（中线水源公司供水部）："天不亮就要出发，两个人的小组要3天时间才能跑完丹江口库区32个水质监测断面。陶岔渠首是南水北调中线工程的'水龙头'，在自动监测的基础上，每天都要进行两次人工采样监测。"

牢 记 嘱 托 见 实 效

千里调水，水质是关键，源头清水更是重中之重。南水北调中线工程通水以来，调水水质始终稳定在地表水Ⅱ类及以上。

良好的水质离不开中线水源公司倾力建成的水质监测保障体系，以及所有"源头护水人"的付出。

截至目前，中线水源公司已建立起一个以陶岔渠首断面每日常规水质9参数人工监测、7个自动监测站每4小时常规水质10～15个参数趋势监测、库中16个断面每月水质31参数人工监测、16个入库河流断面每月水质24参数人工监测、每年109项全指标人工监测为主干，信息系统为支撑的水质监测站网体系。

围绕"全流域、全要素、全天候"的水质监测目标，中线水源公司将持续推进完善水质监测站网体系，努力实现丹江口库区主要入库河流水质自动监测站点全覆盖，切实维护南水北调中线水源地水质安全。

场景六 中线水源公司丹江口库区鱼类增殖放流站

王宇圻（中线水源公司库管部）："催产工作刚刚结束，目前这批鱼卵已经顺利孵化。公司按照每年 325 万尾的设计放流规模实施放流，其中包括约 70 万尾滤食性鱼类，这些滤食性鱼以浮游生物为食，可以有效净化库区水质，守护丹江口一库碧水。"

牢记嘱托见实效

坐落于松涛山庄山脊一侧的中线水源公司丹江口库区鱼类增殖放流站，采用占地少、用水量小、污水零排放的高密度循环水养殖工艺育苗，该站是中国目前人工放流规模较大、增殖放流种类较多的淡水鱼类增殖放流站。

2023 年是中线水源公司向丹江口库区连续投放鱼苗的第 6 个年头。通过开展增殖放流，充分发挥花白鲢等滤食性鱼类的净水作用，改善库区水生态环境，实现"以鱼养水，以鱼净水"。

中线水源公司近年来逐步扩大鱼类增殖放流规模，2021 年首次达到增殖放流 325 万尾的设计规模，之后每年将放流规格为 4～15 厘米的青、草、鲢、鳙、鳊、鲂、中华倒刺鲃等 13 类鱼苗 325 万尾，已累计放流超过 900 余万尾，有效促进丹江口库区鱼类资源恢复，发挥保持生态平衡、涵养水源、净化水质、美化环境的生态功能，切实维护南水北调中线水源地水质安全。

（《中国水利报》 2023 年 5 月 13 日）

碧 水 北 送 泽 万 方

——写在习近平总书记"5·14"重要讲话两周年之际

初夏的清晨，碧波映衬下，南水北调中线陶岔渠首枢纽工程尽显巍峨。清澈的丹江水奔流北上，走中原、穿黄河、入华北，润泽万方。

时针回拨到两年前。2021 年 5 月 14 日，习近平总书记在河南南阳主持召开推进南水北调后续工程高质量发展座谈会，强调要深入分析南水北调工程面临的新形势新任务，科学推进工程规划建设，提高水资源集约节约利用水平。

殷殷嘱托，声声入耳；切切期盼，重如千钧。

两年来，水利部认真贯彻落实习近平总书记重要讲话精神，在新冠疫情、重大汛情等多重考验下，迎难而上、担当作为，扎实推进南水北调后续工程高质量发展各项工作，工程综合效益不断提升。

坚守"三个安全"
工程运管水平全面提升

阳光照耀下，丹江口水库水面碧波万顷、壮丽如画。南水北调中线公司渠首分公司工作人员李楠和同事们正在船甲板上熟练地采集水样。船身上，"像爱护眼睛一样爱护丹江水，像保护生命一样保护水源地"的标语格外醒目。

南水北调，成败在水质。水质好坏，关键看源头。

2021年5月13日下午，习近平总书记专程乘船考察丹江口水库，听取有关情况汇报，并察看现场取水水样。在座谈会上，他强调，要加大生态保护力度，加强南水北调工程沿线水资源保护，持续抓好输水沿线区和受水区的污染防治和生态环境保护工作。

按照习近平总书记的重要指示精神，水利部持续加强水质监管，组织制定实施"十四五"时期南水北调工程调水沿线水质安全保障重点工作实施方案，推进水质监测基础能力建设，构建水质监督管理体系，水质监测系统信息化、自动化水平明显提高。

"目前，南水北调东中线一期工程水质安全保障机制体制已基本建立，初步建成水质监测监控体系、水质应急管理体系。"水利部南水北调工程管理司运行管理处处长李益说，"全面通水以来，中线工程水质一直优于Ⅱ类，东线工程持续稳定保持Ⅲ类水标准。"

南水北调工程事关战略全局、事关长远发展、事关人民福祉。除水质安全外，水利部坚持从守护生命线的政治高度做好工程管理，持续确保南水北调工程安全、供水安全。

在确保工程安全方面，水利部组织完成"12＋1"项安全风险评估项目，与国家能源局联合出台《南水北调中线干线与石油天然气长输管道交汇工程保护管理办法》，推动构建中线工程风险综合防御体系。与此同时，完善并推广"视频飞检"等信息化监管手段，加大汛前、汛中、汛后全过程防汛安全监管力度。

"针对 2021 年河南、山东等地特大暴雨带来的严峻汛情和 2022 年长江流域发生的特大旱情，各方形成合力，有效应对，工程安全运行能力和管理水平得到全面检验。"李益说。

与此同时，水利部积极开展数字孪生南水北调工程建设，组织编制并实施数字孪生南水北调总体建设方案和 5 个先行先试方案，启动编制 4 项技术标准，落实先行先试项目建设资金 9000 多万元，先行先试项目建设年度目标顺利完成。

在全力保障供水安全方面，水利部全面提升中线京津冀段输水蓄水工程安全风险管控能力，首都供水安全保障水平进一步提升。科学组织制定年度水量调度计划，精心组织实施水量调度，研究制定并实施东线和中线工程优化运用方案，有力保障了供水安全。

实施精准调度
工程综合效益不断凸显

"这丹江水直接饮用都可甜了。"在河南省安阳市滑县上官镇郭固村，喝上甘甜水的喜悦，挂满了村民孟凡红的脸庞。

2023 年 4 月 20 日，滑县农村供水南水北调水源置换工程正式通水。至此，全县近 150 万居民全部喝上了优质的丹江水。

"中线一期工程全面通水以来，河南省供水范围达到新高，供水规模实现新突破，已建成通水的范围覆盖全省 11 个省辖市市区、49 个县（市）城区和 122 个乡镇，受益人口达 2900 万。"河南省水利厅南水北调工程管理处处长石世魁说。

南水北调中线一期工程全面通水以来，水利部推进工程调度管理的精准化、科学化，工程效益不断提升。截至 2023 年 5 月 12 日，南水北调东中线一期工程累计调水 624.86 亿立方米，受益人口超 1.5 亿人。作为"国之重器"，南水北调工程已成为横亘中华大地上的"发展线""生态线"。

经济效益持续释放——

按照 2021 年万元 GDP（国内生产总值）用水量为 51.8 立方米来计算，工程累计调水量有力支撑了受水区 12.06 万亿元 GDP 的增量，为沿线工业、农业、服务业等产业发展提供了有力的水资源支撑。

社会效益不断显现——

南水北调工程直接受益人口突破 1.5 亿人，覆盖沿线 7 省（直辖市）42 座大中城市和 280 多个县（市、区）。工程水质优良，受水区群众的饮水安全得到保障。以河北黑龙港流域为例，500 多万人告别了世代饮用高氟水、苦咸水的历史。

生态效益充分发挥——

南水北调工程累计实施生态补水超过 92.88 亿立方米，包括白洋淀在内的河湖水量明显增加、水质明显提升，有效遏制了华北地区地下水水位下降、地面沉降等生态环境恶化趋势，永定河、滹沱河、白洋淀、子牙河等一大批河湖重现生机，助力大运河全线水流贯通，河湖生态环境持续复苏。

安全效益不断凸显——

如今，南水北调工程已成为北京、天津、石家庄等北方多座大中城市的供水"生命线"。东线一期北延应急供水工程顺利通水并实现常态化供水。工程已累计为雄安新区供水超过 1 亿立方米。同时，工程为保障京津冀协同发展、黄河流域生态保护和高质量发展等重大国家战略实施以及北京冬奥会、冬残奥会等重大国家活动提供了坚实的水资源保障。

牢记"国之大者"
后续工程高质量发展科学推进

2023 年 5 月 5 日，一场"志建南水北调，争创一流工程"的劳动竞赛动员大会，在引江补汉工程项目施工现场召开。建设者通过营造浓厚的"比、学、赶、超"竞赛氛围，高质量加快推进项目建设。

作为南水北调后续工程首个开工项目，引江补汉工程对全面推进后续工程高质量发展、加快构建国家水网具有标志性意义。

"今年 2 月 18 日，引江补汉工程项目出口段工程正式进入主体隧洞施工阶段。截至目前，工程累计完成投资 22 亿元，开挖土石方 86 万立方米。下半年，引江补汉工程将迎来全面施工阶段。"水利部南水北调司工程建设处处长罗刚说。

从南水北调工程河湖长制体系全面建立，到加强中线效益提升研究和东线水量消纳研究，再到开展南水北调工程建设运营体制等重大专题研究工作……两年来，水利部认真贯彻落实习近平总书记重要讲话精神，以高度的政治自觉、强烈的使命担当，大力推进南水北调后续工程高质量发展各项工作。

"今年国家还将启动南水北调东、中线一期工程竣工验收。我们将会同各有关部委、省市，加强协同协调，坚持客观公正、尊重科学、尊重事实，推动竣工验收任务按计划推进，让验收经得起历史和人民的检验。"水利部南水北调司工程验收处处长殷立涛说。

2023 年 5 月 12 日，水利部党组书记、部长李国英主持召开水利部推进南水北调后续工程高质量发展工作领导小组全体会议，明确提出要扎实做好南水北调后续工程高质量发展工作，完善南水北调工程风险防范长效机制，加快数字孪生南水北调建设，长期深入做好受水区节水工作，深化南水北调工程建设、运营、水价、投融资等体制机制改革。这为下一步加快推进南水北调后续工程高质量发展、进一步提高工程建设和运行管理水平，再一次提出了明确要求。

一渠碧水向北送，"国之重器"润万方。在习近平总书记重要讲话精神的指引下，南水北调后续工程高质量发展正在加快推进，国家水网主骨架和大动脉加快构建，将为全面建设社会主义现代化国家提供有力的水安全保障。

（杨晶 《中国水利报》 2023 年 5 月 16 日）

扛起源头使命　守护清水北送

——江苏全力推进南水北调工程高质量发展

2020 年 11 月 13 日，习近平总书记在江苏省扬州市视察江都水利枢纽，充分肯定了南水北调东线工程的建设和运行成就，要求确保南水北调东线工程成为优化水资源配置、保障群众饮水安全、复苏河湖生态环境、畅通南北经济循环的生命线。

2021年5月14日，习近平总书记主持召开南水北调后续工程高质量发展座谈会，强调深入分析南水北调工程面临的新形势新任务，科学推进工程规划建设，提高水资源集约节约利用水平。

牢记嘱托，勇毅前行。江苏对标对表、深入践行习近平总书记的重要指示精神，全力维护南水北调工程安全、供水安全、水质安全，切实扛起南水北调事业发展的江苏使命、源头担当，全力守护一江清水源源北上。

量质并重，确保一江清水北上

济南再现百泉争涌景观，聊城重整江北水城风姿，青岛上合组织峰会水幕炫彩……这些城市的"水风采"都离不开江苏的贡献。

10年间，江苏已累计调水出省超64亿立方米，相当于将8个骆马湖搬运到北方地区，千万群众受益。同时，江苏还为安徽洪泽湖周边受水区提供稳定水源，为东线一期工程向河北、天津应急供水提供支持。

千里调水，成败在水质；水质好坏，关键看源头。

江苏早在东线一期工程建设中，就同步实施治污工程，通过政府主导、部门协作、社会参与，实施城镇污水处理、雨污管网建设等305项治污项目，调水沿线主要污染物排放总量削减达80%以上。

自2013年以来，江苏再举十年之力，实行更严格的污染排放标准，坚决打好净水保卫战。全面加强沿线地区水环境治理基础设施建设，推行工业园区和开发区循环用水，因地制宜推进城镇污水处理厂尾水生态净化；全面开展工业、生活、农业等污染源治理和沿线入河排污口排查整治，突出调水源头区环境保护和生态修复；推进水系连通、退圩还湖、生态清淤、滨河滨湖生态缓冲带建设，确定沿线主要河湖生态流量、水位，优化水工程运行，恢复河湖生态净化能力和水源涵养功能。

作为源头城市，扬州先后投入200多亿元，建立完善调水区水源地保护、输水干线沿线水污染防治、水质监测长效机制，积极推进沿江产业结构布局优化和产业转型升级，有力促进东线水源区的水质持续改善和区域生态环境的优化提升。

徐州、宿迁等地调水沿线地方政府狠抓导流工程运行。仅2022年，徐州市全年资源化利用及导流尾水量约 1.4 亿立方米，其中用于农田灌溉约 6500 万立方米，尾水利用率逐年提升；宿迁成为南水北调东线国家再生水利用配置试点城市，投资 1.4 亿元开展 5 个洪泽湖生态修复示范项目。

多年来，江苏南水北调调水期间干线水质稳定达到国家考核标准。

随着一泓清水北上，南水北调沿线区域水环境容量得以提升，沿线城乡水环境明显改善，大运河、金宝航道、徐洪河等一批重要河道航运保障水平有效提高，"生命线"价值充分体现。

精细管理，科学守护"国之重器"

站在江都第四抽水站泵房的大屏幕前，屏上实时显示水体水质动态变化数据。工作人员介绍，一旦水质有异常警报，他们就会派工作人员沿入江水道上溯到引水地三江营调水保护区彻查原因。

源头水质安全风险防范体系的不断健全只是江苏精细化管理调水"重器"的一部分，江都水利枢纽正在从运行管理、调度管理、安全管理、效能管理等方面全面提升精细化管理水平。

水利工程"三分建、七分管"。多年来，江苏在长期实践中不断摸索积累，形成了较为成熟的工程体系和高效运转的管理体系，大型泵站和水闸的管理制度日臻完善，管理技术不断成熟，管理队伍日益壮大，保障了工程安全、平稳、高效运行。

——把握"安"的底线，夯实本底安全基础。健全工程安全生产控制管理责任体系，构建横向到底、纵向到边的运行安全检查和风险隐患排查机制。通水运行以来，保持安全生产无事故记录。在抗御淮河、沂沭泗流域超规模洪水，应对超强台风带来的短时强气流强降雨时，江苏南水北调新建工程如山屹立、安然无虞。

——坚持"精"的标准，推动管理提档升级。5 年完成新建工程运行管理"规范化、制度化"建设，又用 3 年时间完成 14 座新建大型泵站的运行管理"标准化"创建。围绕工程设备"管、养、修、用"全过程，江苏开展科技创新攻关，形成多项国际一流科研成果，实现机组效率国内领先的同时，推动国内水泵和机电设备制造业提档升级。

——融合"智"的技术，探索智慧管理方向。建成"一江、三湖、九梯级"智能化调度运行系统，江苏南水北调集控中心上线运行，南水北调一期新建泵站全部具备"远程开机，少人值守"能力。开展数字孪生赋能南水北调工程先行先试探索，初步实现了工程全面感知和大数据分析，为南水北调工程这一"国之重器"，装上"智慧"新核。

节水优先，让每一滴水创造价值

习近平总书记强调，"要把实施南水北调工程同北方地区节约用水统筹起来，坚持调水、节水两手都要硬"。这既是总书记对南水北调工程的明确要求，也是江苏水资源开发利用的重要遵循。

江苏水资源相对丰沛，却面临时空分布不均的问题。江苏积极探索丰水地区的节水路径，以满足合理刚性用水需求、抑制不合理用水、提升水资源利用效率为重点，强化用水总量和强度双重控制，提升水资源高效利用水平。

在最严格水资源管理制度的探索上，江苏先行先试，选择不同水资源禀赋、不同经济发展水平的南京江北新区、徐州丰县、连云港东海县等8个地区，开展"四水四定"试点。围绕合理分水，江苏全面推进跨省、跨市、跨县的河湖分水工作，健全水资源管控指标体系。

看住上线——建立省市县3级行政区域用水总量控制指标，在全国率先开展可用水量确定工作。

守住底线——健全重点河湖生态流量保障体系，在全国率先探索以水利片区为单元确定生态水位。

严守红线——将万元地区生产总值水耗、水源地达标建设等纳入省委高质量发展综合考核内容，形成覆盖各个领域、涵盖主要产品的用水定额体系。

在合理分水的同时，江苏在全省范围内启动节水型工业园区建设，建成了一批高耗水行业节水型企业，7个典型地区和工业园区节水试点有序展开，长三角一体化示范区全域和南水北调沿线开展国家级县域节水型社会建设；出台水权交易改革意见，南京、徐州等地完成了9个项目57单水权交易；在全国率先开展节水型高速公路服务区建设，全省逐步建立"水利牵头、部门共管"的节水推进机制。

（程瀛　陈锐　《中国水利报》　2023年5月17日）

一泓清水润泽燕赵

河北供水唐县管理所

初夏时节，万物并秀。在河北供水保定管理处唐县管理所院内，鲜花盛开，草木葱郁，处处洋溢着勃勃生机。临近中午，巡线人员身着汗水浸湿的工装陆续返回，来不及和同事打招呼，就开始认真记录当天的巡查情况。

"点多、面广、责任重大是我们管理所工作的特点。"唐县管理所所长韩敬月说道。

唐县管理所承担着向保定第一地表水厂、唐县、望都、顺平、曲阳县等5个供水目标的供水任务，下辖8座管理站，负责7条输水管线共计42公里的运行管护工作。

为确保安全供水，唐县管理所严格落实"三级巡查"机制，组建了一支年均35岁、19人的巡护队，每天徒步巡查输水管道，对沿线地形、圈占压企业、穿跨邻接设施等进行全覆盖调研摸排，建立风险管控台账，并动态跟踪管控，形成"一线有一岗、一站有一责、一设备有一账"的管理模式，做到了安全生产零事故。

这只是河北省南水北调配套工程运行管理的一个缩影。

矗立在南水北调中线河北段配套工程的地标建筑——蠡县调压塔，是保沧干渠重要的调流工程，对长距离有压输水管道防止水锤危害起着非常重要的安全保护作用。

蠡县调压塔

傍晚时分，正是结束一天工作的时刻，调压塔中控室内，站长王显峰通过 PLC 自控机柜，熟练地调整四台调流阀开度，保证调压塔水位。调压塔是保沧干渠的枢纽，肩负保沧干渠 25 个供水目标、长年 24 小时无间断的供水调度工作。王显峰在谈到自己工作时，这样说道："供水安全涉及民生，容不得一丝懈怠！"

2021 年以来，河北省积极贯彻落实习近平总书记"5·14"重要讲话精神，切实加强南水北调工程调度管理运行，依托南水北调中线工程，投资近 600 亿元，建设输水管线 2056 公里，新建、改建城镇供水管网约 7500 公里，地表水厂 128 座，建成了"一纵四横"的城乡供水网络体系，受水区覆盖了河北冀中南 7 个设区市及雄安新区、定州和辛集市 2 个省直管县（市）等共 92 个县（市）。

截至 2023 年 5 月 12 日，河北省完成南水北调中线工程供水超 79 亿立方米，其中城镇生活和工业 55.54 亿立方米、生态补水 24.27 亿立方米，为建设经济强省美丽河北提供了有力的水资源支撑。

（吕培　中国水利网　2023 年 5 月 17 日）

江水北上润齐鲁

2021 年 5 月 14 日，习近平总书记在推进南水北调后续工程高质量发展座谈会上发表重要讲话，为我们系统总结南水北调工程建设管理经验，提升工程运行管理水平指明了前进方向，提供了根本遵循。

两年来，南水北调东线一期工程山东段以践行"三个安全"为宗旨，凝聚智慧和力量，切实提升工程规范管理水平、确保工程安全运行，在高质量、精细化运管大道上走出了山东特色的铿锵步伐。

智慧化调度运行

"收到指令！3、2、1，开机！"2022年11月13日上午10时，位于苏鲁省界的台儿庄泵站开启机组调水，滚滚长江水北上入鲁，南水北调东线一期工程启动第10个年度调水任务，计划向山东省12个市净供水9.25亿立方米，供水量再创新高。

通过不断升级改造调度运行系统，运用云计算、大数据、物联网等现代信息技术建立动态监测网络，南水北调山东段工程不断提高水量优化调度、远程集中控制、智能管理决策、应急响应处置等水平，逐步实现了调度运行系统的智慧化、数字化应用。

聚焦精确精准安全调水，南水北调东线一期工程山东段持续加强调度运行的智慧化信息化水平。加快推进信息化建设，两级调度中心全面启用，信息监测与管理系统、闸（泵）站监控系统和水量调度系统全面上线运行，实现从水源到用户的全过程精准调度；加强信息化顶层设计，优化硬件平台架构、搭建公司私有云，建成覆盖协同办公、人力资源、工程管理、财务管控、资产合同等业务的16个核心系统；逐步完成邓楼泵站、东湖水库等自动化升级改造，初步实现数据分析挖掘与智能化管理，启动数字孪生泵站、水库建设。

作为南水北调东线一期工程山东段首个完成自动化升级改造的智慧泵站，邓楼泵站通过信息一体化管理平台，实现了远程一键开停机、智慧控制与运维等。在总结借鉴邓楼泵站升级改造经验基础上，南水北调东线山东干线有限责任公司（以下简称"山东干线公司"）坚持"系统思维、高点定位"理念，启动了东湖水库、八里湾泵站等自动化系统升级改造工作，扩大自动化改造范围，加大自动化、智能化、数字化方向技改力度。启动工程全线安防系统改造工程，继续引进先进技术、设备，整合安全监测、视频监控、运行数据等内容，通过大数据管理、实时动态显示、故障及时预警，进一步提升南水北调智能管理水平。此外，持续推进信息化建设成果推广应用，组成以输水调度为核心的自动化调度体系、以办公信息化为核心的运行管理体系、以控制专网为核心的基础保障体系，推动工程运行管理向更高水平迈进。

全方位保障安全

主动出击，严阵以待。4月上旬山东干线公司即着手开展防汛抢险实战演练。在实操训练场上，抢险队伍装备精良、行动迅速，协同人员组织得力、安全高效，圆满完成各项任务，为提升工程应急抢险和安全保障能力打下坚实基础。

山东干线公司紧紧围绕工程安全运行工作目标，以安全生产标准化为抓手，狠抓责任落实，强化安全管理，不断完善风险防控与隐患排查治理双重预防体系，不断规范工程运行安全管理，安全生产防范治理能力显著增强。

山东干线公司不断完善安全生产管理体系和全员安全生产责任清单，加强安全风险分级管控和隐患排查治理双体系建设，扎实开展安全生产月活动和专项安全教育培训，深入开展安全大检查和工程设施隐患排查治理，全面修编防汛预案和度汛方案，高标准开展应急演练。工程成功应对多次特大暴雨、洪水、台风袭击和汛期、冰期输水检验，确保了安全平稳运行。此外，持续提升水质应急监测和在线监测能力，实施"放鱼养水"、绿化养护工程，探索跨单位、区域、流域的水环境保护协调机制，确保水质稳定达标。

综 合 效 益 凸 显

截至 2023 年 4 月底，南水北调东线一期工程累计向山东调水突破 60 亿立方米，惠及沿线 12 个市、61 个县（市、区），受益人口超 6700 万，为沿线地区高质量发展提供了可靠的水安全保障。

南水北调东线一期工程利用京杭运河及其平行河道逐级提水北送。其中，东线一期工程山东境内全长 1191 公里，与配套工程体系构建起"T"字形骨干水网格局。工程在助力古老运河重现生机的同时，实现长江水、黄河水、当地水的联合调度、优化配置，有效缓解鲁南、山东半岛和鲁北地区缺水困境，地下水水位持续下降的趋势得到控制。工程还多次配合地方防洪排涝，有效减轻了工程沿线地市的防洪压力。

此外，在保障沿线群众饮水安全、促进生态补水等方面，南水北调东线一期工程持续发力，有效提升区域水环境容量和承载能力，发挥了重要的水安全保障功能。

南水北调东线一期工程为受水城市带来了大量优质水源，壮大了一批以工程为纽带的新型城镇和工业园区，迸发出新的发展活力。1191 公里碧水清渠，以每年 13.53 亿立方米水的调度能力，承载着千万建设管理者的笃爱深情，为山东经济社会高质量发展提供可靠的水资源支撑。

（邓妍　黄国军　赵新　《中国水利报》　2023 年 5 月 19 日）

筑牢"国之重器"安全防线

——探访南水北调工程防汛备汛一线

1 秒钟，对于南水北调工程意味着什么？

在南水北调中线工程陶岔渠首，每秒钟有 350 吨丹江水奔涌北上；在南水北调东线工程源头江都水利枢纽，每秒钟提引长江水 500 吨。甘甜的"南水"惠泽沿线百姓超 1.5 亿人。

习近平总书记指出，要从守护生命线的政治高度，切实维护南水北调工程安全、供水安全、水质安全。据预测，今年汛期我国极端天气事件偏多，降雨呈"南北多、中间少"的空间分布，旱涝并重。面对严峻的防汛形势，记者近日驱车千余公里，探访南水北调工程防汛备汛一线情况。

未雨绸缪　抓早抓实防汛备汛

5 月 25 日，早上 7 点 30 分。段海涛简单吃了口饭，便带上自己的"老搭档"——钎子、盒尺等工具开始了一天的巡查。几个重点位置巡查下来，他的脸上已挂满了汗珠。

段海涛是中国南水北调集团中线河北分公司石家庄管理处的一名巡查员。他和同事负责管理处所辖的 49.62 公里工程巡查任务，风雨无阻。

"管理处组织全员开展拉网式排查，各地区内的管理处进行互查，保证排查无遗漏。对检查发现的问题，我们建立台账，制定整改计划，明确整改责任人，确保汛前全部整改完毕。"石家庄管理处副处长马志广说。

"汛期不结束，巡查不停步。"这是记者在河南、河北、天津等工程沿线采访时听到最多的一句话。

今年 2 月，水利部部长李国英在水旱灾害防御工作视频会议上，对南水北调防汛工作作出部署。3 月初，中国南水北调集团董事长蒋旭光在南水北调防汛工作会议上，分析今年防汛形势，对防汛工作做出总体安排部署，并印发 2023 年防汛工作要点。4 月初，水利部副部长王道席率队赴河南检查南水北调中线工程汛前准备工作，了解防汛责任制落实、隐患排查、预案修订等情况，并提出明确要求。

"我们印发了南水北调工程 2023 年安全生产工作要点，指导全年安全生产和防汛工作；印发主管部门和工程管理单位防汛责任人名单，进一步压实各方责任；组织各有关流域管理机构开展汛前检查，指导工程管理单位做好汛前各项准备工作。"水利部南水北调工程管理司运行管理处处长李益说，"此外，组织工程管理单位开展南水北调工程防汛抗旱查漏补缺自查，发现的问题隐患均已经立行立改或制定工作方案，在汛前整改完成。"

中国南水北调集团质量安全部主任李开杰介绍，冰期刚刚结束，集团党组就对今年防汛工作进行全面部署，集团党组成员分别带领 9 个检查组对南水北调中东线 120 多处基层工程运行管理站点、200 多处工程和风险隐患点开展督导式调研检查。

"早！实！"谈到今年南水北调工程防汛备汛工作，中国南水北调集团中线河北分公司副总经理郝明脱口而出，"我们修订完善预案方案 221 个，针对每一个交叉建筑物制定专项应急处置方案，增加了沿线蓄滞洪区信息、临时备防方案、预警行动等内容。"

从中线公司推行领导干部分片包干制度、建立完善三级防汛组织体系，到东线公司会同苏鲁两省有关单位成立安全生产协调领导小组；从严格落实预报、预警、预演、预案"四预"措施，到抓紧推进中线防洪加固项目建设……南水北调人正厉兵秣马，精心做好防汛备汛各项工作。

协同联动　凝聚强大合力

"抢险队员分为装袋组、运输组和码放组，加固采用编织土袋对防护埝临水侧培厚 1 米，加高至预测洪水位以上，并外裹土工膜防冲防渗。"艳阳下，参与演练的南水北调工程服务有限公司现场负责人说。

5 月 24 日上午，一场"动真格"的防汛应急抢险演练在河南省鹤壁市淇河倒虹吸工程紧张有序展开。60 名身穿橙色救生衣的抢险队员通力配合，接力填筑砂袋。

这场由水利部、河南省人民政府、中国南水北调集团有限公司联合组织的防汛应急抢险演练，吹响了南水北调工程全面防汛备汛的"集结号"。

5 月 25 日下午，一阵短时强降雨突袭河北唐县。记者在蒲阳河倒虹吸工程看到，两种不同大小的四面体整齐摆放在蒲阳河两岸。

"目前，南水北调工程防汛抢险物资设备等已基本配齐。此外，中线全线已配置 8 支应急抢险保障队伍、5 支突击队，东线组建 3 支应急抢险保障队伍，江汉水网公司组建 2 支应急抢险突击队，汛期分别在重点部位现场驻守。"李开杰介绍。

在南水北调防汛备汛工作中，加强跨部门跨地区协调联动是重点举措之一。

"河北省已将总干渠西黑山段工程纳入河湖长协作机制，成立了省、市、县、乡四级河长办；天津分公司与保定市防办建立了协调联动机制，被列为保定市防指成员单位。同时，管理处与地方建立了物资、队伍、雨水情等信息共享机制。"在南水北调中线工程天津干线渠首西黑山进口闸枢纽，西黑山管理处处长李永鑫说。

中国南水北调集团中线河北分公司总经理马兆龙介绍，河北分公司大力协调省河湖长制办公室，将河北境内工程纳入省河长办"一河一策"机制。分公司和管理处充分利用河湖长制平台，积极与地方政府及水利部门联合，建立基于"四预"的工程沿线省、市、县、乡、村五级预警信息互通联动机制，保证"四情"信息高效传达和互通共享。

智慧"加持"　筑牢防汛屏障

走进位于郑州市的南水北调中线河南分调度中心，一面巨幅屏幕显示出各类数据，展示了水雨情、闸门、渠道水情等信息，直观、准确地反映渠道水流及运行状况。

"调度人员24小时全天候在岗，实时关注雨水情，利用自动化系统远控闸门。"河南分调度中心值班长刘许伟说，"预计未来几天部分区域有暴雨，我们已经及时调整了流量，降低了渠道水位，以应对未来降雨影响，确保工程和供水安全。"

5月15日，河南省正式进入汛期，中国南水北调集团中线河南分公司各管理处已经从防汛"备战"状态转为"实战"状态。

"要持续建设数字孪生南水北调工程，不断提升工程建设和运行管理数字化、信息化水平。"4月7日，水利部召开的南水北调工程管理工作会议上，王道席副部长对数字孪生南水北调工程提出具体要求。

在南水北调中线进京的"南大门"——惠南庄泵站，中国南水北调集团中线有限公司正以保障工程"三个安全"为主线，聚焦实现"四预"功能，高位推进数字孪生中线（惠南庄泵站）先行先试项目建设。

"目前已初步完成相关专业的模型库、知识库的开发工作。我们将加快建设进度，争取早日建成发挥效益。"中国南水北调集团中线北京分公司惠南庄管理处处长梁万平说。

水利部南水北调工程管理司司长李勇介绍，水利部强力推进数字孪生南水北调工程先行先试任务实施，指导先行先试单位采取建立台账、清单管理、挂图作战、月例会调度、督促检查等措施，加快标准体系建设，强化"四预"赋能，强化协调督促，协调解决存在的问题。

"结合正在开展的主题教育，我们将继续深入学习贯彻党的二十大精神和习近平总书记关于防汛抗旱救灾重要指示批示精神，按照'学思想、强党性、重实践、建新功'的总要求，全力以赴共同做好今年防汛各项工作，坚决保障南水北调工程度汛安全，为中国式现代化建设提供水安全保障！"李勇表示。

（杨晶 《中国水利报》 2023年6月5日）

海委全力保障南水北调东线北延
工程水量调度工作

6月2日,随着南水北调东线一期工程北延应急供水工程(以下简称"东线北延工程")尾水进入冀鲁省界南运河第三店,东线北延工程2022—2023年度水量调度工作圆满结束,河北省累计收水2.4亿立方米,天津市累计收水0.4亿立方米。

近年来,海河水利委员会按照水利部部署,切实履行流域管理机构职责,扎实做好计划编制、联合调度、运行管护和监督管理等工作,全力保障东线北延工程水量调度工作顺利实施。积极推动建立东线北延工程调度体系,编制东线北延工程水量调度方案及年度水量调度计划、东线一期工程优化运用方案并报水利部印发实施,同时完成东线一期工程水量消纳研究黄河以北专题报告,初步建立起东线北延工程水量调度体系,切实为常态化供水奠定基础。科学组织开展南运河多水源联合调度,研究提出并组织开展南运河多水源联合调度,结合沿线灌溉等需求,协调各单位做好东线北延工程、潘庄引黄和岳城水库统一调度,逐水源算清水量账、路径账、过程账,有效提升了河北段收水率和天津市供水保证率,并为河北省区域内多水源优化配置调度创造了良好条件。扎实做好直管工程段巡查管护,在水利部支持下完成北延西线穿卫枢纽明渠水毁修复和穿漳卫新河倒虹吸闸门维修,全力确保直管工程具备输水条件。同时,积极开展直管河段清理整治及巡查管护,组织进行耿李杨和第三店站水量水质监测及其他站点监督性监测,联合生态环境部海河北海局共同保障供水水质安全。持续强化调水工作监督管理,按照水利部要求完成历次调水监督管理,领导多次赴现场指导沿线工程管理单位加强巡查管护、水文监测、信息共享和安全防护等工作,并对2022—2023年度冰期输水工作开展现场督导,有力保障了首次冰期输水顺利实施。

(中国水利网　2023年6月5日)

北京城区南水北调实现地下闭环输水

6月9日，北京市南水北调配套工程团城湖至第九水厂输水工程（二期）（以下简称"团九二期"）正式通水，标志着北京城区南水北调地下供水环路实现全线通水，城市供水安全保障能力大幅度提升。

自2014年年底南水北调中线工程北京段正式通水以来，除团城湖至第九水厂仍采用明渠输水外，北京城区其他南水北调工程均已实现地下输水。随着全长约4公里"团九二期"工程正式通水，全长约107公里的北京南水北调全封闭地下输水环路形成。地下输水环路不仅能满足"南水"、密云水库水、地下水三水联调的需要，还将提高应对供水突发事件的能力。据团城湖管理处团城湖管理所负责人介绍，当南水北调发生停水时，团城湖调节池可把南水北调水源切换为密云水库水源，通过"团九二期"隧洞提供应急供水，保障供水安全。

（刘汝佳　石珊珊　《中国水利报》　2023年6月14日）

为南水北调中线安上智能"水龙头"

作为全国首创的发电与引水闸自动化精准协调系统，长江科学院承担的陶岔渠首枢纽工程电站和引水闸自适应联动调度项目近日顺利通过项目验收。这表明长科院在水利工程智慧调度及自动化控制实施的新领域有了进一步开拓。

陶岔渠首枢纽工程是南水北调中线工程的渠首，成为向中国北方京津冀等地区送水的"水龙头"，兼顾发电需要。项目构建了电站和引水闸自适应联动调度自动化控制系统，实现了日常运行过程中电站和引水闸自流量自适应调节，提升了发电效益，实现了紧急情况下的即时响应，控制了总干渠内的水位波动。

突破相关技术难点

陶岔渠首枢纽工程过水建筑物包括电站机组和引水闸两类，均参与调水工程供水。电站运行首先要满足供水要求，按"以水定电"的原则运用，但陶岔电站过流量和引水闸过流量尚无精准的控制系统，其过流量与下游水位密切相关。由于两类建筑物联合过流时各自的下游水位相互联动，因此，电站和引水闸目前尚不具备输水流量的精准控制功能，更不具有自适应调节功能。

在引水要求和充分发电之间，存在协调困难的问题，主要体现在电站和引水闸的下游水位与输水流量关系复杂，制约因素多；中线干渠输水流量及水位稳定性要求高；自动化控制系统的精度要求极高等。

为解决相关技术难点，长科院水力学所遵循"需求牵引、应用至上"的原则，收集整理了陶岔渠首枢纽工程运行以来的电站机组和引水闸的运行数据，结合水力学传统优势和自动化控制专业特点，通过三维数值计算模型，分析比选了电站和引水闸的各种联动调度方案，提出了满足引水流量和充分发电要求的水、电自适应联动调度方案和应急调度预案，解决了调度生产过程中存在的引水需求和发电协调困难的问题。

圆满完成各项任务

项目自启动以来，长科院水力学所项目团队积极响应业主需求，攻克多项技术难题，克服了工期紧张、疫情影响、芯片供应紧张等多重困难，高质量完成各项工作。圆满完成了电站机组及引水闸流量曲线率定，提出了电站和引水闸自适应联动调度方案和应急调度过程控制预案，完成了电站和引水闸自适应联动调度自动化控制系统开发、建设和上线试运行等各项工作任务，为南水北调中线安全运行和智能化控制提供了有力保障。

实现精准调度目标

自 2022 年 10 月水电联调自动化控制系统建成以来，系统已完成了现场测试、调试以及 6 个月的试运行。试运行结果显示，在正常调度和应急调度工况下，系统响应同步、调整时间适当、水量调整较精确，各项指标满足要求，实现了自动化精准调度的目标。

在此过程中，项目提高了精准调度的工作水平，在确保下泄流量满足调度要求的前提下，充分发挥了发电效益；在紧急情况下快速完成总干渠的流量恢复，控制了总干渠水位波动。结合实际情况和业主需求，项目组不断升级和完善系统，目前系统在南水北调中线安全运行和智能化运行中持续发挥着关键作用。

下一步，长科院将做好水电联调自动化控制系统的运行维护和更新迭代工作，充分发挥系统"数字赋能、智能响应"作用，持续为南水北调工程运行安全保驾护航，为推动新阶段水利高质量发展做出更大贡献。

（胡晗 《中国水利报》 2023年6月15日）

河南部署2023年南水北调中线工程
受水区节水任务

河南省水利厅、省发展和改革委员会日前联合出台南水北调中线工程受水区全面节水2023年度任务清单，要求省域受水区今年用水量控制在171.8亿立方米以内，以水资源节约集约利用保障全省南水北调中线工程受水区高质量发展。

按照任务清单要求，河南省南水北调受水区2023年万元地区生产总值用水量控制在39.1立方米以内，万元工业增加值用水量控制在17.9立方米以内，非常规水源利用量增加到7.29亿立方米；全省农田灌溉水利用系数提高到0.625以上，县域节水型社会建成率超70%，节水型社会建设取得明显成效，全社会节水意识显著增强。

任务清单从全面落实刚性约束、全面健全节水制度、全面提升用水效率、全面加强节水管理等4个方面提出了17条主要节水措施，进一步强化用水总量和强度控制，全面落实"四水四定"，充分发挥南水北调中线工程供水效益、社会效益和生态效益，统筹做好节水和水量消纳工作。

（李乐乐 马晓媛 《中国水利报》 2023年6月16日）

清流至此润沧州

——南水北调东线北延工程保障大运河全线贯通

5月31日，南水北调东线一期工程北延应急供水工程2022—2023年度调水工作圆满结束。北延应急供水工程助力京杭大运河再次实现全线水流贯通，在保障河北省沧州市地下水超采综合治理、大运河文化带建设等重点工作有序推进以及经济社会高质量发展方面，发挥了重要作用。

"狮城"沧州，因沧州铁狮子得名，虽濒临渤海，却是严重缺水区、地下水超采区，水资源、水环境等方面矛盾突出。中国南水北调集团东线有限公司与沧州市水务局紧密合作，将跨流域引调水作为重要手段。经过多年建设和发展，南水北调东线水已成为沧州市农业和生态用水的重要水源，打破了沧州"水瓶颈"。

在东光县油坊口村，有一口600多年的古井，村里40岁以上的人大都喝过古井水。但在20世纪80年代，受地下水超采、大运河断流、干旱等因素影响，古井逐渐干涸。随着沧州市地下水超采综合治理和南水北调补水工作开展，古井复涌清水。"2019年古井开始重新有水，水位慢慢上升，水位最高时距离井口仅两米半。"村委会主任霍灿福说。

古井的复苏离不开地下水水位的恢复。自北延应急供水工程启动以来，大运河作为沧州市最重要的输水渠道，供水保障率进一步提高，引水量再次增加，引水时间和灌溉时节也更加匹配。通过置换地下水，沿线市县积极推进水系连通、清淤疏浚河渠、整治水利坑塘等工作，从大运河引水，扩大受益范围。

据悉，2019年以来，沧州大运河沿线8县（市、区）置换约22万亩耕地的地下水灌溉用水，关停或季节性关停机井1.53万眼，实现了"应关尽关"，减少深层地下水开采7529万立方米。这不仅改善了大运河水资源条件，也回补了河道周边亏空的地下水。截至2022年年底，8县（市、区）完成了3.8亿立方米的压采任务，占全市压采总任务的44.8%，实现了深层地下水水位同比回升。

"早晚都来公园遛遛，环境好空气好。"在泊头运河景观带水利风景区，家住运河生态公园附近的市民桑洪海说。

沧州市水务局近年来充分利用北延应急供水工程，抓住京杭大运河贯通补水等契机，畅通河道，增加水量，逐步使大运河沧州段成为"有水的河"，实现从断流到阶段性有水、有流动的水的转变，对大运河沿线生态环境修复起到促进作用，让大运河成为造福人民的幸福河。

2021年，沧州市积极筹措资金，率先实现市域内运河全线清淤，平均清淤深度约0.7米。沧州中心城区段运河50年来首次实现旅游通航，再现了"一船明月过沧州"的美景。沿线县（市、区）乘势而上，围绕大运河高标准、高质量建设文旅项目，打造了吴桥运河"五季"水利风景区、泊头运河景观带水利风景区等深受群众欢迎的网红打卡地，大运河已成为沧州最具魅力的生态名片、文化印记和产业高地。今年5月，以"千里通波、大美运河"为主题的河北省第六届园艺博览会在沧州开幕，这是河北省首届"大运河上的园博会"。

南水北调工程通水以来，在缓解地下水超采和修复区域水环境、保障当地群众饮水安全等方面作出了重要贡献，但华北地区水资源短缺的局面仍然没有彻底改变。

中共中央、国务院印发的《国家水网建设规划纲要》指出，要深入推进华北等重点区域地下水超采综合治理，在确定地下水取用水量和水位控制指标基础上，采取强化节水、禁采限采、水源置换等综合措施压减地下水超采量，严控地下水开发强度。进一步发挥南水北调东线工程效益，并规划实施东线二期工程，将有助于进一步优化华北地区多水源联合配置，通过供给城市和生态用水，补充农业用水，置换深层地下水开采，有力缓解华北地区水资源短缺和地下水超采问题。

（王振东　张常亮　滕传骧　《中国水利报》　2023年6月28日）

李国英调研南水北调中线工程水源地
水质安全保障工作

6月24日至28日，水利部党组书记、部长李国英赴陕西、湖北、河南等省调研南水北调中线工程水源地水质安全保障工作。他强调，要深入贯彻落实习近平总书记重要讲话指示批示精神，提高政治判断力、政治领悟力、政治执行力，心怀"国之大者"，以"时时放心不下"的责任感和紧迫感，坚决有力、坚定不移抓紧抓细抓实抓好南水北调中线工程水源地水质安全保障工作，确保"一泓清水永续北上"。

李国英沿汉江自汉江源头至丹江口水库，先后深入陕西省汉江源头、褒河石门水库、汉江黄金峡水利枢纽、三河口水利枢纽，汉江干流武侯水文站、石泉水库、石泉水文站、安康水库、安康水文站、白河水文站，白河县白石河里端沟治理区，湖北省汉江干流孤山电站、杨溪铺镇水土保持及库滨带治理区、丹江口库区柳陂库湾和浪河库湾，河南省丹江磨峪湾水文站、老灌河淅川水文站，详细了解汉江上游流域水质保护和监测体系建设情况，并在丹江口召开座谈会，听取有关地方、流域管理机构、南水北调工程建设管理单位的意见建议，共商南水北调中线工程水源地水质安全保障对策。

李国英指出，习近平总书记高度重视南水北调工程水质安全保障工作，并亲临南水北调东、中线工程水源地考察调研，多次作出重要讲话指示批示，强调要守好一库碧水，确保一泓清水永续北上。丹江口水库及其上游流域是南水北调中线工程的水源地，是保障北方 8500 万人口特别是首都地区供水安全的"生命线"，水质安全保障工作丝毫不能有失。必须切实担负起丹江口水库及其上游流域水质安全保障责任，增强风险意识、忧患意识，树牢底线思维、极限思维，坚持目标导向和问题导向相统一，对标"确保一泓清水永续北上"目标，全面检视和查找丹江口库区及入库河流全流域水质风险隐患，逐项建档立卡、逐项整改落实，严之又严、细之又细、实之又实，做到存量问题全面解决、潜在风险全面化解、增量问题全面遏制、体制机制全面健全。

李国英强调，要立足确保南水北调中线工程调水水量、水质、永续北上三个方面，建立健全综合工作体系。一要强化体制机制法治管理，建立健全汉江流域统一规划、统一治理、统一调度、统一管理体制机制，加快流域初始水权分配，落实流域、省、市、县、乡、村河湖长制及联动运行机制，健全危险化学品运输风险源管控机制，依法依规划定守好水源保护区，不断完善政策法规保障体系，充分发挥水行政执法与刑事司法衔接、水行政执法与检察公益诉讼协作机制作用。二要建构严密的监测体系，按照"应设尽设、应测尽测、应在线尽在线"原则，加快完善水文水质监测体系、丹江口库区库周遥感监测体系、流域水土流失监测体系、流域水利水电工程生态流量泄放监测体系。三要建构流域水资源调度系统，抓紧推进数字孪生汉江和数字孪生水利工程建设，实现对流域内干支流水库和跨流域引调水工程科学精准调度。四要建构突发水污染事件应对预案，针对汉江流域各类风险源，提前制定并滚动修订应对预案，坚决守住丹江口库区水质安全底线。五要立足长远加强水资源供需形势分析，超前研究跨流域连通方案及其调度机制，构建区域水网，确保极端干旱情况下水源地水量供给。六要精准确定流域结构及相应承担的任务责任，研究建立丹江口水库及其上游流域水质保护生态补偿机制。七要建构水质安全保障体系，研究建立工作协调机制、多元化投资保障机制，完善考核体系和激励机制。

李国英要求，要抓紧编制丹江口水库及其上游流域水质安全保障工作方案，明确治理对象，落实治理责任，制定治理措施，加大治理力度，坚决守好一库碧水，确保实现"一泓清水永续北上"。

（中国水利网　2023年6月29日）

工程巍然屹立　文化永续传承

——丹江口水利枢纽工程水文化建设纪实

汉江之上，丹江口水利枢纽工程巍然屹立。它是治理开发汉江的关键性控制工程，也是南水北调中线水源工程，从1958年开工建设至今，已走过了65年。伴随着工程建设发展应运而生的丹江口工程文化，是对治水文化的传承，也是水利文化跨越与创新发展的结晶。2023年年初，丹江口水利枢纽工程入选水利部公布的"人民治水·百年功绩"治水工程名单。

汉江水利水电（集团）有限责任公司（以下简称"汉江集团公司"）作为丹江口水利枢纽工程的建设管理单位，围绕"保护、传承、弘扬、利用汉江水文化"这一主线，深入推进水工程与水文化有机融合，积极开展汉江流域水文化建设试点工作。

以水为媒　奏响文化强音

"提升丹江口工程的文化内涵和文化品位，将水文化资源优势、工程优势、景区优势和生态优势转化为高质量发展优势。"汉江集团公司董事长、党委副书记何晓东多次强调，要让汉江水文化建设成为展示社会主义先进治水文化和中华优秀传统文化的"最美窗口"。

汉江集团公司坚持保护优先、强化传承的理念，不断强化汉江遗产调查研究和汉水文化内涵挖掘工作。深入研究总结丹江口工程蕴含的红色精神，收集整理历史资料，编制完成《丹江口红色治水精神》一书，对"丹江口人精神"形成的背景、内涵等进行深入阐释，传承了具有丹江口工程特色的红色文化记忆，弘扬新中国治水文化，增强水利价值认同。同时，联合长江委宣传出版中心，通过查阅电子资料、实地考察、翻阅各地档案资料、调研座谈等方式，全面、深入调查汉江流域水文化遗产，编撰《汉江流域水文化遗产》。

除此之外，汉江集团公司积极梳理汉水积淀的自然和历史文化资源，找准汉水文化主题，研究汉江流域古代、近代、现代水利工程，解读丹江口工程的国家战略地位，编制《汉水文化长廊》图集，从5个层面全面概述汉水文化风貌。

以水为脉　涵养水利工程

从空中俯瞰丹江口工程及其周边，一个个汉江水文化建设试点工程文化景观散落其间，成为汉江流域的一张张亮丽名片，散发着迷人的文化魅力。

作为国家级工程，丹江口工程浸润在底蕴丰厚的汉水文化中，形成了以"丹江口人精神"为内核的工程文化，以"舍小家为大家"为主要内容的移民文化，以治水兴企高质量发展为使命的汉江集团公司企业文化。汉江集团公司以大坝为中轴合理分布空间结构，以汉水文化为脉络串联社会主义先进治水文化、革命文化、中华优秀传统文化等。

汉江集团公司依托丹江口大坝管理区空间现状，在左、右坝区分别打造以展示汉江水文化和体验汉江水文化为主题的文化带，突出文化内涵，包括建设"水脉图""光辉岁月"宣传栏、"汉水文化走廊"等10个项目，让人民群众共享文化建设成果。目前，"治水蓝图""汉水文化长廊""水情教育和水法规教育走廊"等6个项目已相继完成,为汉江流域高质量发展注入文化动力。

2023年,丹江口工程被评为水利部第四届水工程与水文化有机融合典型案例之一。水文化与水工程正如"诗"与"远方",演奏着一曲融合发展的"交响曲"。

以水为基 打造文化品牌

在新的历史起点,汉江集团公司多层次、全方位、多渠道加强汉江文化传播交流,续写悠久灿烂的传统文化,弘扬、推动汉江水文化繁荣发展,擦亮独具特色的文化品牌。

汉江集团公司以水情教育基地、水利风景区为依托,深入挖掘工程红色文化基因。同时,在旅游设施规划中融入水文化元素,积极打造以"水利＋教育""水利＋红色""水利＋科普"为主要内容的文旅产品,动态调整丹江口工程展览馆展示内容,合力打造南水北调生态旅游区。近年来,大坝景区入选水利部红色基因水利风景区名录,以丹江口大坝为核心的"南水北调·活水之源"线路入选全国"建党百年红色旅游百条精品线路"。

结合"世界水日""中国水周"等重要节点,依托"关爱山川河流·守护国之重器"等重要活动,汉江集团公司进一步拓宽水文化教育渠道,大力开展水科普惠民活动,稳步推进水知识、水法规、水文化进单位、进社区。

《丹青绘就新画卷,一江两岸叹风流》《显山又露水》……一篇篇水文化宣传稿件、一幅幅工程建设图片让文化气息扑面而来。围绕丹江口工程水文化建设,汉江集团公司利用宣传平台积极展现汉江水文化的魂、韵、美,讲好汉江水故事,凝聚水文化力量。

(罗崇书 《中国水利报》 2023年7月13日)

河南焦作市:实施六大行动
奋力推进南水北调后续工程高质量发展

河南省焦作市是南水北调中线工程总干渠唯一从中心城区穿越的城市。

近年来，焦作市实施南水北调后续工程建设行动、现代水网体系建设行动、水生态环境保护行动、水资源节约集约利用行动、"五水综改"行动、南水北调精神阐释弘扬行动等六大专项行动，奋力推进南水北调后续工程高质量发展。截至 2023 年 6 月底，南水北调中线累计向焦作市供水 5.2 亿立方米，其中累计生态补水 0.7 亿立方米，覆盖焦作市 9 个县（市）区、32 个乡镇，直接受益人口 160 万，供水水质始终保持在地表水 Ⅱ 类及以上。

实施南水北调后续工程建设行动

按照前瞻 30 年的要求，焦作市谋划总投资 76.89 亿元的南水北调中线马村调蓄项目，纳入《河南省国民经济和社会发展第十四个五年规划和二〇三五年远景目标纲要》；谋划引沁灌区续建配套与现代化改造项目，纳入国家、省"十四五"水安全保障规划；谋划九渡水库项目，纳入省四水同治规划。目前，马村调蓄水库项目前期可研已编制完成，引沁灌区续建配套与现代化改造项目实施方案已编制完成并获得水利部批复，九渡水库项目前期可研编制工作已基本完成。

同时，焦作市加快南水北调中线干线防洪影响处理工程建设目，已开工建设河南省水利厅批复治理的河（沟）道 3 条，桥涵 12 座，完成投资 1200 万元；设立南水北调中线干线工程市、县、乡、村四级河湖长 113 名，各级河长在巡河中发现问题 47 个，已全部整改到位；在全省率先实现了南水北调配套工程由"建设管理型"向"运行管理型"转变，采取专职人员、兼职人员相结合的管理模式，高效保障南水北调配套工程安全正常运行；推进农村供水"规模化、市场化、水源地表化、城乡一体化"工程建设，总投资 28.47 亿元的 10 个城乡供水一体化项目已全部开工，其中 7 个项目建设已完成。

实施现代水网体系建设行动

焦作市加快推进重大水利工程建设，实施蟒改河、纸坊沟、荣涝河、大狮涝河等 4 条中小河流治理项目；开工建设总投资 9.4 亿元的南水北调中线焦作段防洪影响处理工程，亚投行贷款大沙河、山门河灾后重建工程等一批重点水利项目；力争年内开工总投资 1 亿元的白马泉灌区续建配套与现代化改造项目。

同时，焦作市科学修编《焦作市城市防洪规划》，开展大沙河流域水文及洪量账复核工作，谋划论证了重点防洪工程，储备桥沟水库、六股涧水库等一批重大水利项目；完成范庄、月山 2 座小型水库除险加固工程建设任务，开工建设青天河水库除险加固工程；以亚投行贷款灾后恢复重建资金为依托，加快构建焦作智慧化水利平台，已编制完成智慧化水利平台项目可行性研究报告。

实施水生态环境保护行动

焦作市实施《焦作市水土保持规划》《焦作市北山水土保持规划》，2022 年完成全口径水土流失防治面积 22.95 平方公里，是年均目标值的 115%。

同时，焦作市及时将计划用水指标细化分解到各取水口和各行政区域，对沁河的省定控制断面流量实行日通报制度，倒逼河流生态流量达标；规划建设南水北调天河公园，为焦作市中心新增绿地 3000 余亩，构筑一条一渠清水永续北送的安全屏障，确保总干渠水质安全、渠堤安全和城市防汛安全。

实施水资源节约集约利用行动

焦作市印发《焦作市"十四五"用水总量和强度双控目标的通知》，明确了控制指标；大力开展节水型企业建设，开展市级节水企业审核，2022 年建成国家级水效领跑者企业 1 个、省级水效领跑者企业 1 个、市级节水企业 1 个；强化用水精细化管理，组织 1630 户纳入计划用水管理的非农用水户下达 2023 年用水计划 3.61 亿立方米，实现计划用水全覆盖。

焦作市被确定为典型地区再生水利用配置试点城市后，拟定《焦作市 2023 年再生水利用配置试点工作实施方案》《关于实施再生水利用配置试点工作的实施意见》，成立了市级领导小组，确保按期完成建设任务。

实施推进"五水综改"行动

焦作市利用南水北调水源和其他优质地表水源置换地下水源,实施总投资 28.47 亿元的 10 个城乡供水一体化项目,让 178 万农村群众喝上南水北调水或其他优质地表水。

焦作市积极与河南省水利厅、中国南水北调集团中线公司河南分公司对接,提出焦作市南水北调水年度用水指标交易计划,水权改革成效初显。2023 年 3 月,焦作市与开封市签订了《水权交易协议》。

此外,焦作市积极争取地方专项债资金,利用好金融贷款、社会资本筹措水利建设资金;大力推进小型水库专业化管护,实现从"无人管"向"有人管""专业管"转变;新组建引沁广利灌区服务中心等,对事业单位重新赋能;以"大水源、大水网、大水务"为方向,加快推进 10 个城乡供水一体化项目建设,水务改革成果明显。

实施南水北调精神阐释弘扬行动

2021 年 7 月 1 日,焦作市建成国家方志馆南水北调分馆并试开馆。试开馆以来,南水北调分馆共接待参观团队 570 余批次 8 万余人,成为南水北调总干渠沿线文化传播基地、文化交流平台和重要的爱国主义教育基地,被评定为全国科普教育基地、全国法治宣传教育基地,列入《"十四五"水文化建设规划》、"行走河南·读懂中国"品牌主题文化线路,荣获河南省文旅融合智慧化创新项目、省科学家精神教育基地等称号。

焦作市建造的南水北调第一楼也是展示南水北调整体形象、弘扬南水北调精神的亮点工程。该工程是打造"以绿为基,以水为魂,以文为脉,以南水北调精神为主题的开放式带状生态公园"的"点睛之笔",在发挥望山、观水、地标、展陈功能的同时,对塑造城市特色、传承文化记忆、彰显城市文脉也具有重要意义。

(苗永柱　张艳霞　《中国水利报》　2023 年 7 月 21 日)

全力以赴　全面备防

——中国南水北调集团有限公司全面做好
防汛抗洪抢险各项工作

水利部于7月30日12时将针对北京、天津、河北的洪水防御应急响应提升至Ⅱ级。经综合分析研判，中国南水北调集团决定自7月30日12时起，将中线北京、天津、河北分公司所属渠段和河南分公司所属黄河以北段工程防汛应急响应由Ⅲ级提升至Ⅱ级。

为做好此次暴雨洪水应对工作，南水北调集团从集团总部到一线管理处全员行动起来，全力以赴，全面做好防汛抗洪抢险各项工作，从守护生命线的政治高度，切实维护南水北调工程安全、供水安全、水质安全。

系统部署　立体响应

面对防御台风暴雨洪水的考验，南水北调集团形成四级联动、多部门协同作战、人机网立体响应的工作格局。

南水北调集团把全面做好此次防台风暴雨洪水保安全作为当前工作的重中之重，作为检验学习贯彻习近平新时代中国特色社会主义思想主题教育成果的生动实践。集团党组迅速行动，系统部署，积极有序启动应急响应工作。集团党组书记、董事长蒋旭光主持召开专题党组会和会商调度会，对防汛抗洪抢险工作作出全面部署，并深入中线北京至石家庄段和天津干线重点项目开展督导检查。党组副书记、总经理汪安南连续召开5次会商会，及时研判防汛形势，部署防御重点，提出防御措施，并现场督导检查中线邯郸至保定段、北京段和天津段工程抗洪工作。集团党组派出3个现场工作组，分别赶赴责任片区，统筹做好指导协调。党组成员按照分工，全力做好前方督促指导和后方支撑保障。集团及时成立了由主要负责人任组长的"超强台风'杜苏芮'防范应对工作指挥部"，下设预报会商、工程调度、宣传信息、后勤保障4个工作组和专家咨询组，明确工作职责和任务，确保防范应对工作有力有序开展。

全面备防　科学应对

在水利部、国务院国资委、国家发展改革委、应急管理部等部委有力指导下，在沿线北京、天津、河北、河南等地方政府和有关方面大力支持下，集团公司严格落实预报、预警、预演、预案"四预"措施，及时做好滚动加密预报，强化动态会商研判，全面掌握降雨、产汇流、洪峰洪量等过程情况；严格按照预案方案落实各项措施，切实做到关口前移。

南水北调集团中线公司全员行动、主动应对，组织沿线各级运管单位对左排、河渠交叉等重点建筑物落实 24 小时盯防，实时掌握过流情况；组织应急人员、物资、设备迅速到位，随时做好应急响应。目前，中线工程参与应对本次洪水的现场抢险人员 2959 人，值班值守人员 3127 人，总体较正常备防状态增加人员 2 倍以上，增加设备 1 倍以上。

南水北调集团东线公司积极联系苏鲁两省公司，落实落细各项措施，对重要风险部位和易出险区域落实专人，分班、分组加密巡查，预置防汛物资和设备，增加现场驻守人员，与地方防汛指挥部门沟通协调，共同确保工程安全。

科学调度　党建引领

南水北调集团统筹发展和安全，加强与水利部、流域管理机构和受水区各方沟通协商，强化工程运行管理，加强水质监测，优化水量调度，科学控制沿线几十座节制闸、退水闸，统筹做好抗洪抢险和供水保障。在防汛抗洪抢险工作中强化科技支撑，充分发挥数字孪生南水北调的决策支撑作用。目前，中线工程运行安全平稳、水质稳定达标，沿线供水保障正常；东线工程处于非调水期，正积极参与沿线地方防洪排涝。

南水北调集团党组把防汛抗洪抢险作为检验主题教育成效和干部作风的试金石。集团党组专门发出通知，要求充分发挥各级党组织战斗堡垒作用和党员先锋模范作用，全力打赢防范超强台风暴雨洪水关键战役，让党旗在防汛抗洪抢险一线高高飘扬。

（张存有　《中国水利报》　2023 年 8 月 1 日）

南水北调团城湖管理处李史山
泵站积极应对暴雨

7月29日，及时维修排水泵（陈鹏　摄）

7月29日晚，对渠道周边防护设施和救生设施开展巡查（陈鹏　摄）

7月29日17时30分，北京市发布暴雨红色预警。预警发布后，北京市南水北调团城湖管理处怀柔管理所李史山泵站迅速行动，多措并举，积极做好安全防范工作，筑牢安全底线。

应对此次暴雨，李史山泵站提前预置防汛队伍和物资，确保人员在岗、物资充沛；强化值班值守和信息报送，严格执行领导带班和 24 小时值班制度，及时向上级有关部门报送工作开展情况、雨水情、工程调度等各类信息；强化工程运行保障，做好泵站机电设备、防汛重点部位的巡查检查，雨前对站内阀井、排水沟、雨水管、雨篦子、建筑物进行巡查，雨中加密巡查频次，确保责任落细落实。

（贾永旭　杨鑫　陈鹏　中国水利网　2023 年 8 月 4 日）

向洪而行　只为护一渠清水向北流

7 月 28 日以来，台风"杜苏芮"携带大量水汽北上，海河流域普降大到暴雨，局地特大暴雨，暴雨洪水来势汹汹。

为保障南水北调中线工程安全运行，水利部派出由水利部南水北调司巡视员朱涛带队，水利部南水北调工程管理司、南水北调规划设计管理局、海河水利委员会相关人员组成的工作组，于 7 月 29 日迅即出发，指导一线防御工作。

南水北调中线工程地跨北京、天津、河北、河南 4 省市，承担着首都与华北地区多个重要城市的供水任务。国之重器，不容有失。出发前，每一位工作组成员深知此次任务的重要性。

"组长，南水北调中线工程流程长、落差小、途经地势复杂，全线有河渠交叉建筑物 175 座，左岸排水建筑物 458 座，防汛风险点众多，我认为洪水防御工作难度很大。"组员杨振鹏查阅有关资料，不禁感慨道。

"是的，此次任务艰巨，国之重器不容有失。我们一定要从实际出发，紧盯工程风险点，将问题查实，将措施落实。"朱涛再三强调。

29 日傍晚，工作组来到第一站，河北省邢台市。

顾不上休整，工作组立即与南水北调集团、河北省水利厅相关人员召开会商会，就应对强降雨防御准备工作进行了深入会商研讨，协助工程管理单位查漏补缺，分类别、分等级提出应急处置建议，完善防御措施。

深夜，会议室灯火通明，大家高度紧张，没有丝毫睡意，紧盯着屏幕上的地图，认真地探讨中……

"洺河曾多次发生较大洪水，洺河渡槽交叉断面是重要防汛风险点，需要我们极端重视，必须马上解决！"

"虽然前期进行了较为充分的准备，但仍存在很多问题和堵点需要解决。我建议根据实际情况，提出针对性处理建议。"

······

经过认真研讨，最终确定了处理方案，即在主河槽旁拓挖过水通道，多孔过流，应急拆除混凝土垫层，并协调地方政府尽快处置管理范围外的问题。

在多方配合下，各项措施迅速得以落实到位，洺河渡槽交叉断面过流能力显著提高。7月30日起洺河流量逐渐加大，整体过流稳定，工程未出现险情。

雨仍在下，工作组马不停蹄出发下一站。

根据水雨情，工作组转战河北邢台、石家庄、保定等地，先后查看了洺河渡槽、南沙河倒虹吸、临城管理处深挖方膨胀土渠段、午河渡槽、方台桥深挖方渠段、沙河北倒虹吸、唐河倒虹吸、放水河渡槽、漕河渡槽、枣园沟排水倒虹吸、沙套沟排水涵洞、徐水河倒虹吸、瀑河水库、中瀑河倒虹吸、大清河倒虹吸现场。

工作组紧盯工程风险点，不放过任何一个可能对工程造成隐患的细节，坚持再多想一步、再多问一句、再多看一眼，就每一个具体问题与工程管理单位、地方政府相关部门进行现场会商，并根据自身经验和工程实际就如何开展应急抢护措施提出科学可行的指导意见。

多日来，工作组用认真的态度、专业的技术为南水北调中线工程保驾护航。在多方共同努力下，南水北调中线工程河北段、天津段运行情况良好，工程安全稳定，保障了一渠清水安全向北流。

（杨振鹏　杨婧　中国水利网　2023年8月8日）

坚决确保南水北调"三个安全"

——南水北调集团全力以赴应对海河流域暴雨洪水

受台风"杜苏芮"和冷空气共同影响，7月28日以来，海河流域普降大到暴雨，南水北调中线范围暴雨区内海河流域子牙河、永定河、大清河相继发生编号洪水，南水北调中线工程防汛面临严峻考验。中国南水北调集团密切关注天气变化，扎实做好暴雨洪水防御工作，打好防汛保安全主动战，坚决确保南水北调工程安全、供水安全、水质安全。

周密部署　迅速响应

国家防总、水利部发布台风预警后，南水北调集团迅速行动，密集召开党组会、指挥部会议和滚动防汛会商会，紧盯台风移动路径、影响范围、降雨变化，及时分析研判各项因素可能对南水北调中线工程造成的影响，对防范应对和防汛抢险工作做出详细安排部署。

7月27日晚，南水北调集团首次召开台风"杜苏芮"防汛会商及紧急部署会议。7月27日23时，南水北调集团启动Ⅳ级应急响应，随即成立由主要负责人任指挥长的防御工作指挥部，设预报会商、工程调度、宣传信息、后勤保障等4个工作组及多个专家咨询组，并对工作职责和任务进行了明确。

8月1日，南水北调集团将南水北调中线公司北京、天津分公司所属渠段及河北分公司石家庄以北段工程防汛应急响应提升至Ⅰ级。8月4日，水雨情逐步减弱后，除少数渠段维持Ⅰ级响应外，其他渠段、工程已逐步降低应急响应等级，恢复正常值守。

下沉一线　重点盯防

海河流域暴雨洪水发生后，南水北调集团主要负责人第一时间带队赴南水北调东线工程、南水北调中线拒马河周边区域重点项目和渠段，现场指导应急抢险工作。

南水北调集团防御工作指挥部周密部署，工作组迅速与河北、河南等地水利、应急部门以及驻地部队对接，实现应急人员、物资、设备迅速到位。各相关单位提前做好高地下水渠段降水准备和防汛、通信、电力等系统运维保障，加强河渠交叉建筑物、深挖方和高填方等重点部位的巡查检查，组织沿线各级运行管理单位对左排、河渠交叉等重点建筑物落实24小时盯防。

南水北调中线范围暴雨区内现场抢险人员最多时达3015人，工程沿线储备的块石、砂砾石反滤料及工具等应急物资供随时取用、调用。南水北调集团邀请了参与工程建设、运行管理的专家和设计人员参与现场值守，为应急处置提供技术保障。

统筹协调　凝聚合力

水利部主持召开专题会商会，明确要求做好南水北调中线工程防御，主要负责人到南水北调中线工程现场检查指导防汛抢险工作，并派出 2 个工作组赴南水北调中线工程一线现场指导防御工作，协调开展交叉河道快速清障。

南水北调集团积极与地方政府沟通，协调相关部门协助加强水文观测、清理放水河渡槽等河道保护范围内行洪障碍物；保持与沿线村镇密切联系，提醒提前做好应急避险准备；组织相关分公司开展京石段应急供水阶段与水库连通工程入总干渠控制闸门调试，并组织做好渠道检查，确保出现险情时水量调度迅速响应。

截至 8 月 6 日，南水北调中线工程运行平稳，水质达标，陶岔渠首入渠流量每秒 200 立方米，沿线 77 处分水口门正常供水，水质稳定达标，受水区各城市供水正常。

（李季　《中国水利报》　2023 年 8 月 10 日）

辅车相依　投桃报李

——南水北调东线济宁段保障"一泓清水永续北上"

"西边的太阳就要落山了，微山湖上静悄悄。"一句耳熟能详的歌词，一曲久唱不衰的经典，记录着保家卫国的峥嵘岁月，也见证着绿水青山的华丽蝶变。

山东省济宁市地跨黄淮两大流域，拥有我国北方最大的淡水湖南四湖，是南水北调东线一期工程的重点地区和重要输水通道。

南水北调东线济宁段由东南向西北沿南四湖、梁济运河纵贯济宁，过境长度约 198 公里，占南水北调东线山东段干线总长度（487 公里）的 40％。工程自 2007 年开工建设，至 2013 年全部完成工程建设任务，并于当年 11 月 15 日正式通水运行。整个济宁段工程完成总投资 40 亿元，为解决当地水资源紧缺问题提供了重要支撑。

济宁市近年来立足本地实际，扎实推进生态清洁小流域建设，取得了阶段性成效，也为南水北调东线水质稳定达到国家地表水环境质量Ⅲ类水质标准作出了应有的贡献，确保一泓清水向北流。

保水，共建美丽生态

济宁市东部是山丘区，西部是黄泛区，中部为平原洼地，独特的地形地貌以及人为活动，造成水土流失面积大、分布广，给济宁市生态环境修复与保护带来了挑战。

南水北调东线一期工程通水以来，先后向南四湖、东平湖及南水北调工程调蓄水库生态补水 3.74 亿立方米，有效改善了济宁湖区生产、生活和生态环境，避免了湖泊干涸导致的生态灾难，在推动区域经济发展、改善生态环境等方面发挥着积极作用。同时，济宁市采取"水保搭台、政府导演、部门唱戏、全社会参与"的建管模式和"政府引导、财政支持、市场运作、全民参与"的资金筹措方式，积极探索独具济宁特色的生态清洁小流域建设模式，让水土资源得到有效保护，水质明显改善，生态绿色产业得到长足发展，农村人居环境显著改善。

"这些干砌石梯田，是当地百姓自行建造的，质量相当好，能够防治水土流失。"邹城市水务局党组书记、局长孙传峰指着眼前的梯田介绍着，"山顶松柏戴帽，中间果树缠腰，山沟层层拦蓄，山下高效农业，这就是我们打造出的治理模式。"

近年来，济宁市将邹城市城前镇越峰村作为国家、省市级生态清洁小流域进行重点打造，先后整合资金 8000 余万元开展建设。打造生态美丽河湖宜居环境，对越峰河道实施疏浚清淤、畅通引排、岸坡整治、生态修复、长效管护等措施，改善越峰河沿岸生态环境和人居环境，使水质等级常年维持在Ⅲ类以上。2022 年，邹城市成功创建"国家水土保持示范县"。

"生态美、环境优，我们不仅能够让清水汇入南四湖，还能让越峰这座

'中国传统古村落'大力开发生态旅游产业，促进古老村落重焕勃勃生机。"越峰村党支部书记相瑞兵脸上洋溢着幸福。

除此之外，济宁市还因地制宜打造了九仙山、龙湖湾等30余条生态清洁小流域，通过综合治理，有效拦截进入河道湖库的泥沙，东部山丘区1310平方公里水土流失面积得到有效治理，有效保障了南水北调东线工程的顺利输水。

净水，共推乡村振兴

南水北调"截、蓄、导、用工程"一方面有效防止中水排入南水北调东线干线输水渠道，达到治污目的；另一方面充分将中水资源用于生态、灌溉、工业。与此同时，济宁市也把农村生活污水治理、黑臭水体治理作为黄河流域、南四湖流域生态保护和高质量发展的重要任务，保障南水北调东线工程运行的重要工作来抓。

"这个池塘连接的这套装置是做什么用的？"

"这是一些生态坑塘和排水沟。"面对记者提出的疑问，金乡县鱼山街道隋韩楼村党支部书记韩福地告诉记者。

金乡县水务局近年来围绕农村生活污水和黑臭水体治理工作，在充分参考调研先进地区经验基础上，结合当地实际，创新提出了农村生活污水和黑臭水体治理工作新模式。金乡县放弃了2021年度广泛使用的污水集中拉运模式，选定地形、经济等综合条件较好的村庄为中心村，在中心村建设一体化污水处理站收纳、处理周边4~6个村生活污水。然后，连通村庄坑塘、排水沟，以死水变活水思路对中心村黑臭水体进行综合治理。

"我们打破了固有的乡村之间的界限，还利用疏挖后的坑塘、排水沟种植多种水生植物，接纳、净化污水处理站的中水，达到源头治理的同时兼顾灌溉农田，助力水美乡村建设。"金乡县水务局党组书记、局长武瑞松讲述了创新之处，"当然，除了设置宣传牌，激发公众参与水环境保护的积极性外，我们还推行河长制工作向农村沟渠坑塘延伸，安装监控系统接入县河长制办公室云平台并纳入统一监管。"

截至2022年年底，济宁市共完成4177个村庄生活污水治理，317处农村黑臭水体治理。济宁市农村生活污水和黑臭水体治理工作连续四年省对市考核位居山东省第一位。济宁市计划2023年年底前100%村庄完成生活污水治理，农村黑臭水体实现动态清零，实现污染源头治理，提高水体流动性和水资源利用率，确保岸下水质和岸上环境得到改善。

治水，共护畅通河道

济宁市水系发达，河网密度居山东省之首，流域面积 50 平方公里以上的河道有 117 条。南水北调江水途经济宁，纵贯南北 198 公里，对济宁水网的布置建设起到了辐射作用。济宁市还围绕保护复苏流域河湖生态环境，积极实施河道、沟渠等水系综合整治，打造安全畅通的河湖水系和亲水宜人的水美景观。

面前流水潺潺，两岸绿树成荫，耳侧虫鸣鸟叫，身旁清风拂过，从龙湖湿地沿泗河堤岸一路向南，人文景观与泗河自然风貌完美融合。

"兖州区泗河绿色发展带目前岸线长度为 17.2 公里，覆盖面积 10.19 平方公里，未来，我们将会把 24 公里的泗河兖州段河道全部开发。"兖州区水务局党组书记、局长宫祥德见证了泗河的华丽转变，"景美河畅的同时，我们还将泥沙挖出来后就地利用，加固河道堤防，使泗河兖州段防洪标准提升至 50 年一遇。"

兖州区紧紧抓住美丽河道创建重要机遇，传承大禹治水百折不挠的精神，以泗河为线串联实施泗河综合治理工程、龙湖湿地、青莲湿地、马桥湿地等"1＋3"生态保护工程，着力打造"一脉、三区、五坝、七园、九景"。其中，始建于北魏延昌三年（514 年），位于兖州城东泗、沂河交汇处的金口坝，长 123 米、宽 10.1 米、高 2.6 米，河底海拔高度为 48.5 米，宛如卧波长虹，汇集着历史与现代的治河智慧，凸显着济宁人民整治河道环境的信心与决心。2023 年，金口坝成功入选山东省首批省级水利遗产名单。

兖州区仅仅是一个缩影。近年来，济宁市切实增强做好河湖长制工作的政治自觉和使命担当，充分发挥河湖长制综合组织协调作用，紧密结合中小河流治理、水系连通等工程，梳理畅通河道，推进河道清淤、岸坡整治、水源涵养、生物过滤带、河道绿化等，推广生态高效水生植物，维护河流健康生命。与此同时，南水北调工程配合防洪调度、抢险排涝，有效减轻沿线地市防洪压力，维护着人民群众生命财产安全。

站在梁山港，看着梁济运河上的船舶川流不息，"至今千里赖通波"成为现实！

南水北调东线工程建成后，打通了南四湖至东平湖段的水上通道，新增通航里程 62 公里，结束了京杭大运河济宁以北不通航的历史。

如今，南水北调工程为济宁经济社会发展注入了不竭的动力，济宁市也在为确保"一泓清水永续北上"作出积极贡献。

（郑浩伟 《中国水利报》 2023 年 8 月 17 日）

国家水网及南水北调高质量发展
论坛将在北京举行

9 月 11 日至 15 日，第 18 届世界水资源大会将在北京举行。由中国南水北调集团有限公司主办的"国家水网及南水北调高质量发展论坛"作为大会专场会议将于 9 月 12 日举行。

论坛将以"水安全保障：使命与愿景"为主题，邀请中国科学院和中国工程院院士以及国内外知名专家学者深入探讨水安全保障、水资源可持续利用以及水网水务科技研究，提高水资源可持续利用与管理水平，加快构建与中国式现代化相适应的水安全保障体系，共同推动国家水网及南水北调高质量发展。

论坛上，南水北调集团将介绍新时代中国水网发展成就，阐述推进水网建设的重大举措，描绘绿色水产业发展的美丽愿景。论坛期间，还将举行国家水网智慧建设与应用、大型调水供水工程技术探索与发展、水工程多功能综合利用、现代水产业链的布局与拓展、水生态产品价值实现与服务提升等 5 个平行论坛。

（余璐 中国水利网 2023 年 8 月 18 日）

南水北调工程：向祖国的深情告白

南水跨越历史的天空，驭着日月星辰，承载着无尽希望，抵达北方的土地。2013 年 11 月 15 日，南水北调东线一期工程正式通水。2014 年 12 月 12 日，南水北调中线一期工程正式通水。条条输水渠犹如书写在大地的"文字"，写出对祖国的深情告白。

新中国写给美好未来

"南方水多，北方水少，如有可能，借一点也是可以的。"1952 年 10 月 23 日，毛泽东主席在河南省考察黄河时，首次提出了南水北调的宏伟设想。

一个"借"字，既有伟人充满智慧的构想，又给南北双方留有商量的余地，自此开启了南方与北方惺惺相惜的旅程。

从哪儿借，怎么借，借多少？党的五代领导集体不断探索，一代接着一代干，为南水北调工程的伟大事业接续奋斗。

50 个寒暑，水利和科技工作者不懈追求，跋山涉水，勘测大江大河，优中选优调水线路，从青丝到白发，为我们描绘了一幅壮美的南水北调蓝图。

50 载春秋，24 个不同领域的规划设计及科研单位参与，6000 人次的知名专家和院士献计献策，100 多次思想碰撞的热烈研讨，50 多个南水北调规划方案比选，回答着"未来天河"的细枝末节，最终形成"四横三纵"骨干水网的总体布局。

南水北调工程是谱写中华民族伟大复兴新的篇章。2002 年 12 月 23 日，国务院正式批复《南水北调工程总体规划》。这一刻，中国共产党人孜孜不倦追求社会主义现代化强国的热情被点燃，具象到南水北调工程的火热实践之中。

建设者写给江河湖泊

2002 年 12 月 27 日，南水北调工程正式开工。自此，南水北调工程与中华民族伟大复兴的历史进程紧密联系在一起。

南水北调工程是涉及全局的复杂的系统工程，不仅涉及工程建设、水污染防治、水资源保护、征地移民、文物保护，还涉及铁路、公路、航运、电力、通信等专项领域，每一项工作都是一道难以逾越的难关。只要参与任何一个环节，就是无上光荣的南水北调工程建设者。这不仅是一个庞大的群体，更是一个个具体生动的个人。

南水北调东中线一期工程涉及地域范围之广、建设任务之艰，举世罕见。工程建设必须坚持"先节水后调水，先治污后通水，先环保后用水"的"三先三后"原则。

河南、湖北举全省之力，妥善安置南水北调工程丹江口库区移民 34.5 万人，四年任务、两年基本完成，实现了"搬得出、稳得住、能发展、可致富"的目标，刘峙清、马有志等 20 余名移民干部用生命诠释了对党的无限忠诚。

东中线一期工程这两条流淌在祖国大地上的水脉，既有从长江取水，通过 13 个梯级泵站提水，让水往高处流的奇思妙想，也有加高丹江口大坝，利用自然落差让水往低处流的磅礴大气。

2013 年 11 月 15 日、2014 年 12 月 12 日，东中线一期工程相继正式通水，这是南水北调工程建设者此生创作的最好作品。

南 方 写 给 北 方

一条小鱼是沟通南方与北方的使者。

它来自丹江口水库，从陶岔渠首跃出。千里总干渠两岸芳草萋萋、林木茂盛，小鱼畅游其中，何其美哉。

小鱼不知道，20 世纪 90 年代，华北地区缺水严重，人口快速增长，经济迅猛发展，河流不堪重负，发出一次次求救的呼唤。

华北地区"有河皆干，有水皆污"的水环境状况必须改变！南水北调工程是生态工程，理所当然要给这些河流第二次生命。在向沿线河流持续生态补水后，河水清了，两岸蛙鸣再起，重新回归自然。

小鱼知道，自己不仅是河中游动的精灵，更是一个使者，肩负着向全社会传递"生态文明建设是关系中华民族永续发展的根本大计"这一思想理念的神圣使命。

它来自长江边的扬州江都，从一个调蓄湖泊游到另一个调蓄湖泊。为了这条鱼儿的健康，江苏、山东两省采取倒逼机制，湖上养鱼的网箱拆除了，流入湖泊的污水变清了。因为治污步伐遥遥领先，经济转型升级中实现可持续快速发展，造就了山东、江苏两省独具特色的绿水青山。

小鱼带来的福音远不止这些。南水北调工程已经成为华北地区地下水超采综合治理的主力军，地下水水位下降趋势得到初步遏制，部分地区开始止跌回升，工程沿线无数泉眼相继复涌。

作为生态补水的主力水源，南水北调东线工程助力京杭大运河百年来两次实现全线通水，壮美运河再现千年神韵。旱可调远水济，涝可抽洪水排，南水北调工程优化配置水资源，发挥防洪减灾作用。作为国家水网主骨架、大动脉，南水北调极大促进了人与自然和谐共生，这怎么不让小鱼欢欣鼓舞。

如今，南水北调东中线一期工程累计向北方调水超 650 亿立方米，其中实施生态补水 100 多亿立方米，成为沿线 40 多座大中城市 280 多个县（市、区）不可或缺的供水生命线，直接受益人口超 1.5 亿人。

（许安强 《中国水利报》 2023 年 9 月 28 日）

做好一泓清水永续北上的水源文章

南水北调，是一份嘱托——

习近平总书记高度重视南水北调工程水质安全保障工作，强调要从守护生命线的政治高度，切实维护南水北调工程安全、供水安全、水质安全，确保"一泓清水永续北上"。

清水永续，是一份部署——

"对标'确保一泓清水永续北上'目标，全面检视和查找丹江口库区及入库河流全流域水质风险隐患，逐项建档立卡、逐项整改落实，严之又严、细之又细、实之又实……"2023 年 6 月，水利部党组书记、部长李国英调研陕西、河南、湖北等地，并在南水北调中线水源有限责任公司召开座谈会，为南水北调中线工程水源地水质安全保障工作问诊、把脉、开方。

丹水北上，是一份使命与责任——

丹江口库区及入库河流全流域存在哪些水质风险隐患？如何做到存量问题全面解决、潜在风险全面化解、增量问题全面遏制、体制机制全面健全？

作为南水北调中线水源工程运行管理单位，中线水源公司始终心怀"国之大者"，深入研究改进工作的具体思路，从守护中线水源工程"三个安全"着眼，探索解决问题的答案，践行中线水源人的担当。

做好"共"字文章
让协同协作的默契成为"机制"

"王大为，汉江丹江口市六里坪镇马家岗村河段长"……当鼠标点开丹江口水库库区巡查卫星地图上的某一处绿色小方块时，一组库区周边村组的涉库信息就出现在眼前。这是中线水源公司高效做好丹江口水库水质安全保障工作的缩影。

卫星地图上出现的"王大为"是库区管理点位上的"网格员"。"网格员"的提法，源自中线水源公司与库区六县（市、区）签订的丹江口库区政企协同管理协议。

签订协议，意味着双方有约定。如何做实约定，在于政企双方间建立起在河长制管理框架下的库区协同共管长效机制。中线水源公司主动作为，向库区六县（市、区）政府致函，提出收集包括库区现场网格员姓名、联系方式及负责区域等协同管理网格化建设基础信息，推动建立市、县、乡、村四级网格化管理体系。6个县（市、区）、42个乡镇、382个村的信息汇集，悉数进入公司库区管理系统。

"目前，我们已经完成库区六县（市、区）网格化建设基础信息核对，已将乡镇及村级网格化管理责任人信息录入系统并编印成册。今后我们所掌握的库区遥感解译信息、现场巡查信息将快速传达到涉事现场，以最快的速度上报、解决问题。"中线水源公司库区管理部工作人员张保华说。

从协议到协同、再到协作，中线水源公司库区管理正从"有名有实"转向"有力有效"。

7月6日，中线水源公司通过库区遥感监测发现盛湾镇水域内有疑似较大面积油污，立即展开现场巡查，发现库区管理范围内存在钒矿盗采并随意堆放矿渣现象。巡查人员当即联系水质监测部门，相关人员迅速赶赴现场、布设点位、采样检测。中线水源公司向淅川县河湖长制办公室、丹江口库区综合行政执法支队通报，要求限期采取措施妥善处置。

从发生到发现，从处理到上报，中线水源公司发现库区管理问题快速响应、高效解决。中线水源公司从内部横向构建了管理工作联动机制，从外部纵深推进库区政企协同管理长效机制。

锚定"全"字发力
坚守水质安全底线

一泓清水永续北上，这既是一份面向全流域的答卷，又为水源地高质量发展指明了方向。

作为亚洲第一大人工水库，丹江口水库水域面积 1050 平方公里，库区上游绵延 9.52 万平方公里，入库河流达 16 条。水质问题表象在水里，但根子在岸上，要消除影响水质安全的隐患，实非易事。

"李国英部长在调研时提出将水源地管理范围延展到库区及上游流域，将管理目标从水库水域岸线巡查、水质断面监测扩大至水库及其上游流域的全要素、全流域、全时空监控。"中线水源公司总经理马水山说。

中线水源公司锚定目标、抓住关键、靶向施策，坚守底线，筑牢防线，全力守护好"一泓清水"。

这条底线，在水源人眼中就是蜿蜒曲折的 4000 余公里库岸线。

——积极响应李国英部长提出的"加快完善丹江口库区库周遥感监测体系"要求，组织开展丹江口库区及上游一张图建设，通过卫星遥感数据解译分析消落区土地利用情况，同时在前期水库地形测量和 170 米航拍数据基础上分析相关情况。

——收集上游流域范围、水土流失监测、尾矿库、污水处理等基础要素数据，为拓展汉江上游流域管理范围打好基础。

——开展丹江口水库管理与保护范围的界桩、标示牌测设工作，8 月初完成库区控制测量、约 1.85 万个界桩的现场查勘、560 个标识牌的室内预划，以及 1 万余个完好界桩、1 个水位标示牌的维护。

——开展库周安全隔离设施试点建设，赴河南省淅川县香花镇和湖北省十堰市郧阳区安阳镇、丹江口市坝址区附近库周现场踏勘，组织编制"丹江口水库安全隔离设施建设规划"，初步确定针对土地征收线范围内城镇居民聚居区及通库道路、人工耕作密集区域先期开展试点建设，有效隔离水库区域，预防污染水体行为发生。

——鼓励群众广泛参与库区管理保护，编制群众举报事项信息管理实施方案，拟在丹江口库区布设的 560 个标识牌上设置"群众举报事项管理"应用二维码。

这道防线，在水源人的心中是层层织密的水质监测网，更是着力构建的应急防线。

七月酷暑，高温持续。丹江口水库入库支流浪河、泗河局部水域出现藻类异常增殖现象。中线水源公司立即启动应急响应，成立工作组分别开展了为期38天和43天的应急监测，直至指标恢复正常；8月29日，中线水源公司收到丹江荆紫关水域锑浓度超标的信息，按照水利部和长江水利委员会的要求，立即启动应急响应，开展应急监测。

中线水源公司还利用长江委及相关部门在河流入库断面、库区和出库断面设置的水文、水质自动监测站等，掌握丹江口库区重要入库河流的入库污染通量，评估不同支流对库区水质的污染影响，试点开展水文水质同步监测工作。目前，中线水源公司已在白河、堵河、丹江、老灌河建设水质自动监测站，实现水文水质同步监测，拓展了水质监测的范围及要素。

对照李国英部长提出的"全时空"监控要求，中线水源公司针对性开展专题调查研究。7月，中线水源公司组织开展了丹江口水库"天空地"遥感水质监测技术调研，提出无人机、船载高光谱监测试点的实施方案，研究构建"天空地"一体化的水质监测体系，实现全库大范围、重点区域水质变化实时监测。

中线水源公司依托与南水北调集团中线公司建立的中线水源区及干线水质安全保障会商机制，共享水质监测数据，及时通报舆情事件和突发水质异常情况，变"各自为战"为"协同作战"。

守底线、筑防线，不容有失。一张覆盖全要素、全流域、全时空的监控网络，正随着奔腾的汉江水绵延铺开。

心怀"国之大者"
"一股劲"推动落到实处

"在今后的管理工作中，我们时刻把习近平总书记的嘱托牢记在心中，把维护'三个安全'的责任扛在肩上，把李国英部长调研丹江口水库水质安全保障工作的要求不折不扣落实在具体行动中。在水利部、长江委的领导下，依法履责，加快推进水质安全保障能力建设、水质风险防控能力建设，创新推进数字孪生丹江口建设，努力提升管理能力和水平，确保一泓清水永续北上……"马水山在中线水源公司重点工作推进会上提出要求。

7月以来，中线水源公司通过召开贯彻落实会、推进会、专题项目研究等，紧锣密鼓安排落实丹江口水库水质安全保障工作；成立工作专班，推进陶岔水质监测示范站和中心实验室建设前期工作；谋划研究库区及上游流域水质保护生态补偿机制，初步提出顶层设计方案；开展丹江口库区及上游流域数字底板建设，推进与数字孪生汉江流域及已有系统深度融合，强化系统应用试用……

一项项规划逐渐清晰，一个个方案编制落地，描绘未来的蓝图被分解成一张张作战图。

一泓清水永续北上之路，是牢记嘱托、推动绿色发展之路，也是中线水源公司把握"严、细、实、效"原则的奋进之路。中线水源公司将与流域各方通力协作，做好新时代高质量发展的水源文章。

（蒲双　梁宁　《中国水利报》　2023年10月7日）

强化源头担当　守护碧水北上

——湖北全力推进南水北调后续工程高质量发展

浩浩南水，奔流北上。

湖北是南水北调中线工程核心水源区。湖北水利系统强化"守井人"意识，积极参与构建国家水网主骨架和大动脉，推进南水北调后续工程高质量发展，彰显南水北调中线工程源头省份责任担当。

水域面积超1000平方公里的湖北丹江口水库，是南水北调中线的龙头工程。2014年12月启动调水以来，南水北调中线工程累计调水585亿立方米，惠及北京、天津、河北、河南等四省市24个大中城市，直接受益人口超8500万人。多年监测数据显示，丹江口水库水质长年保持在Ⅱ类及以上，109项监测指标中有106项达到Ⅰ类，入库支流水质均达到国家考核目标要求。

推进流域系统治理

千里调水，成败在水质；水质好坏，关键看源头。确保水质安全是水源区的首要职责。

湖北水利系统把水质安全摆在重要位置，落实最严格生态保护和库岸管控措施，坚决守护生态安全底线；统筹实施山水林田湖草沙一体化保护和系统治理，谋划实施防洪减灾、水资源配置、水美乡村和水系连通、移民美丽家园建设等水利项目；实施岸坡治理、水源涵养等丹江口水库库滨带综合治理工程……

神定河、泗河、犟河、官山河、剑河是流经十堰城区的5条内源纳污河，2012年前均属于劣Ⅴ类水体，"五河"年入库总量不到丹江口水库蓄水量的1%。

对这不足1%的入库水量，湖北付出了100%的努力——十堰通过实施截污、清污、减污、控污、治污、管污等六大工程，建成119座城镇污水处理厂、45座垃圾处理场，配套污水管网2570公里，彻底消除城区79条黑臭水体。经过治理，"五河"水质全部消除劣Ⅴ类。

丹江口库区地处秦巴山区腹地，"八山一水一分田"，水土流失防治工作对于库区尤为重要。自"十一五"以来，湖北累计治理丹江口库区水土流失面积6174平方公里，完成投资16.48亿元，库区水土流失面积由2006年的9335平方公里减少到2022年年底的4186平方公里，水土保持率提升了19.15%。

围绕优化生态环境、提高水资源使用效率，湖北着力健全用水总量强度控制指标体系，全面推进农业节水增效、工业节水减排和城镇节水降损。截至目前，十堰市用水总量、万元GDP（地区生产总值）用水量较"十三五"末均下降30%以上。

健全河湖管护体系

十堰市河湖众多，如何让这些河湖清水长流？

湖北持续健全完善河湖长制体系，在丹江口库区设立省、市、县、乡、村五级河长 201 名，落实库域管护人员 1463 人，确保每一条河流、每一个流域有人管、管得住、管得好。

十堰市建立以绿色 GDP 为导向的生态文明考核体系，加大"两山"实践、绿色低碳发展、环境保护等工作绩效考评权重，健全四级河湖长体系和支沟分片包干治理机制，全面实施县域跨界水质考核，推动水环境精细化管理，完成涵盖国家、省、市、县、乡多级的联考体系。2021 年，十堰市河湖长制工作获得国务院激励，市河湖长制办公室获评全国"全面推行河长制湖长制先进集体"。

丹江口水库上游流域涉及陕西、湖北、河南 3 省 8 市 43 县 600 多个乡镇。湖北出台跨界河湖"四联机制"指导意见，与河南、陕西建立丹江口库区跨界河流联防联治工作机制，深化"河湖长＋检察长＋警长"工作机制，建立水源地保护巡查责任制、水污染事件预防及应急联动机制，推动共饮共治一江清水。

提升库区监管能力

在丹江口水库水位首次蓄至 170 米之际，按照水利部统一部署，湖北自 2021 年 11 月起实施专项整治行动，全面排查和清理整治省内丹江口库区存在的侵占破坏水域岸线突出问题，促进库岸线形态进一步改善、库区行洪蓄洪能力持续增强、水源地水质安全保障能力进一步提升，累计恢复岸线长度 7.65 公里，恢复防洪库容 934.24 万立方米。

湖北着力提升库区监管能力，逐步实现丹江口库区执法智能化，建设"环库安保天网工程"，设置 176 个视频监控点位、233 个摄像头和 84 个云广播；采用执法船、无人机与长江委卫星遥感监测等方式开展库区巡查，通过空、地、水三位一体防控，实现库区岸线、水域监管全覆盖，执法监管效能逐步提升。

湖北持续开展丹江口库区"打非治违"专项执法行动，对发现的水事违法问题，实行任务、措施、时限、责任"四个清单"管理，强化重点案件查处整改督办。库区水事违法行为呈逐年下降趋势，水事秩序不断好转。

（谢录静　袁静　《中国水利报》　2023 年 10 月 10 日）

时间里的丹江口答案

——丹江口水库首次运用数字孪生技术保障满蓄"三个安全"

风起汉江，弄潮丹江口。

10月12日19时，当水浪再次拍打丹江口水库右岸170米水位线，"双胜利"的捷报又一次传来。

时隔两年，丹江口水库再次取得汉江秋汛防御与汛后水库满蓄"双胜利"。在水利部、长江委的坚强领导下，首次运用的数字孪生丹江口工程，充分发挥预报、预警、预演、预案等"四预"功能，于数字赋能中确保南水北调中线水源工程安全、供水安全、水质安全。

从我国最早建设的大型水利枢纽工程，到国内规模和难度最大的大坝加高工程，丹江口工程屡次以弄潮儿的姿态，在我国水利事业发展进程中留下自己的姓名。迈步智慧水利新阶段，丹江口工程再开先河，率先牵手数字孪生技术试水大型水库满蓄运用，在水利高质量发展的征途上继续求索向前。

数字赋能　对话未来

数字技术，对话未来的语言。

距离丹江口大坝1公里处，南水北调中线水源有限责任公司（以下简称"中线水源公司"）调度指挥大厅装备先进，技术人员正有条不紊地操作着数字孪生丹江口工程系统。

运用数字孪生丹江口工程系统进行实时推演

有别于 2021 年丹江口水库首次实现满蓄时的"人防"场面，"技防"成为此次满蓄战的关键词。

"不论是工作状态还是心态，此次满蓄跟 2021 年相比，感觉都很不一样"，中线水源公司技术发展部主任李全宏直言。

2021 年，丹江口水库实现满蓄目标时，由于是首次，为了应对新情况带来的"未知数"及可能的风险，他和同事们异常忙碌。尽管监测与巡查持续加密，人员加班加点，但面对多变的水雨情、复杂的工况、广阔的库区及首轮满蓄高水位对污染物入库、地质滑坡等带来的未知考验，"没有人能完全把心放下"，李全宏说。

两年后，得益于数字孪生丹江口工程的技术加持，满蓄确保"三个安全"的紧张工作已逐渐变成日常工作，大家伙的内心也更有底。

数字孪生丹江口工程系统界面

电脑前，轻点鼠标，水库满蓄各项关键数值和实时画面跃然屏上。一分钟内，工作人员便能完成一项关于水库 170 米蓄水大坝安全的数字演算，在风险来临前预判演进过程，提出多种处置方案，指导一线决策。

"在过去，大坝安全性态演算需要我们团队耗时数月完成海量计算，基于分析结论的处置耗时费力，存在事后处置的局限。"数字孪生丹江口工程大坝安全有限元结构分析模型技术负责人颉志强长期从事大坝安全性态演算工作，对比水库首次满蓄时自己的工作状态，直言"技术改变未来"。

不仅在确保工程安全领域功能强大，数字孪生丹江口工程在确保供水安全、水质安全等领域亦发挥重要作用。

工作人员为记者模拟高水位下若突发水污染，新系统如何发挥作用：随机输入丹江口库区某入库支流站点污染物浓度数值，系统通过水质输移扩散模型，快速推演出该污染物未来七天输移扩散路径、在不同水域及水深的含量、对陶岔渠首输水影响等重要结论，及时发出预警并提供指导性预案。

"过去，若库区突发水污染，监测人员不分昼夜开展连续性、多断面采样。但由于库区面积广阔且水域流场复杂，水质采样、送检耗时耗力，对于未来水质污染扩散情况仅能通过多次、实时监测及长期经验辅助判断"，数字孪生丹江口工程水质安全模块现场负责人靖争直言，离开数字赋能，对水质污染输移扩散情况开展精准预判几乎是不可能的。

今年是丹江口水库第二次满蓄，水位抬升过程中，丹江口库区岸线亦经历了一轮再造。

得益于数字孪生丹江口工程，工作人员只需输入相应边界数值，系统便能快速推演地质灾害演进过程。"地灾会否发生、何时发生、如何发生以及对周围建筑、道路有何影响等问题都能得到预判解答。有别于以往通过广泛巡查发现问题，现在则能通过数字孪生系统的预判，直捣问题、高效处置"，数字孪生丹江口工程库区安全地灾模块技术负责人韩旭说。

将"未知"变成"预知"，通过对大坝性态、库岸稳定、水质状况进行同步跟踪与动态推演，数字孪生丹江口工程成功为大国重器装上"智慧大脑"。

自主研发 "丹"心寄北

数字孪生丹江口工程为何能实现"四预"功能？它的研发又走过了怎样的攻坚之路？

在数字孪生丹江口工程集中办公点，技术团队给出了答案。通过持续自主研发，团队在深度分析丹江口水库特性的基础上，立足确保南水北调中线水源工程"三个安全"总目标，在水利、计算机、环境等领域实现多学科深度融合，达到技术突围。

"相较于国内其他数字孪生水利技术，我们在构建有限元结构仿真分析模型、水质污染输移扩散模型及滑坡仿真预演模型等方面走在了全国前列，攻克了行业难点"，数字孪生丹江口工程总负责人张力介绍。

为何要在这些方面实现技术突围？丹江口水库自身特性及其重要地位是关键因素之一。

今日的丹江口大坝由老坝体加高后建成，在几十年前修建的混凝土坝体上贴坡加厚、加高已是技术天堑，在水库高水位运行时持续确保新老坝体衔接处工程安全挑战更是巨大。

作为国内首家将有限元技术在数字孪生水利系统中运用的项目，数字孪生丹江口工程通过构建有限元结构仿真分析模型，在数字世界将坝体解构为210余万个有限元单元，借助物理机制驱动、实测数据修正的全新计算模型，达到精准掌握、预判大坝在各种温度、水位等条件下各位置安全性态的目的，新老坝体结合部位安全情况及预判也尽在掌握之中。

此外，身为南水北调中线工程水源地，丹江口水库水质牵一发而动全身。但由于水库水深大、水质分层特征明显，国内常规水质模型不能完全满足水库水质安全保障需求。团队首次将二、三维水动力水质模型与数字孪生水利系统有机结合，精准分析污染物入库后在不同水域、水深的扩散路径，对确保丹江口水库水质安全意义重大。

而在实现地质灾害实时预演方面，数字孪生丹江口工程亦迈出跨越式一步。通过构建滑坡仿真三维预演模型，可在线模拟分析滑坡在不同工况下的稳定状态和变形演化趋势，从而对滑坡体变形全过程进行精准预判。

"一代代长江委人为一泓清水永续北上付出了巨大努力，我们会像上一代干好工程建设一样，干好数字孪生"，数字孪生丹江口工程技术人员表示。

双重意义　携手向前

"本次满蓄既是充分测试、全面发挥数字孪生丹江口工程的重要契机，亦为全面检验、系统校正、不断完善系统工程提供了实战窗口"，在中线水源公司总经理马水山看来，此次满蓄考验对数字孪生丹江口工程具有双重意义。

作为数字孪生丹江口工程牵头建设单位，中线水源公司始终在思考，如何结合自身实际，在系统研发中充分践行"需求牵引、应用至上、数字赋能、提升能力"总要求，又如何实现数字孪生工程与数字孪生流域、数字孪生水网建设的有机链接。

"在此次满蓄过程中，我们接入了长江委数字孪生汉江流域水文预报成果，实现了流域与工程互馈"，李全宏介绍。不仅如此，公司亦积极与南水北调集团开展深度技术交流探讨，共享数字孪生水利研发成果，助力数字孪生水网建设。

"通过本次实战演练，我们对系统进行了深入检视。未来，团队将进一步充实数据底板、优化参数选取、开展模型率定，修正数字模型，让系统预警、预案功能更加丰富、更加贴近实际业务需求，推动数字孪生丹江口工程不断迭代升级"，张力表示。

弄潮儿向涛头立，手举红旗旗不湿。新技术的研发与成功运用，从来不是一件容易的事。面对智慧水利提出的新挑战，数字孪生丹江口工程建设者们自科技创新蓄力，用攻坚精神作答，在数字赋能中托举丹江口工程再弄潮！

（贾茜　杨敏　中国水利网　2023年10月16日）

一渠通南北　共赴山海情

——北京十堰携手开展保水护水工作纪实

在南水北调中线工程的源头湖北省十堰市，江水湛蓝、青山翠绿，掬一捧汉江水一饮而下，绵柔清甜。自2014年12月27日"南水"正式进京以来，南水北调中线工程入京水量已累计超过92亿立方米，水质始终稳定在地表水环境质量标准Ⅱ类以上，北京直接受益人口超过1500万。

千里"南水"，一路向北。9年来，南水北调中线工程不仅为缺水的北方带来源源不断的清甜甘露，也为受水区与水源地人民架起了沟通交流的桥梁。随着一批批水源地民生项目的落地实施，一位位挂职干部的互动往来，对口协作将相隔千里的北京、十堰两地紧紧联系在一起。两地同饮一江水、共护一条河，共同开展了一系列保水质、护生态、促民生的实践。

同饮一水共护河

十堰"九山半水半分田"，境内有大小河流2489条，任何一个污染环境的小事，都是影响南水北调工程的大事。

"出水稳定达到地表水Ⅲ类标准，日处理污水能力可达 6 万吨。"在十堰市茅箭区泗河流域下游污水处理厂尾水水质净化厂内，一池碗口粗的水管一字排开，水柱从水管的细孔中喷射而出，一个个小型喷泉似在池中欢快起舞。"这是人工快渗池，经过河砂过滤后，干净清澈的水将汇入泗河。"工作人员说。泗河流域所有的生活污水会首先经过污水处理站集中处理后，再排入该尾水净化厂进行二次"加工"，达标后才可排放入河。

十堰以党建为引领，认真落实党风廉政建设责任机制，把管水治水作为头等大事，通过建立小流域支沟分片包干治理机制，实行一河一策、一沟一策，治理汉江支流神定河、泗河等重点河流，建成清污分流管网 1600 多公里、城乡污水及垃圾处理设施 2000 多座，实行生活污水、农业污水、工业污水分别处理，以确保流入丹江口水库的每一条支沟都水质达标。

在保证入库水质的同时，库区监管也至关重要。"我们在北京水利专家的指导帮助下，就丹江口水库保护工作，专门建设了一套监管系统，涉及水质监测、卫星遥感、防入侵等 8 个监管子系统，对丹江口水库流域基本实现'海陆空'24 小时实时监测与管控，织密库区人防、技防、物防'天罗地网'，确保不让一滴污水直排入库。"丹江口市水质安全保障指挥中心常务副主任李昆说。

站在监管大厅里，来自北京市水科学技术研究院的张蕾倍感亲切。"南水"进京的 9 年间，她先后 3 次跟随北京水利专家团队赴十堰开展技术交流与科技帮扶。看着眼前 8 块电子显示屏，系统搭建初期京堰两地专家共同探讨的场景，浮现在她的脑海中。

一渠清水含真情

千里"南水"，承载着水源地人民的浓浓真情。十堰是南水北调中线工程的核心水源区，汉江自西向东穿越全境。水源丰沛的十堰，也存在"吃水难"的问题。"十堰城区属于相对缺水的地区。"十堰市水利和湖泊局局长余荣江介绍。为解决城区供水问题，当地放弃了从距离更近的汉江"引水"，而是实施了十堰市中心城区水资源配置工程，从城区西南部的潘口水库远距离"调水喝"，把水质更好的汉江水尽可能地蓄下来，通过南水北调中线工程送去更缺水的北方。

汉江入丹江口水库的最后一道屏障位于十堰市郧阳区，由于地势平坦开阔，这里成为汉江上游来水的主要汇集地。乘车从汉江公路大桥飞驰而过，只见一条条生态带沿河分布，为保障丹江口入库水质构筑起一道生态长廊。

"我们这里曾经有造纸厂、化工厂和钢铁铸造厂，对面山上还有矿厂等，是老百姓收入的主要来源。而如今，大家都认识到生态保护的重要性，关停或迁移了企业近百家，政府还投入大量资金，对裸露的山体和汉江两岸1公里以内地区进行了生态修复，建设并改造了一大批生态公园。"在寓意着十堰与北京等受水城市同心协力、同谋发展的同心广场内，郧阳区茶店镇的老干部丁玉璋指着汉江沿岸的生态带向记者介绍。

在丹江口水库周边，随着库区生态保护工作持续推进，当地渔民纷纷"上岸"，发展生态旅游等特色产业。很多村民自发成为护水志愿者或民间保水员，参与到库区保水护水工作中来。

"我几乎天天都去家附近的河边转转，经常带着家人和孩子一起巡河，发现违规钓鱼、乱扔垃圾的，就及时上去劝阻。"丹江口市计家沟村护水员王阿姨说，"看着天天生活的家园变得这么干净漂亮，发自内心地高兴。"

节水优先珍惜水

饮水当思源。作为受水区的北京，珍惜用好每一滴"南水"，是对水源地人民最好的回馈。

当前，"南水"已成为北京市民生产生活的主力水源。"在90多亿立方米的进京江水中，有近七成用于生产生活，其余主要存补于密云水库、密怀顺地下水源地等，提高首都水资源战略安全的'韧性'。"北京市水务局水资源管理处副处长张少焱介绍。

作为超大型城市，北京水资源长期入不敷出，"南水"进京后，大大缓解了北京水资源紧缺现状，切实增加了全市水资源总量，提升了城市供水安全保障水平。

"'南水'来之不易，点滴都要珍惜。"多年来，北京把节水作为受水区的根本出路，持续深入做好节水工作。"我们通过在全市开展节水行动，巩固并提升节水型社会建设水平，完成《北京市节水条例》立法，逐步建立起全社会、全行业、全过程节水体系，用水效率显著提升。"北京市节约用水办公室主任张欣欣说。

据统计，2022 年，北京市以占全国 0.67% 的用水量养育了 1.55% 的人口，创造了 3.44% 的国内生产总值，主要节水指标持续保持全国第一。其中，年人均综合用水量下降到 183 立方米，万元地区生产总值用水量下降到 9.62 立方米，万元工业增加值用水量下降到 4.82 立方米，农田灌溉水利用系数提高到 0.751，再生水利用率提高到 57.88%，全市 16 个区率先全部建成节水型区。

"今年，全市党政机关还将全面建成节水型单位，重点高耗水企业全部建成节水型企业，节水型高校创建率达 70% 以上。"张欣欣介绍。北京近年来大力开展节水宣传教育和表彰活动，利用电台、电视台、报纸、网络等媒体广泛开展节水宣传，深入开展节水进机关、进企业、进学校、进社区、进农村活动，发动社会各界用好每一滴"南水"。

北京十堰，都是故乡

刘国军是北京市水务局在堰交流的水利干部，已挂职十堰市水利和湖泊局副局长 11 个月的他，已把这里视为自己的第二故乡。

挂职期间，刘国军不仅参与了十堰市 60 年来唯一一次建设城区水库——朱家嘴水库的全过程，还努力当好京堰两地的联络员、办事员。在促进两地水利人才交流的同时，刘国军协调北京市水利设计研究院专家团队，为十堰智慧水网建设提供重要科技支撑；牵线北控水务等北京涉水企业，向十堰乡村小学及基层水利单位捐款捐物；积极与水利部对接，协调推动南水北调中线一期工程审计有关工作，协助争取水利移民、水土保持、流域综合治理等资金支持。

甘甜的"南水"有力保障了受水区群众的饮水安全，也让水源地人民吃上了"生态饭"。汉江沿线的高山上，丹橘飘香，葡萄串串，小香菇撑起了"致富伞"，移民村成度假村，老百姓的"钱袋子"越来越鼓；一众饮料企业循"水"而来，当地产业发展逐步绿色低碳转型，绿水青山成为百姓的金山银山。

（郭媛媛 《中国水利报》 2023 年 10 月 31 日）

北京"团九二期"工程
输送"南水"超1亿立方米

记者日前从北京市团城湖管理处获悉，团城湖至第九水厂输水工程（二期）（简称"团九二期"工程）正式通水以来，已输送"南水"达1.2亿立方米。

"团九二期"工程是北京市南水北调配套工程的重要组成部分。随着2023年6月9日"团九二期"工程的正式通水，北京城区南水北调实现了"一条环路"地下闭环输水。工程通水后，不仅能满足"南水"、密云水库水、地下水三水联调的需要，还提高了环路供水调度中应对供水突发事件的能力，大幅度提升北京市供水安全保障能力。

团城湖管理处相关负责人介绍，实现全封闭地下输水可避免地上明渠输水易受季节、天气等因素影响的弊端，输水保障率和安全性大幅度提高。此外，"团九二期"工程还承担着向北京市第九水厂、第八水厂、东水西调工程沿线水厂的供水任务，位于环路上的水厂具有双水源保障。在南水北调发生停水时，团城湖调节池还可把南水北调水源切换为密云水库水源，通过"团九二期"工程隧洞提供应急供水，从而保障供水安全。

（龚晨 《中国水利报》 2023年11月7日）

南水北调东线一期工程启动新一年度调水工作

2023年11月13日10时，南水北调苏鲁省界台儿庄泵站开机调水北送，标志着南水北调东线一期工程2023—2024年第11个年度调水工作正式启动。

按照水利部印发的《南水北调东线一期工程2023—2024年度水量调度计划》，向山东省供水10.01亿立方米，山东省净增供水量6.93亿立方米。本年度水量调度计划首次明确了江苏省、安徽省净增供水量（为调节计算值，具体供水量需根据降雨、湖库蓄水、工情等情况综合确定），江苏省计划净增供水量5.67亿立方米，安徽省计划净增供水量0.23亿立方米。

目前，东线一期工程已顺利完成 10 个年度调水任务，累计调水入山东省 61.38 亿立方米，充分发挥了国家水网主骨架、大动脉作用，有效改善了受水区水资源配置格局，有力提升了江苏省受水区的供水保障能力，有效缓解了山东省特别是胶东半岛用水紧缺问题，为受水区经济社会高质量发展提供了有力的水资源支撑。

（杨乐乐　中国水利网　2023 年 11 月 13 日）

千里水脉利万家

——写在南水北调东线一期工程通水十周年之际

11 月 15 日，在南水北调东线一期工程源头江都水利枢纽，中控室的大屏幕上显示着工程安全运行的天数：1762 天。

从 2013 年 11 月 15 日至今，年度平均调水 170 余天，南水北调东线一期工程已经通水整十年！

千里水脉，起吴越之地，出扬徐二州，进齐鲁大地；一泓清水，跨越 13 梯级，连通南北水脉，送达千家万户。

十年来，南水北调东线一期工程累计调入山东省水量 61.4 亿立方米，有效缓解了苏北、胶东半岛和鲁北地区城市缺水问题，惠及沿线 6800 余万人口。提级北上的"南水"，已经成为中国东部保障供水安全、改善河湖生态、促进经济循环的"生命源泉"。

构水网，精管理，保障沿线供水安全

11 月 13 日上午 10 时，随着南水北调东线一期工程台儿庄泵站开机运行，抽取的长江水开始向北方输送，标志着南水北调东线一期工程正式启动 2023—2024 年度调水。

活力奔腾的"南水"，第 11 个年度从这里出发，长途跋涉 1467 公里，被逐级提引至苏北、山东等地。

在江都水利枢纽展览馆，东线工程沙盘清晰展现南水北调东线工程的整个输水脉络——长江水从扬州出发，经双线河道提水北送，连接洪泽湖、骆马湖、南四湖、东平湖等4个天然湖泊，出东平湖后，分两路输水：一路向北穿过黄河至鲁北，一路向东到达胶东半岛，将沿线20多座主要城市串联成线。

"南水北调东线一期工程完善了江苏调水工程体系，构筑了山东省'T'型骨干水网。十年来，工程受水区内城市的生活和工业供水保证率已从不足80%提高到97%以上。"中国南水北调集团东线有限公司副总工程师魏军国说。

相对丰水的长江流域与缺水的黄淮海流域连通，构筑起多水源联合调度的地方水网格局，让受水区增加了面对极端天气的防御"底牌"。

2016年，山东烟台、威海、青岛和潍坊4市出现严重资源性水危机，南水北调东线一期工程实施4次抗旱应急调水，为胶东地区调引长江水、黄河水25.06亿立方米。

2021年，位于黄河流域的山东省平阴县遭遇60年不遇洪水，南水北调东线一期工程及时为浪溪河泄洪1087万立方米，保护了平阴县近9万亩农田。

2023年，江苏徐州地区平均降雨量偏少，南水北调东线一期工程刘山站、解台站全面启动抗旱调水，向淮海大地调水1.13亿立方米，保障徐州地区农业生产和居民生活用水。

......

看得见的水资源效益，看不见的默默保障。立足充分减少调水过程中的水流损失，保障工程运行安全，南水北调东线一期工程沿线各地广泛开展探索实践——建设数字孪生泵站。

在工程第三梯级泵站江苏洪泽站，南水北调东线江苏水源公司科技信息中心主任莫兆祥向记者展示数字孪生建设成果。"只需点下按钮，就能远程控制水泵的启闭，原来需要耗费1小时左右的人工操作流程，如今只需要1分钟。"数字孪生洪泽站还建立水泵声纹AI（人工智能）监测系统，训练170多万条数据，让系统捕捉声音特征，实现故障预警。

在工程第十二梯级泵站山东邓楼站，工作人员张方磊仔细巡查重点运行部位，"调水期间，我们着重检查设备的电压电流、水压水温等数据；非调水期间，我们就定期开展巡查检修，保证设备随时拿得出、用得上。"南水北调东线山东段严格落实工程巡查和值班值守制度，定期组织开展泵站检查保养，及时处置各类突发情况。

在中国南水北调集团东线有限公司北京本部的智能调度大厅，调度人员可以实时查看沿线的工情、水情，通过业务系统在线收发日报、下达指令。"现在通过数字孪生建设，可以实现精准精确调水，实现了调水全流程的智能化。"中国南水北调集团东线有限公司总调度中心副主任侯煜说。

在侯煜看来，数字孪生系统就像泵站的智慧大脑，让调水过程自动化、远程监控可视化、运维管理信息化，为水利调度运行决策提供前瞻性、科学性、精准性支持，不断推进智慧水利建设再上新台阶。

南水北调东线一期工程不断夯实供水保障"硬实力"，成为促进区域水资源优化配置的"发展命脉"。

连水脉，强供给，改善河湖生态环境

2022 年 4 月 28 日，在春夏之交的北方大地上，千年运河迎来世纪复苏。

位于山东德州的四女寺枢纽南运河节制闸开启，汩汩清水奔涌北上。200 公里外，位于天津静海区的九宣闸枢纽南运河节制闸开启，南来之水与天津本地水汇合。京杭大运河实现了近一个世纪以来首次全线贯通！

此次补水过程中，南水北调东线一期北延工程发挥"主力军"作用。浩荡长江水经东平湖北送，助力京杭大运河迎来新生，成为一条"流动的河"。从首次补水至 2023 年 5 月 31 日，北延供水工程已累计向京杭大运河补水 3.34 亿立方米，助力大运河在 2022 年和 2023 年实现百年来连续两次全线水流贯通。

得益于北延工程的补水，河北省沧州市东光县油坊口村一口有着 600 多年历史的古井迎来 40 年来的首次复涌。"随着地下水超采综合治理和南水北调补水工作开展，古井的水位慢慢上升，水位最高时距井口仅两米半。"村委会主任霍灿福说。

不同的受水地区，相同的生态蝶变。

在江苏里下河平原，南水北调东线一期工程增加了沿线河湖水体流动力，助力白马湖等湖泊退圩还湖，里运河、中运河、古黄河等干线和支线河道被打造为风景秀美的城市景观河道。

在山东南四湖，当地充分利用引来的南水北调水开展小流域污染综合治理，建成人工湿地水质净化工程近 25 万亩，修复自然湿地近 23 万亩。

南水北调东线一期工程通水十年来，已累计向沿线地区生态补水约 11.9 亿立方米，受水区水域面积由 1 万平方公里增加到 1.5 万平方公里，林草地面积增加了 126 平方公里。按照"先节水后调水、先治污后通水、先环保后用水"的原则，各地强力推进水污染治理和河湖生态修复，工程沿线水质稳定在Ⅲ类标准。

以水兴城，水至福来。连年的长距离输水促进了沿线地区的水体流动，带动自然环境和生态格局发生改变。

来之不易的"南水"倒逼沿线强力治污。沿线各地实施 471 项治污工程，江苏、山东主要入河污染物控制在规划目标范围内，每年约削减 COD（化学需氧量）入河量 48.9 万吨、氨氮入河量 4.9 万吨，水质断面达标率由 3% 提高到 100%。

跋涉千里的"南水"助推地下水压采。江苏、山东受水城区共关停地下水开采井 6274 眼，实现地下水压采 5.51 亿立方米，受水区浅层、深层地下水水位呈上升趋势。

生机勃勃的"南水"促进生物多样性恢复。水环境的"晴雨表"桃花水母现身微山湖；国家一级保护野生动物、世界极危物种青头潜鸭时隔 60 年重返南四湖定居，目前已有约 400 只，占全球种群数量的 8%。

通航路，促发展，畅通南北经济循环

水利兴则百业兴，水资源格局决定着区域发展格局。南水北调东线一期工程为沿线 20 多座城市带来优质水源的同时，也带来了潜在的优质资源，让不远万里来的"生态好水"摇身变为促进区域均衡发展的"经济活水"。

11 月 9 日，在山东济宁市任城区京杭运河桥下，一艘"一拖八"的货船从几十公里外的梁山港驶来，平稳行驶在梁济运河水面上。

梁山港位于济宁市梁山县，处于我国"西煤东输"能源动脉瓦日铁路和京杭大运河交接的"咽喉要地"。2018 年以前，济宁至梁山港航道仅为三级标准，每年枯水期，2000 吨货船不能满载通航，梁山港枢纽面临着空有地理优势而难以施展的窘境。

"2018 年，济宁将梁济运河下游水生态工程与南水北调东线梁济运河输水航道工程结合，在改善大运河沿线生态环境的同时，抬高京杭大运河济宁段的通航水位。"济宁能源发展集团有限公司港航管理部经理李宝说。2021年，梁山港实现全年通航，"黄金坐标"开始发挥"黄金效益"。

"可以说，没有南水北调就没有梁山港。"李宝这样描述南水北调东线一期工程对梁山港转型发展的重要意义，"现在，梁山港的年航运量可达 700万吨。"

在梁山港卸货车间，刚从山西驶来的火车车厢被自动拆分成组，一厢厢煤炭有序接卸到港口。几天后，这些来自几百公里外的货物将通过京杭大运河运送到更远的南方，最远可驶入长江出海，运送到广东、福建等地。

从梁山港着眼南水北调东线全线，得益于充足的水量保障，京杭大运河全年通航里程已达 877 公里。其中，江苏境内新开河道 17.96 公里，改善航道 92.45 公里；山东境内打通东平湖与南四湖的水上通道，新增通航里程 62公里。南水北调东线一期工程的泵站群催生出运河沿线带动经济发展的港口群。

重大工程还成为产业转型升级的"催化剂"。南水北调东线工程投资数百亿元进行生态环境建设，促使沿线各地在加大水污染治理的同时，积极调整产业结构。山东就以此为契机，关停 600 多家治污不达标的企业，在造纸行业 COD 排放量减少超 60％的情况下扩大产业规模 3.5 倍，实现了经济与环保的双赢。

从连通地理水脉到畅通经济命脉，从提供水资源保障到支撑国内经济循环，南水北调东线一期工程已经成为稳经济增长、促区域协调发展的"压舱石"。

一泓清水通南北，千里水脉利万家。今非昔比的种种变迁，沿线地区的发展变化无不彰显着集中力量办大事的制度优势，体现着南水北调东线一期工程发挥的巨大价值。这项牵动万千百姓利益的"国之大者"，将随着奔涌的清水续写保障国家水安全的精彩篇章。

（王鹏翔　余璐　冯伯宁　《中国水利报》　2023 年 11 月 15 日）

江水浩荡润齐鲁

——写在南水北调东线一期山东段工程通水十周年之际

南来之水，浩荡北上，蜿蜒东进，流淌于青山绿水之间。镶嵌在齐鲁大地的"T"字形水脉——南水北调东线一期山东段工程，自2013年11月15日胜利通水以来，为齐鲁大地注入无尽活力！

十年间，南来之水流经1191公里长渠，成为齐鲁大地13个市、56个县（市、区）经济社会发展的命脉和血脉。今非昔比的种种变迁，沿线城市的蓬勃发展，百姓安居乐业的幸福笑脸，彰显了中国之制的显著优势。

十年间，南水北调东线一期山东段工程圆满完成年度调水任务，工程运行安全平稳，水质稳定达标，供水能力稳步提升，成功应对冰期输水、应急调水、强台风、严重秋汛等考验。这背后，是十年如一日的悉心管护，是在推进高质量运行管理路上的精益求精。

十年间，作为南水北调东线一期山东段工程的运行管理单位，南水北调东线山东干线有限责任公司（以下简称"山东干线公司"）始终践行使命担当，凝心聚力，真抓实干，确保工程安全、供水安全、水质安全，在新征程上努力创造出新业绩。

精益求精
答好必答题

南水北调工程事关战略全局，事关长远发展，事关人民福祉。保障规模宏大、运行工况复杂、控制节点多、技术要求高且渠道调蓄能力有限的干渠的运行安全，是南水北调工程运行管理工作必答题。

山东干线公司深入贯彻习近平总书记重要指示批示精神，胸怀"国之大者"，聚焦调水分水主业主责，从守护生命线的政治高度，对标提质建体系，盯细增效严管理，全方位筑牢安全防线，持续提升工程运行管理现代化水平。

以标准化管理、严抓安全生产稳固水脉"长城"。通水十年来，山东干线公司全方位开展工程运行标准化应用落地，于2020年10月成为全国南水北调系统内首家通过质量、环境、职业健康安全管理体系认证的单位，初步形成了一套具有公司特色的标准体系，有效规范了工程运行和公司管理的各个环节，顺利通过水利部安全生产标准化一级单位评价，南水北调山东段整体工程在今年 10 月份通过水利部标准化管理工程省级初评。同时，建立健全安全风险管控与隐患排查机制，深入开展安全大检查和工程设施隐患排查治理；完善安全生产管理体系和全员安全生产责任清单，把责任落实到输水沿线每一个角落；扎实开展安全生产月活动和专项安全教育培训，适时全面修编防汛预案和度汛方案，高标准开展应急演练，扎牢工程安全运行"防护网"。

以高效运行模式、科技持续赋能助力精准精确安全调水。通水十年来，山东干线公司着力提升管理效能，打磨成熟"两级调度，三级管理"的调度运行模式，即"省调度中心科学制定调度计划、下达调度指令；7 个地市调度分中心及时分解指令，优化调度所辖工程；基层管理处认真执行指令，做好现场核查和维修养护管理"。充分应用调度运行系统，通过视频复核自动采集数据，分析预警功能支撑调水决策；规划工程全线安防系统改造工程，通过大数据管理、实时动态显示、故障及时预警；推动水量调度、闸（泵）站监控、多元展示等系统在省内率先串点连线，实现从水源到用户的全过程精准调度，积极推进工程自动化改造、南水北调数字孪生建设等工作，重塑山东段工程基础设施，推动调水运管方式变革，工程运行管理向更高水平迈进。

水质好坏直接关系东线工程的成败。通过坚持铁腕治污和持续强化监督管理，东线一期工程输水干线水质全部达标。工程运行十年来，山东干线公司持续提升水质应急监测和在线监测能力，实施放鱼养水、绿化养护工程，探索跨单位、区域、流域的水环境保护协调机制，确保水质持续稳定保持在地表水水质Ⅲ类以上，着力打造绿色生态工程样板，确保一泓清水永续北上。

通水十年，初心不改。南水北调山东段多项工程荣膺国家优质工程奖、中国水利工程优质（大禹）奖，多个集体或个人荣获"山东省五一劳动奖状"、山东省防汛抗洪表现突出集体……

<h2 style="text-align:center">调水为民
畅通生命线</h2>

"为中国人民谋幸福，为中华民族谋复兴"的价值追求，印刻在南水北调建设管理的点滴历程中，体现在通水运行的综合效益中。

水量足了、口感甜了、河流美了、生态好了，百姓乐了……通水十年来，南水北调东线山东段工程与山东省内其他骨干水利工程互联互通，构筑起南北调配、东西互济的水网格局，实现了长江水、黄河水、当地水、非常规水等多种水源的联合调度、优化配置，在服务保障全省水资源供给、水生态治理、水安全保障、水环境保护等方面发挥了关键作用。

山东是我国重要农业大省、沿海经济发达省，但人均水资源占有量却远低于全国人均水平。南水北调山东段工程的通水运行，可使全省年供水能力增加13.53亿立方米，有效缓解水资源供需矛盾，直接受益人口3800多万人。

2014年至2018年，青岛、烟台、威海、潍坊四市连续遭遇干旱，东线一期工程不间断向胶东地区供水893天，成为保障城市供水安全的主力军；2016年以来，青岛市引江水量年均2亿立方米左右，占全市城镇生活和工业用水总量30%左右。

过去武城县郝王庄镇庞庄村的村民们只能喝地下水，含氟量大，普遍有黄牙病。"南水"流入千家万户，让像庞庄村一样延宕百年的"黄牙村"，彻底告别了饮用高氟水、苦咸水的历史，群众的获得感、幸福感和安全感持续增强。

"南水"浸绿了这片土地。山东段工程自运行以来，通过水源置换等措施，累计生态补水7.37亿立方米，改善了南四湖上级湖、东平湖区域的生产、生活、生态环境，避免了湖泊干涸导致的生态灾难，"泉城"济南再现四季泉水喷涌景象。沿线受水区各河流湖泊利用引调来的江水及时补充蒸发渗漏水量，蓄水保持稳定，生态环境持续向好。通过北延工程实施调水5.28亿立方米，华北地区地下水超采综合治理成效显著，浅层地下水水位止跌回升，2022年更是迎来京杭大运河百年来首次全线贯通，工程沿线形成一条"绿色生态长廊"。

随着工程供水范围逐步扩大，沿线地方优化配置南水北调水、当地地表水、地下水和再生水等各类水资源，促进产业结构优化升级。南水北调21项中水截蓄导用工程与防洪除涝、灌溉、生态保护等结合实施，在有效发挥工程水质保障功能的同时，每年可消化中水2亿立方米，使山东30个县（市、区）直接获益，增加农田有效灌溉面积200余万亩。

"南水"畅通了南北经济循环。在京杭大运河梁山港，徐传军驾驶着他的两千吨级货轮，正准备将满载的煤炭发往江苏太仓："这一趟就能比陆运省一万多块钱，很感谢南水北调，改变了我们的生活。"山东南四湖至东平湖段将工程建设与航运建设结合起来，打通两湖段水上通道，新增通航里程 62 公里，京杭运河韩庄运河段航道等级由 Ⅲ 级提升至 Ⅱ 级，大大提高了航运安全保障能力。

南水北调东线一期工程还多次配合地方防洪排涝，累计泄洪、分洪 5.94 亿立方米，有效减轻了工程沿线地市的防洪压力。

南水北调东线山东段激活了沿线地区的发展优势，助推山东腹地通江达海，日益成为山东优化水资源配置、保障群众饮水安全、复苏河湖生态环境、畅通南北经济循环的生命线。

智慧赋能
奋楫续新篇

走进邓楼泵站管理处中控室，显示屏幕上，引水闸、主厂房、出水涵闸、变压器等模拟场景循环切换，机组运行参数、实时工情、水位、视频监控等实时信息一目了然。数字科技的充分运用和打磨，使数字孪生邓楼泵站和实体泵站之间，无论是"气质"还是"长相"，都如同"复制粘贴"一般。

邓楼泵站是南水北调东线一期工程第十二级抽水梯级泵站，开展数字孪生先行先试建设，是其自动化升级改造后的又一次蝶变。

山东干线公司通过充分引入物联网、大数据、人工智能等新一代信息技术，与泵站业务应用深度融合，聚焦安全、高效、经济运行需求，构建邓楼泵站 L2、L3 级数据底板，研发水利专业模型、视频识别模型、可视化模型和知识平台，打造智能调度、智能运维、工程安全监测、水质监测预警、全景应用、综合决策等智能应用系统，实现了场景可视化管理、全要素监控、精准化模拟和超前仿真推演，初步建立了泵站管理"四预"（预报、预警、预演、预案）体系，邓楼泵站从此有了"智慧大脑"，变得"耳聪目明"。

站高谋远，乘势而上，大有作为。在数字化发展浪潮中把握新机遇、塑造新优势，山东干线公司的创新远不止于邓楼泵站。

2022 年 8 月，山东省入选水利部确认的首批省级水网先导区之一，并被列入数字孪生水网建设先行先试试点，同步推进物理水网、孪生水网建设。

当下，全省紧紧围绕构建形成"系统完备、安全可靠，集约高效、绿色智能，循环通畅、调控有序"的水网目标，奋力攻坚，聚力突破，全力推进重点项目建设。作为全省唯一跨流域跨省域配置水资源的骨干工程，作为构建"一轴三环、七纵九横、两湖多库"的省级水网总体布局的主骨架和大动脉，南水北调东线一期山东段工程战略地位尤为凸显。

按照山东省水利厅《山东省数字孪生水网先行先试实施方案》，数字孪生山东南水北调已纳入山东省数字孪生水网建设，南水北调山东段工程将加快数字孪生水网及数字孪生工程建设，围绕"需求牵引、应用至上、数字赋能、提升能力"要求，加速构建数字孪生南水北调山东段工程体系和"四预"功能体系。同时，山东干线公司将全面强化算力支撑、提升网络安全体系防护能力。插上强劲"数字翅膀"的南水北调工程山东段未来可期，"数智"赋能将为工程运营决策提供前瞻性、科学性、精准性支持，保障工程效益充分发挥。

建设好、管理好、运行好南水北调工程，推动后续工程高质量发展，是习近平总书记提出的"重要课题"，也是必须答好的"时代答卷"。

一渠连南北，清水映初心。山东干线公司负责人表示，将着眼服务构建国家水网重大战略，精准施策，靶向发力，聚焦山东建设国家省级水网先导区，全力推动运行管理工作提档升级，保障南水北调山东段工程高质量运行，不断扩大工程经济、社会、生态、安全等效益，为构建新发展格局、建设现代化水网体系、推动山东经济社会高质量发展提供水安全保障，为山东全面开创新时代现代化强省建设新局面贡献力量。

（黄一为　张佳鑫　邓妍　《中国水利报》　2023年11月15日）

与南来之水共奔流

清流北上，泽被千里。南水北调东线工程是"四横三纵、南北调配、东西互济"水网格局中的重要组成部分，是国家水网的主骨架和大动脉。11月15日，南水北调东线一期工程迎来通水十周年。十年间，南水北调东线一期工程累计跨省调水超过60亿立方米，为沿线经济社会发展提供了有力的水资源支撑。

　　一泓碧波，只此青绿。习近平总书记高度重视南水北调工作，多次作出重要指示批示。十年间，南水北调东线有关各方牢记嘱托，从守护生命线的政治高度，切实压实责任，规范运行管理，科学调度统筹，不断创新实践，有效应对了各类风险挑战，有力保障了工程安全、供水安全和水质安全，为实施重大跨流域调水工程积累了宝贵经验。如今，南水北调东线工程已经与沿线群众生产生活紧密联系在一起，与推动生态文明建设、促进经济社会绿色发展紧密联系在一起，与推进国家重大战略实施、保障国家水安全紧密联系在一起。工程带来的效益，集中彰显了中国特色社会主义制度和国家治理体系的鲜明特点、显著优势。

　　深入推进南水北调后续工程高质量发展，沿线各地各相关单位要切实承担历史使命，在更高层次、更高目标上全力推进科学管理、创新发展，真正把南水北调之水护好、调好、用好。要加强已建工程的安全管理和调度管理，加快数字孪生南水北调建设，提升东线工程调配运管的数字化、网络化、智能化水平。要深化南水北调工程建设、运营、水价、投融资等体制机制改革。要根据东线特点，紧密对接国家战略，遵循确有需要、生态安全、可以持续的重大水利工程论证原则，科学推进后续工程规划建设。

　　让我们与南来之水共奔流，加倍珍惜伟大的时代机遇，全力把南水北调工程这一事关战略全局的生命线工程继续规划好、建设好、管理好，在全面建设社会主义现代化国家新征程中作出新的更大贡献。

（《中国水利报》　2023 年 11 月 15 日）

数字孪生南水北调守护千里水脉

——南水北调中线数字孪生开放日活动成功举办

　　11 月 17 日，南水北调中线数字孪生开放日活动在穿黄工程现场成功举办，河南省郑州大学和华北水利水电大学师生一行 70 余人走进南水北调中线工程，了解数字孪生建设成果，探究大国重器背后的科技力量。

活动现场，来访师生通过观看宣传片、聆听专业讲解等方式，详细了解数字孪生在保障南水北调中线"三个安全"的应用与成效。

数字孪生南水北调中线一期 1.0 版，选取穿黄工程、惠南庄泵站为重点并兼顾典型渠段和建筑物，围绕"安全监管、智能调度、水质保护、智能运维"的业务需求，聚焦中线渠道安全稳定可靠运行、交叉建筑物监测，以及渠道和建筑物的远程监控、实时感知等方面，全面提升"三个安全"保障能力。

目前已探索构建了具有水网特色的"四预"功能体系，即以"监测告警"为基础，掌握水情、水质、冰情及工程安全性态；以"预报预警"为辅助，预判工程安全、水质安全趋势；以"模拟预演"为手段，推演风险发展过程和应急处置效果；以"推荐预案"为支撑，提供响应处置建议，强化"四预"赋能中线工程管理水平，提高安全运行保障能力。

同时，数字孪生南水北调中线建设团队通过视频展示的方式，向师生们介绍了数字孪生技术在南水北调中线的应用。安全监管是基础，实现对各类工程结构安全及洪水风险预警。智能调度是核心，实现中线总干渠恒定流与非恒定流状态的输水调度模拟，为常态情景及应急场景下供水方案调算以及闸群联调指令的制定提供支撑。水质保护是底线，实现中线全线未来 7 天水质指标的预报、预警，为水污染应急指挥决策提供支撑。设备综合风险分析及劣化分析模型，为维护人员提供动态维护建议。基于泵站经济运行模型，以节能降耗为目标对泵站运行方案进行优化，生成绿色低碳优化方案。

数字孪生南水北调中线建设是一项系统工程，任重道远。中国南水北调集团将按照"统筹规划、示范引领，整合共享、集约建设，融合创新、先进实用，整体防护、安全可靠"的要求，大力推进数字孪生中线建设，为全面提升国家水网安全保障能力提供有力支撑。

（杨帆　中国水利网　2023 年 11 月 21 日）

数字孪生赋能南水北调中线高质量发展

数字孪生水网是国家水网建设的重要内容，也是推动新阶段水利高质量发展的重要标志之一。作为数字孪生水利工程建设先行先试项目之一，数字孪生南水北调中线建设涉及线路长、专业广、复杂程度高、协调难度大，2023年以来，各有关单位通力协作、密切配合，围绕安全监管、智能调度、水质保护、智能运维等业务需求，初步建成数字孪生南水北调中线一期1.0版。

在水利部统一领导和组织协调下，中国南水北调集团高位推进、周密部署，将先行先试工作列入重要议事日程，加快推进数字孪生南水北调建设，助力南水北调后续工程高质量发展。中国南水北调集团中线有限公司（以下简称"中线公司"），强化统筹谋划，加强组织协同，成立了数字孪生南水北调中线建设领导小组，公司董事长、总经理牵头挂帅，构建了自上而下、协同推进的数字孪生中线建管体系，建立了周调度、月会商等工作机制，明确任务分工、时间节点，实行清单管理、挂图作战，全面提升工程建设和运行管理数字化、网络化、智能化水平，着力打造引调水工程的数字孪生示范和样板。

自中线工程通水以来，中线公司积极推进信息化建设，加快布局物联网、人工智能、云计算、大数据等新一代信息技术的应用，已形成覆盖工程安全、供水安全、水质安全和企业经营管理等各业务领域的信息化体系，积累了大量的监测及运行管理数据，为数字孪生建设奠定了良好基础。按照"需求牵引、应用至上、数字赋能、提升能力"总体要求，数字孪生南水北调中线一期1.0版选取穿黄工程、惠南庄泵站为重点并兼顾典型渠段和建筑物，聚焦延长工程安全风险预见期、提高输水调度方案优化决策水平、提升安全应急事件处置能力、降低工程运行能耗成本等关键业务目标，从实用、好用、管用的角度，全面强化预报、预警、预演、预案功能，切实增强南水北调"三个安全"保障能力。

安全监管更加精准

数字孪生，基础在"数"。中线工程沿线共布设安全监测仪器设施10万余支（套），安装视频安防摄像机1万余台，布设水位计、超声波流量计、雨情监测站、左排水位监测站等1200余个，构建了较为完善的工程安全业务系统，实现了安全风险发现、上报、处理、消缺的闭环管理，形成了大量的基础数据、监测数据和业务管理数据。

如何用好这些庞杂而丰富的数据是关键。数字孪生南水北调中线一期 1.0版在"中线一张图"基础上筑牢统一的数据底板，重点关注中线工程安全监管以及交叉河道、左排洪水对中线工程安全的影响，系统覆盖示范段和先行先试段的工程安全监测告警信息以及流域的气象预报信息，基于数理统计模型、有限元分析模型及洪水预报、演进模型，初步形成了多模型耦合体系，对各类工程结构安全及洪水风险进行预警，并支持多工况预演、匹配预案。

针对河南郑州"7·20"特大暴雨灾害，开展从"降雨—产流—水库调蓄—洪水演进"的全过程模拟，计算突发暴雨洪水到达南水北调中线工程交叉断面时的水情情况，给出预警提示，并推荐处置措施，可复盘总结防洪处置经验。一线管理人员表示，用算法和数据可"再现"洪水，动态识别洪水范围和速度等演进信息，有效支撑防洪度汛精准化决策。

输 水 调 度 更 加 智 能

数字孪生，核心在"算"。构建南水北调中线智能调度业务场景是数字孪生南水北调中线建设的重要任务之一。通过接入全线水情数据、冰情实时监测数据，对供水运行状态进行实时监视预警。基于河渠水动力学模型，实现中线总干渠恒定流与非恒定流状态的输水调度模拟，为常态情景及应急场景下供水方案调算以及闸群联调指令制定提供支撑。基于河冰动力学模型对京石段217公里范围内18座巡查站点寒潮场景下水温、冰凌进行预报预警。

中线公司调度人员介绍："现在通过这个平台可以便捷地对渠道输水能力进行评估，只需要输入预设的输水工况和计算区间，平台会调用恒定流模型计算区间内各断面的流量和水位，还能根据超加大水位的位置对调度方案进行动态调整，这项功能对日常调水工作效率提升作用很大！"

数字孪生平台可以结合智慧化模拟，制定不同工况下的预案措施，为供水安全提供智慧化决策支持。在应急防汛或其他应急工况中，常常需要在短时间内大幅度调整流量。如今，平台的非恒定流计算功能可支持开展应急响应状况下的输水调度模拟，为闸群联调指令的制定提供了决策支撑。

水质保障更加敏捷

数字孪生，重点在"预"。数字孪生南水北调中线建设基于已建的水质"监测—预警—调控"决策支持综合管理平台，构建水质保护业务场景，动态掌握中线水质监测现状及未来发展趋势，实现以不同渠段、不同污染物为输入的中线工程污染物扩散模拟，以及应急调控举措在数字化场景中的仿真再现。

数字孪生平台集成中线 13 座水质监测自动站、30 个固定监测断面等各种水质指标实时数据，实现了全线水质多参数监测告警。基于一维水动力水质模型，耦合大数据预测模型，实现全线水质 9 项指标未来 7 天的预报预警。针对典型渠段，可驱动突发污染物输移扩散模型进行水污染扩散的复现和预演，并推荐应急响应预案。

为更好保障水质安全，水质专员可利用水质保护模块，辅助开展突发水污染事件桌面推演。在河南分公司桌面推演现场，接到郑州管理处事故模拟情况的现场报告后，水质专员在平台输入污染物相关信息，调用污染物输移扩散模型，即可模拟污染物扩散过程。看着大屏幕上的信息，水质专员说："通过数字孪生平台的构建，实现了示范段内污染物入渠后的污染扩散情况的快速模拟，并迅速给出处置建议，大大提升了应急响应速度。"

运行维护更加高效

数字孪生，创新在"用"。通过利用 AI、大数据、物联网、地理信息等技术构建智能运维业务场景，数字孪生南水北调中线实现了供电、机电金结等设备运行及风险状态趋势性分析研判，能够主动性、计划性和预防性地提出运行维护建议，大大降低设备运行风险，提升设备运行的安全可靠性。

以数字孪生惠南庄泵站为试点，基于泵站设备综合风险分析及劣化分析模型，依托在泵站机组安装的 440 余个振动传感器、温度传感器、水压传感器、流量计、转速传感器，实时评估、预测关键设备的运行状态，为维护人员提供动态维护建议。基于金属结构风险分析模型，实现在闸门运作过程中对闸门运行风险实时监测预测。集成视频智能识别模型，辅助日常水位监视，并为惠南庄泵站园区安防管理提供有力支撑。基于泵站经济运行模型，以节能降耗为目标对泵站运行方案进行优化，生成绿色低碳优化方案。

数字孪生南水北调中线建设是一项系统工程，责任重大、使命光荣。中国南水北调集团高度重视，加强统筹协调，在数字孪生水利相关规程规范的指导下，按照"统筹规划、示范引领，整合共享、集约建设，融合创新、先进实用，整体防护、安全可靠"的要求，以"整合、强基、提升、赋能"为导向，高质量推进数字孪生南水北调中线建设，为全面提升国家水网安全保障能力提供有力支撑。

（杨帆 高逸琼 中国水利网 2023 年 11 月 21 日）

推进丹江口库区及其上游流域水质
安全保障工作会议在京召开

12 月 7 日，推进丹江口库区及其上游流域水质安全保障工作会议在北京召开。水利部党组书记、部长李国英出席会议并讲话。河南省政府副省长孙运锋、湖北省政府副省长盛阅春、陕西省政府副省长窦敬丽出席会议并讲话。水利部副部长王道席、陈敏出席会议。

会议指出，习近平总书记十分关心南水北调中线工程水源地水质保护工作，多次就丹江口库区及其上游流域水质安全保障工作作出重要指示批示。要深入学习贯彻习近平总书记重要指示批示精神，认真落实党中央、国务院决策部署，心怀"国之大者"，坚决扛起政治责任，站在守护生命线的高度，以"时时放心不下"的责任感，扎实做好丹江口库区及其上游流域水质安全保障工作，确保"一泓清水永续北上"。

会议强调，要锚定工作目标，加快构建流域综合治理体系，推进水土流失治理，强化库区岸线保护，加强面源污染防控，增强突发水污染事件应对能力。要加快构建严密的监测体系，健全水文水质、水土流失、生态流量等监测网络，构建雨水情监测预报"三道防线"，完善省界、重要干支流、出入库、源头区全覆盖的站网布局，推进天空地一体化监测能力建设。要加快构建科学的水资源调度体系，推进数字孪生流域、数字孪生水利工程建设，构建汉江流域多目标统筹水资源调度系统，实施科学精准调度。要加快构建务实管用的制度体系，压紧压实各级河湖长责任，完善跨行政区河湖管理保护协作机制，落实水行政执法与刑事司法衔接、水行政执法与检察公益诉讼协作机制，建立健全跨区域联动、跨部门联合执法机制。要强化目标协同、部门协同、区域协同、措施协同，加强流域上下游、左右岸、干支流和区域间相互协作，强化组织领导、统筹协调、政策保障，凝聚工作合力，抓紧抓细抓实抓好各项任务落实，确保圆满完成目标任务，确保工作成效经得起历史、实践和人民的检验。

国家发展改革委、生态环境部有关负责同志在会上发言。科技部、工业和信息化部、公安部、司法部、财政部、自然资源部、住房城乡建设部、交通运输部、农业农村部、应急部、市场监管总局、中国气象局、国家能源局、国家林草局、国家矿山安监局有关负责同志，水利部长江水利委员会、有关司局、直属单位负责同志，南水北调集团负责同志，河南省、湖北省、陕西省水利厅负责同志参加会议。

（中国水利网 2023年12月7日）

人间天河通南北 千秋伟业铸辉煌

——南水北调东线一期工程通水十周年

建设南水北调工程是党中央、国务院根据我国经济社会发展需要作出的重大决策。南水北调工程是缓解我国北方水资源短缺和改善生态环境状况，促进水资源优化配置的重大战略性基础设施。工程规划分东、中、西三条调水线路，通过与长江、黄河、淮河和海河四大江河相连，构成我国水资源配置"四横三纵、南北调配、东西互济"的总体格局。

作为南水北调东线一期工程的重要组成部分，山东段干线工程自2013年建成通水以来，连续十年圆满完成调水任务，持续扩大调水综合效益，构建起全省"T"字形输水大动脉和骨干水网体系，不断增强受水区人民群众的获得感、幸福感、安全感，持续彰显出民心工程、世纪工程的巨大效益。

通水十年，千里之外的汩汩南水持续滋养着齐鲁大地的千里沃野；回顾十年，这条镶嵌在平畴沃野的清清水脉不断为齐鲁大地注入无尽的发展活力；荣光十年，山东南水北调在科学谋划中促跨越，在攻坚克难中求奋进，在抢抓机遇中办大事，一路披荆斩棘，一路奏凯前行，以实际行动连续十年守护一渠清水持续北上，不断践行"大国重器"的使命与担当。

南水北调东线山东段工程自2002年开工建设，至2013年11月15日顺利实现通水运行，至今已圆满完成10个年度调水任务。作为东线一期工程的运行管理单位，十年来，南水北调东线山东干线有限责任公司（以下简称"山东干线公司"）通过强化顶层设计，深化创新实践，建立起统一管理、权责明确、职责清晰、运转高效的管理体系，致力在工程标准化、信息化管理上下功夫提质量，为实现工程安全平稳运行、精准精确调水提供了有力保障。

运行十年，山东干线公司笃行实干创佳绩

精准调度运行。通水十年来，山东干线公司严格按照"省调度中心定计划下调令＋地市调度分中心分指令＋各现场严执行"的运行路径，有效促进管理效能提升；信息监测与管理系统、闸（泵）站监控系统和水量调度系统全面上线运行，实现从水源到用户的全过程精准调度，全力以赴提高水资源调配效率和能力。

积极部署推进工程自动化升级改造、南水北调数字孪生建设等工作，省调度中心调度大厅综合信息大屏管理平台面前实现"宏观展示、细节呈现、交互应用"功能，数字孪生邓楼泵站先行先试项目初步搭建了泵站可视化场景，东湖水库自动化升级改造，实现全空间、多尺度、可视化的实时管控，工作效率大为提升。

工程标准管理。通水十年来，山东干线公司不断健全工程管理标准体系，提升工程运行管理质量，全力推进标准化工程建设，全方位推动工程运行标准化应用落地，在全国南水北调系统率先实现三标一体 ISO（国际标准化组织）标准全覆盖，37个单项及工程整体通过水利部标准化管理调水工程标准省级初评，取得工程维护、标识标牌、盘柜及线缆整理标准化等多项标准化成果，在工程上得到推广应用。组成以输水调度为核心的自动化调度体系、

以办公信息化为核心的运行管理体系、以控制专网为核心的基础保障体系，推动工程运行管理向更高水平迈进。始终把安全发展作为头等大事，建立健全全员安全生产责任清单，有序推进风险管控"六项机制"建设，加强安全监测和水质保护，连续 10 年实现工程安全、供水安全、水质安全。

技术创新提升。以科技创新为抓手，以顶层规划为引领，山东干线公司不断完善科技成果转化链条，建立科技创新成果库，加快成熟技术推广应用，提升数字化、网络化、智能化水平，建立"坚持党委领导、单位支持、个人带头、全员参与"的创新工作体系。坚持深入实施劳模、工匠和高技能人才"双创双提升"工程，充分发挥工匠、劳模的先进典型引领和示范带头作用，涌现出一批技能人才，"齐鲁工匠""水利部首席技师""最美水利人"等荣誉称号被公司职工陆续收入囊中。持续激发公司发展动力活力，提高员工技术水平能力，为保证工程安全稳定运行和公司创新发展提供技能支撑和人才保证。

党建引领发展。通水十年来，山东干线公司认真学习贯彻党的历次会议精神，深入领会习近平总书记关于南水北调、黄河流域生态保护和高质量发展的重要指示要求，全面落实水利部、省委省政府和省水利厅部署安排，实现了政治建设固本强基、组织建设坚强有力、廉政建设正风肃纪，引领公司治理体系和管理能力不断提升。在文明创建的征程上，山东干线公司以培育和践行社会主义核心价值观为根本，以公民道德教育为主线，选树一批"道德模范"、劳模工匠、"十佳标兵"，建成先进典型事迹展台。培育一批"优秀双报到单位"、"全国先进班组"、省创新型班组等模范标杆，彰显了山东干线公司亮丽的企业名片。

通水十年，山东干线工程综合效益成效显著

水资源供给能力明显提升。截至 2023 年 9 月底第十个调水年度结束，工程累计调水 80.27 亿立方米，其中长江水 65.43 亿立方米（2022—2023 年度省际调水 11.25 亿立方米，北延应急供水 2.62 亿立方米，均创历史新高），有效缓解了山东水资源供需矛盾，保障了供水安全，4000 多万人受益。特别是 2014 至 2017 年胶东半岛连续干旱出现严重供水危机，南水北调工程与地方引黄工程、胶东调水工程联合调度运行，向胶东半岛输送长江水、黄河水 25.06 亿立方米，有力保障了区域用水安全。

水生态治理能力显著提高。先后向南四湖、东平湖、济南市生态补水7.37亿立方米，有效改善了区域水生态环境，北延应急供水5.28亿立方米，为缓解华北地区地下水超采、助力京杭大运河百年来首次实现全线通水、促进京津冀协同发展提供了重要支撑和保障。

水安全保障能力切实增强。多次配合地方防洪排涝，累计泄洪、分洪5.94亿立方米，有效减轻了工程沿线的防洪压力，济平干渠、柳长河和梁济运河段工程成为东平湖湖区洪涝水北排、南排通道。

水环境保护能力日趋完善。新增通航里程62公里，京杭大运河韩庄运河段航道由三级航道提升为二级航道，打通了两湖段水上通道，实现了山东内河航运通江达海。21项中水截蓄导用工程与防洪除涝、灌溉、生态保护项目等结合实施，30个县（市、区）获益，每年可消化中水2.1亿立方米，增加灌溉面积200万亩。

发展十年，南水北调工程成为水网建设"主力军"

习近平总书记指出："水网建设起来，会是中华民族在治水历程中又一个世纪画卷，会载入千秋史册。"南水北调东线一期山东境内工程是跨流域跨区域配置水资源的骨干工程，在山东省水安全保障中发挥着不可替代的作用。

南水北调工程90％以上工程与原有河道、湖泊输水调蓄交叉利用、互联互通，是山东"南北调配、东西互济"引供水体系的主轴线，工程作为优化配置山东水资源格局的重大战略性工程，通过以南水北调干线工程构建的水网体系，将有力促进山东省构筑水安全保障网、水民生服务网、水生态保护网，建设水美乡村示范带、内河航运示范带、文旅融合示范带、绿色发展示范带，推动形成"三网四带"总体格局，全面提升现代水网综合效益。此外，工程输水河（渠）道作为山东省南四湖、大汶河、小清河等重点河湖的主要行泄洪通道，是山东省防洪工程体系的重要组成部分，在保障防洪安全中发挥着重要作用，是支撑与保障山东全面落实黄河重大国家战略，建设首批国家省级水网先导区和绿色低碳高质量发展先行区重大任务的"主力军"。

奋斗十年，荣光十年。山东南水北调将按照省委省政府决策部署，落实好省水利厅工作要求，坚持发展、开放、创新、融合、和谐工作理念，全力打造山东省工程运管样板企业、调水供水领军企业、水安全保障骨干企业，全面参与国家省级水网先导区建设，推动南水北调工程与省内重要水资源配置工程互联互通、同频共振，不断满足人民群众日益增长的对持续水安澜、优质水资源、健康水生态、宜居水环境、先进水文化需要，在奋力谱写中国式现代化山东实践中书写更加精彩灿烂的南水北调篇章。

（邓妍　庞博　《中国水利报》　2023 年 12 月 8 日）

南水北调中线水源公司推进全流域治理
守护丹江口水库

——聚流域合力　护千里水脉

"疑似有油罐车在江北大桥发生泄漏事故，可能会对丹江口水库造成影响。""立刻启动应急预案！"

日前，在南水北调中线水源有限责任公司（以下简称"中线水源公司"）调度会商室，伴随着指挥组组长发出演练指令，2023 年丹江口库区水质异常应急监测演练活动拉开序幕。凛冽寒风中，监测分析组和水文监测组成员迅速到达拟定点断面，有序开展现场采样、流量流速检测等演练任务。此次演练是中线水源公司不断提升水源保护能力、全力以赴守护供水安全的缩影。

"丹江口水库及上游流域的水质安全保障，事关南水北调中线工程沿线1.08 亿人的饮水安全，特别是首都地区供水安全。中线水源公司作为南水北调中线水源工程运行管理单位，不断完善丹江口水库库区管理制度，强化监测手段，推进全流域治理，保障了调水水质。"中线水源公司总经理马水山介绍。截至目前，丹江口水库已累计向受水区供水超 600 亿立方米，调水水质始终稳定在地表水 II 类及以上。

源头治理
凝心聚力守护水源地

11 月 28 日，在中线水源公司鱼类增殖放流站，数万尾充满活力的鱼苗被投放至丹江口库区，在水面溅起一朵朵水花。这是水利部长江水利委员会首次联合丹江口库区湖北、河南的6个县（市、区）在库区开展鱼类增殖放流活动。

"鱼类增殖放流可以进一步改善库区水生生物多样性，对提升水质具有重要作用。"中线水源公司副总经理曹俊启说。2018年以来，公司已累计向丹江口水库投放大规格鱼种超1200万尾。

地处汉江中上游的丹江口水库，蓄水量达290.5亿立方米，被誉为"亚洲天池"。如何守好一库碧水，保障源头水质，是水源人不断探索研究的课题。

"水质问题，表现在水里，根子在岸上。"马水山介绍，中线水源公司针对水土流失、水库消落区、城镇污水、农业面源污染、尾矿库等5个方面的治理对象，全面检视查找水质风险隐患，逐项建档整改，从根源上守牢水质安全底线。

围绕水利部党组书记、部长李国英对于完善危化品运输风险源管控机制的要求，中线水源公司针对点源或非点源污染、交通事故、尾矿库泄漏、水华灾害、人为投毒或倾倒有害物等可能引发的水污染事件，组织编制《丹江口水库突发水污染事件应急预案》；推动建立精简、高效、统一的应急处置机制和及时、准确的信息通报机制，组建水库水质应急监测党员联合突击队。

目前，中线水源公司正在编制群众举报事项信息管理实施方案，计划在丹江口库区布设的560个标识牌上设置"群众举报事项管理"应用二维码，鼓励群众广泛参与库区管理保护，让全民护水成为库区新风尚。

挂图作战
加快构建全流域治理体系

2023年6月，李国英部长在南水北调中线水源公司召开座谈会，要求"对标'确保一泓清水永续北上'目标，全面检视和查找丹江口库区及入库河流全流域水质风险隐患"，提出将治理范围扩大到入库河流全流域。

丹江口水库水域面积1050平方公里，库区上游绵延9.52万平方公里，入库河流达16条。想要牢牢绷紧库区水质安全这根弦，必须树立全局意识、整体意识，构建全流域治理体系。

"6月以来，我们紧跟李部长部署，细化具体工作任务，每周召开例会跟进项目完成进度，疏通堵点难点。"中线水源公司库区管理部主任谈华炜介绍，中线水源公司组织开展了库区及上游流域一张图建设。公司先后收集整理了流域边界、县级以上行政区划、支流流域边界等数据，摸清汉江上游与水质安全保障有关的数据底数，为后续实施流域统一管理提供数据支撑，发生水污染事件时可以依托一张图调取有关数据进行快速定位和分析研判。

同时，中线水源公司结合丹江口水库跨流域调水特性和国家重要水源地定位，积极参与丹江口水库及上游流域保护立法前期研究工作，配合开展有关调研、现场考察等工作。

当前，中线水源公司正以库区六县（市、区）16条主要入库河流方案先行先试，解决入库水质保障的紧要突出问题。

科技赋能
助力构建"全时空"监测网

"点开这个水质安全页面，就能清晰看到库中水质、入库支流水质入库污染负荷等最新数据，一旦出现水质异常情况，我们能够第一时间获知，还可对水质污染事件的演变趋势进行模拟，提高解决问题的针对性。"在中线水源公司技术发展部办公室，工作人员登录"数字孪生丹江口工程平台"，逐一展示平台的各项功能。

中线水源公司积极响应李国英部长提出的"构建严密的监测体系"要求，围绕"全流域、全要素、全天候"的水质监测目标，不断加大技术研发投入，分步骤完善水质监测保障体系。集合长江水利委员会信息技术骨干，加班加点建设数字孪生平台，为水质监测、应急响应等提供数据支撑；开展水库遥感水质监测技术研究，提出无人机、船载高光谱监测试点的实施方案，研究构建"天空地"一体化的水质监测体系；推动建立水源区水质监测数据共享机制，及时通报舆情事件和突发水质异常情况。

中线水源公司按照"应设尽设、应测尽测、应在线尽在线"原则，系统梳理自身能力建设需求，加快推进水质监测实验室建设；在白河、堵河、丹江、老灌河建设水质自动监测站，实现水文水质同步监测；推动陶岔、青山、马蹬等水质自动监测站仪器设备提档升级。

"陶岔渠首是南水北调中线的'水龙头'，我们正在谋划引入先进监测设备和生物监测手段，朝着'打造世界领先水平的陶岔水质监测示范站'的目标不断努力。"中线水源公司供水部程靖华副主任介绍。

据了解，中线水源公司已建立起丹江口库区水质监测站网体系，开展陶岔渠首断面水质监测常规 9 项的每日监测、库中 16 个断面的基本 24 项和补充 5 项的每月监测、入库支流 16 个断面的基本 24 项的每月监测、库中 4 个重点断面的 109 项全指标的每半年监测，并通过自动监测站每日监测 7 个断面的 10～15 项指标，紧密跟踪掌握水库水质状况。

"我们将时刻把习近平总书记的嘱托牢记在心中，把维护'三个安全'的责任扛在肩上，把李国英部长调研丹江口水库水质安全保障工作的要求不折不扣落实在具体行动中，当好南水北调中线水源区的'守井人'。"马水山说。

（张壮 《中国水利报》 2023 年 12 月 8 日）

同心共护源头水

——长江委深入推进丹江口水库库区
政企协同管理长效机制工作

近年来，水利部长江水利委员会不断深化库区政企协同管理，推动丹江口库区管理保护工作不断取得新成效。

自南水北调中线水源有限责任公司（以下简称"中线水源公司"）与丹江口库区 6 县（市、区）人民政府全面签署库区协同管理试点工作协议以来，在各方共同努力下，库区政企协同管理机制初见成效，"守好一库碧水"专项行动成效显著，为保障南水北调中线水源工程安全、供水安全、水质安全加筑了一道安全防线。

同题共答，"协议"全覆盖

作为全开放型饮用水水源水库，丹江口水库拥有 1050 平方公里的水域面积，4000 多公里的库岸线，库区沿线涉及河南省淅川县和湖北省郧西县、丹江口市、张湾区、武当山特区、郧阳区共6个县（市、区）。2021年以前，中线水源公司库区管理部通过日常巡查发现，库区拦汊养鱼、填库建房、倾倒垃圾、排放污水等非法侵占库容、污染水质的情况时有发生，这类"顽疾"给水源地保护带来了巨大隐患。

如何破解库区管理难题、消除风险隐患？中线水源公司在多次实地调研后给出了方向——变"各自为战"为"协同作战"。在互信、互助、互帮的基础上，建立健全水库岸线管理保护长效机制，探索开展丹江口水库政企协同管理试点，开启从库区管理模式创新层面寻找突围。

从2021年3月22日到2022年9月23日，历时一年半，中线水源公司先后与库周6县（市、区）人民政府签订了丹江口库区协同管理试点工作协议，从"1+1""1+2"到"1+6"，实现了丹江口库区政企协同管理试点工作全覆盖。

丹江口水库库区管理部主任谈华炜介绍，中线水源公司充分发挥在库区巡查技术、资金保障等方面的企业优势，地方政府发挥县直相关部门、库区乡镇在库区管护方面的属地管理优势和行政执法优势，形成了在河长制框架下"县—乡—村"网格化政企协同管理机制，政企双方通过取彼之长、补己之短，共同做好丹江口库区管护。

同向发力，"协同"显成效

丹江口库区协同管理试点工作在探索中不断深化、细化，从工作机制、常态化联巡联查、数据信息共享、管理能力建设等方面着手，汇聚起库区保护的强大合力。

"网格化"是丹江口库区协同管理的重要举措。依托河湖长制，把丹江口水库1050平方公里的库区，按照行政属地管理划分为若干个"网格"，每一个格子都安排专人负责，切实把协同管理机制落实落地，充分发挥协同共管作用。

"目前，我们已完成库周6县（市、区）、41个乡镇、380个行政村、600余名网格化管理责任人的信息收集、核对，录入库区巡查APP、丹江口库区实景三维一张图，并编印成册。"库区管理部工作人员张保华介绍，今后库区遥感解译信息、现场巡查信息等，将通过手机等终端设备，快速传达到涉事现场的最前沿，以最快的速度上报、解决问题。

政企协同管理试点在水利部部署、长江委组织的"守好一库碧水"专项整治行动中发挥了重要作用。截至目前，已累计完成 915 个问题的清理整治，共拆除库区管理范围内违法违规建（构）筑物 25 万平方米、网箱 2 万平方米、拦网 23 公里、堤坝 25 公里，清除弃土弃渣 233 万立方米，恢复岸线 25 公里，恢复防洪库容 1467 万立方米，复绿库岸 82 万立方米。

通过清理整治，保护了水库库容，改善了水域岸线面貌，修复了库区水生态环境，有力保障了南水北调中线水源工程"三个安全"。

同频共振，"协作"更紧密

自 2014 年通水以来，丹江口水库水质长期保持在 Ⅱ 类及以上，已累计向受水区供水超 600 亿立方米，是保障北方 1.08 亿人口，特别是首都地区供水安全的"生命线"，水质安全保障工作丝毫不能有失。

中线水源公司研究制定了丹江口水库水质安全保障工作实施方案，重点开展了库区管理机制建立、水源地管理与保护、库区法治建设、水质监测体系构建、库周遥感监测体系构建、数字孪生丹江口工程建设等工作。库周 6 县（市、区）积极履行协同管理协议，在库区消落区管理、水域岸线保护、水资源保护等方面做了大量卓有成效的工作。

从"协议"到"协同"，再到"协作"，库区政企协同管理正从"有名有实"转向"有力有效"。中线水源公司将坚决扛牢丹江口库区管理的政治责任和使命担当，以"组网、构图、强基"为重点，在互信、互助、互帮的基础上，深化政企协作，扎实做好水库水质安全保障工作，共同维护中线水源工程"三个安全"，确保"一泓清水永续北上"。

（刘霄　张艳玲　中国水利网　2023 年 12 月 9 日）

水利部召开丹江口库区及其上游流域水质
安全保障工作进展和成效新闻发布会

2006 年以来，国务院连续批准实施四轮丹江口库区及上游水污染防治和水土保持规划，推动水源区生态环境质量持续改善，丹江口库区水质常年保持在Ⅱ类及以上，为南水北调中线工程提供了坚实的水质安全保障。12月11日，水利部召开丹江口库区及其上游流域水质安全保障工作进展和成效新闻发布会，副部长王道席介绍有关情况，并与水资源管理司、水土保持司、南水北调工程管理司、长江水利委员会负责同志回答记者提问。

王道席表示，水利部深入贯彻落实习近平总书记关于南水北调中线工程水源地水质安全保障工作的重要指示精神，认真落实党中央、国务院有关工作部署，强化丹江口库区及其上游流域水资源管理保护，加强水土流失防治，研究建立水文水质全覆盖监测体系，充分发挥河湖长制平台作用，建立与地方协同管理机制，切实保障丹江口库区及其上游流域水质安全，确保"一泓清水永续北上"。

王道席介绍，保障丹江口库区及其上游流域水质安全是贯彻落实党中央、国务院决策部署的政治要求，是守护北方受水区生命线的重大责任，是切实维护中线工程水质安全的迫切要求。水利部将积极会同相关部门、地方采取有力措施，推进水质安全保障任务落实落地。按照山水林田湖草沙一体化保护和系统治理的总体要求，加强丹江口库区及其上游流域统一管理，加强水质保障综合治理，加快构建严密的监测体系，完善流域水资源调度体系，增强突发水污染事件应对能力，持续强化体制机制与法治保障。到2025年，使丹江口水库水质稳定达到供水要求，水环境质量稳中向好，水生态系统功能基本恢复，生物多样性进一步提高，水环境风险得到有效管控；到2035年，实现存量问题全面解决，潜在风险全面化解，增量问题全部抑制，体制机制全面健全。

《人民日报》、中央广播电视总台、《中国水利报》等多家媒体记者参加了新闻发布会。

（陈帅　王曼玉　中国水利网　2023年12月11日）

坚决守好一库碧水

南水北调中线一期工程通水9年来，已经成为京津冀豫26座大中城市的主力水源，这条供水生命线的起点正是丹江口水库。做好丹江口库区及其上游流域水质安全保障工作，是保证中线安全平稳运行的重要前提，是守护北方受水区1.08亿人用水安全的根本。水利部近年来协同有关各方深入贯彻落实习近平总书记重要指示精神，采取有力措施切实保障丹江口库区及其上游流域水质安全。经过共同努力，丹江口库区水质状况总体良好。

丹江口水库库区及其上游干支流涉及河南、湖北、陕西3省10市46县（市、区）和重庆市城口县、四川省万源市、甘肃省两当县相关乡镇，需要统筹谋划、综合施策，凝聚齐抓共管的强大合力。李国英部长日前主持召开推进丹江口库区及其上游流域水质安全保障工作会议，与相关部门、地方进一步加强沟通协调联动，有力推进各项任务落实落地。

问渠那得清如许，为有源头活水来。我们要深入贯彻落实习近平总书记关于南水北调中线工程水源地水质安全保障工作的重要指示精神，高质量推进各项任务落实，切实保障丹江口库区及其上游流域水质安全，坚决守好一库碧水，为"一泓清水永续北上"提供有力保障，经得起历史、实践和人民的检验。要坚持全流域"一盘棋"，坚持山水林田湖草沙一体化保护和系统治理，加强丹江口库区及其上游流域统一管理。要加强水质保障综合治理，加快构建严密的监测体系、科学的水资源调度体系、务实管用的制度体系，筑起南水北调中线水源地水质安全保障的牢固防线。

（黄一为 《中国水利报》 2023年12月12日）

南水北调工程专家委员会年度工作会议在京召开

2023年12月22日，南水北调工程专家委员会（以下简称"专家委"）年度工作会议在京召开。水利部党组成员、副部长王道席出席会议并讲话。专家委主任张建云院士主持会议。

会上，水利部人事司相关负责人宣读了《水利部办公厅关于印发南水北调工程专家委员会委员名单的通知》。专家委秘书处汇报2023年度工作情况及 2024 年初步打算，专家委顾问、主任、副主任、委员代表对专家委下一步工作建言献策，各参会单位代表就相关工作进行发言。

新一届专家委成员包括来自政府部门、科研院所、高等院校，以及工程建设单位、勘测设计单位、施工单位、咨询机构等单位的知名专家学者 65 名，其中中国科学院院士 1 名，中国工程院院士 11 名，全国工程勘察设计大师 8 名。

王道席充分肯定专家委在南水北调工程规划、建设及运行管理中发挥的重要作用。他表示，2023 年以来，专家委围绕南水北调工程总体规划修编、西线工程前期论证及供水安全、竣工验收、水质安全保障等，组织开展 13 次技术咨询活动、11 次调研检查、3 项专题研究和 1 次研讨交流，相关技术活动卓有成效，为南水北调"三个安全"和后续工程高质量发展提供了重要技术支撑。

王道席强调，专家委要结合当前南水北调工程主要工作任务，继续秉持优良传统和作风，勇于担当作为，重点在保障工程"三个安全"、推动工程竣工验收、强化后续工程规划建设等方面进一步发挥技术支撑作用，全方位跟进国家水网建设、智慧水利建设等重点工作。

王道席要求部机关有关司局要进一步加强工作协调，专家委秘书处要做好服务保障，为专家委履行职能创造良好条件，充分发挥专家委的智库作用。

中国南水北调集团有限公司，水利部规划计划司、南水北调工程管理司、国际合作与科技司、南水北调规划设计管理局、水利水电规划设计总院、中国水利水电科学研究院负责同志参加会议。

（中国水利网　2023 年 12 月 26 日）

南水北调安阳市西部调水工程试通水成功

红旗渠故乡再添新时代"红旗渠"

2022 年 12 月 30 日，随着工作人员转动进水阀，一泓丹江水汇入林州市第三水厂的沉淀池内，这标志着近年来安阳市单项投资最高、地质条件最复杂、施工难度最大的水利工程——南水北调安阳市西部调水工程全线完工，顺利实现试通水。安阳市西部区域近百万群众将喝上甘甜的丹江水。

南水北调安阳市西部调水工程是安阳市规划建设的保障服务民生、改善该市西部地区人民群众饮水质量的一项重大民生实事工程，是省市重点建设项目。该工程从南水北调中线总干渠 39 号口门末端配套工程取水，通过三级加压泵站、输水管道、隧洞将南水北调优质水源调入林州市、殷都区和龙安区，彻底改变安阳西部地区水资源匮乏的状况。

此项调水工程总投资 15.95 亿元，年引水量 7000 万立方米；建设输水管线 50.8 公里，隧洞 13.13 公里；建设加压泵站 3 座，建设日处理水量 9 万立方米水厂 1 座。工程于 2020 年 3 月开工，近 600 名建设者奋战在红旗渠故乡，再建一条新时代"红旗渠"。

工程项目负责人介绍，在建设过程中，他们采用 1.2 米输水管道和隧洞输水方式，最大限度减少对农田的占用和对梯田林地的破坏，以及对人民群众生产生活的影响。

其中，13.13 公里的输水隧洞建设是项目咽喉工程，工程采用国内最先进的大型智能隧洞硬岩掘进设备 TBM 岩石掘进机，掘进速度快、安全环保。

他们还建设了自动化、信息化加压泵站，实现智能加压输水，三级泵站层层接力，将丹江水推高 275 米，穿越南水北调总干渠、安阳河、瓦日铁路、高速公路等重要设施 23 处，穿越其他道路、河流、燃气管道等设施 46 处，一路"跃上"太行山。

建造百年工程，再铸历史丰碑。工程建设者们在每一段输水管道上都标明了坐标和桩号，就像当年修建红旗渠时，会在石头上标注修建工队名称一样，对工程质量终身负责。

林州市自来水公司员工李志远见证了试通水的全过程，"我太姥爷和爷爷都修过红旗渠，今天我能亲眼看见又一渠清水引到林州，真是太荣幸了。"

当年修建红旗渠的特等劳模张买江一直关注工程建设，他说："我们当年修建红旗渠是让老百姓有水吃，如今国家大力建设项目，三级提水将丹江水引到林州，为的是让咱老百姓喝上南水北调的好水，日子越过越滋润了！"

（谢建晓 杨之甜 张俊军 《河南日报》 2023 年 1 月 1 日）

南水北调河西支线工程取得节点性进展

本市西南地区具备接通南水条件

南水北调河西支线工程中堤泵站（北京市水务局供图）

人勤春来早，新年新气象。记者从北京市水务局了解到，北京市南水北调重要配套工程——河西支线工程取得节点性进展，18.8 公里输水管线基本建设完工，中堤泵站修建完毕，具备向丰台河西第三水厂供水的条件，这也代表着北京西南地区已具备接通南水的条件。

输水管线基本建设完毕

河西支线是南水北调北京段的重要配套工程。工程自大宁调蓄水库取水，加压输水至三家店调节池。建设内容包括一条总长 18.8 公里的输水管线，沿途三座加压泵站（中堤泵站、园博泵站、中门泵站）和终点处一座石门闸站。

项目自 2017 年动工建设，截至目前，18.8 公里输水管线基本建设完毕，中堤泵站、园博泵站及石门闸站已经完工，中门泵站正在加紧建设中，计划到今年年底主体工程基本完工。预计到明年 5 月，所有建设项目全部竣工。项目建成后，将为丰台河西第三水厂、门城水厂、首钢水厂提供南水，保障丰台河西及门头沟区居民生活用水，同时为丰台河西第一水厂、城子水厂、石景山水厂提供备用水源，还具备向三家店调节池调水功能及反向输水功能。

据介绍，河西支线工程投入使用后，将有效解决北京西南地区用水问题，提高西南部地区城市水资源保障能力，同时，完善南水北调供水体系，提升来水接纳能力。

中堤泵站具备供水条件

西五环外，大宁水库东侧，一片极具现代感的灰色建筑是刚刚建设完工的北京市南水北调河西支线工程的配套工程之一，中堤泵站。负责工程建设的工作人员正在对水泵、配电柜等内部设备进行最后巡视，准备向泵站投入使用后的管理部门进行移交。

"年前泵站完成了正式接电，现在已经具备向丰台河西第三水厂供水的条件了。"北京市水务建管中心河西支线工程项目部部长赵亮介绍，中堤泵站是河西支线工程的起点，泵站启用后，自大宁调蓄水库取水，经 6.8 公里管线输送至丰台河西第三水厂，是南水进入丰台河西地区和门头沟地区的重要环节，"这也意味着，北京西南部地区已经具备接通南水的条件了。"

赵亮介绍，中堤泵站占地面积 3 万余平方米，建筑面积 1 万余平方米，功能分区主要包括主厂房、副厂房和配电系统等，其中设有供排水设备间的主厂房建筑，地上 4 层，地下 6 层，地下最深处达 24 米。

在赵亮的带领下，记者来到位于地下 6 层的供水设备间，6 台巨大的水泵机组十分壮观。"中堤泵站是河西支线的首级泵站，设计流量为每秒 10 立方米。"河西支线工程施工第一标段技术负责人闫亚东介绍，泵站正式启用后，6 台水泵机组将按照 4 台使用、两台备用的方式进行调配，每台水泵的设计流量为 2.5 立方米每秒，每台泵站每天大约能抽取 20 余万立方米的水。

中堤泵站肩负着向丰台河西地区、门头沟地区、石景山地区安全稳定输水的任务，按照计划，"接下来我们会积极对接水厂，配合水厂需求稳步推进计划，推动实现最终通水。"赵亮说。

分级供水调配更灵活便捷

梯级加压、分级供水是南水北调河西支线工程的一大显著特点。

赵亮表示，河西支线沿途设有 5 个分水口，三级泵站梯次加压，在主管线已经完工的基础上，可以根据泵站和水厂的建设情况，逐个启用，尽可能满足各水厂不同阶段的用水需求。"听起来整个工程要到明年才完工，但实际上中堤泵站完工后就已经可以发挥输水作用了。"赵亮说，分级供水可以分段发挥河西支线的输水效益，有助于更加灵活、便捷、精细地调配水资源。

记者了解到，河西支线工程建设过程中克服了重重困难。"首先是主管线，采取了盾构开挖的工艺，这是目前为止在丰台河西地区第一个采取盾构开挖的工程。"赵亮介绍，由于丰台河西地区属永定河流域，地质结构坚硬，地下有许多大型卵石、漂石，开挖难度大、工期长，施工过程中创新工艺，最终完成主管线的开挖铺设任务。中堤泵站建设过程中，也克服了施工条件复杂、专业施工种类多、混凝土浇筑量大等诸多困难，圆满地完成了任务。

（王天淇 《北京日报》 2023 年 2 月 1 日）

145 万市民告别自备井喝上优质自来水

日前，随着通州区新潮嘉园小区庭院线和外部供水管线实现勾头通水，

660 多户居民告别自备井井水，喝上了市政管网自来水。据悉，北京市水务部门组织市自来水集团，会同属地政府 2022 年度累计完成 35 个小区（单位）的自备井置换工作，新增 5 万余市民喝上了更加安全、放心、优质的市政自来水。截至目前，全市已累计完成 1099 个小区（单位）的自备井置换工程，145 万余人因此用上市政自来水。

"南水"进京
自备井逐步"退役"

由于水资源紧缺以及历史原因，过去很长一段时间里，北京的部分机关、企业、院校和小区自行开凿了一批水源井，以满足其日常用水需求，这就是自备井。

2014 年，南水北调中线工程正式通水，每年约 10 亿立方米的长江水奔流北上润泽京城。有了相对宽裕的水源保障，逐渐攒下"水家底"的北京迎来了自备井大规模置换的良机。"自备井置换就是将供水水源由自备水源井的井水切换为市政自来水，置换后的水质、水压、水的口感等均有明显改善。"北京市水务局供水管理处相关负责人周政表示，北京市水务部门在"南水"进京后启动实施了自备井置换工程。为持续改善居民饮水品质，2017 年 6 月，北京市政府办公厅印发了关于《加快推进自备井置换和老旧小区内部供水管网改造工作方案》的通知。按照通知要求，市水务部门全力推进置换任务实施，曾经作为供水主力的自备井陆续"退役"。

协调督办
千余个小区完成置换

为确保自备井置换工作顺利开展，市水务部门将置换任务纳入每年的折子工程，梳理、分解任务到区，建立"处周调度、局月调度"的工作机制，并将置换完成情况纳入河长制工作考核，强化全过程协调督办。

自备井置换，涉及方案设计、破路施工、手续审批、庭院线改造、二次加压设备安装等多重环节，对此，市水务部门采取了"分步走"的方法。"前几年主要置换了距离市政供水管网较近、置换意愿强烈的小区（单位），到了后面，难啃的'硬骨头'越来越多。"周政说。比如丰台区的明春苑小区，自备井供水的水质差、水压不稳等问题困扰了居民十余年，通州区新潮嘉园小区居民也因为自备井水的水碱大等问题，一直盼着引入市政自来水。可这些老旧小区基础设施条件差，置换工作开展起来并不容易。

"越是困难越得迎难而上，保障老百姓的用水诉求。"周政介绍，在明春苑小区，市水务部门协调各方多次现场办公，最终敲定了非开挖的管线施工方案，用新技术和新工艺实现保护古树、减少拆迁、加快进度的目标。在新潮嘉园小区，市、区两级水务局会同市自来水集团、街道、社区、物业等多家单位反复商讨，广泛征集居民意见，确定施工方案。

据了解，截至目前，全市已累计完成 1099 个小区（单位）的自备井置换工程，145 万余人因此用上市政自来水。

"十四五"末
中心城区具备条件的全部置换

随着自备井逐渐退出历史舞台，市水务部门同步加强对供水管线的更新改造，安装智能远传水表，让居民的用水体验"层层升级"。"到'十四五'末，中心城区和城市副中心具备条件的自备井供水小区（单位）将全部进行置换。"周政表示，"十四五"期间，市水务部门将因地制宜、分类施策持续推进自备井置换工作。对暂不具备置换条件的小区（单位），也将进一步强化对自建供水设施的监督检查，尤其加强水源防护、消毒设施运行以及水质检测等管理，确保市民用水安全。

目前，市水务部门正加快编制《北京市供水高质量发展三年行动方案》，未来将全面提升供水管理服务水平，让更多市民喝上安全、优质的放心水。

（王天淇　张雅丽　秦丽娜　《北京日报》　2023 年 2 月 6 日）

南水北调大兴支线新机场水厂连接线复工，
预计年底完成工程建设

地下 20 米"穿针引线"敷设输水线

元宵节过后，随着工人返岗，北京市南水北调配套工程重点续建项目陆续复工。记者近日探访南水北调大兴支线工程新机场水厂连接线项目时看到，

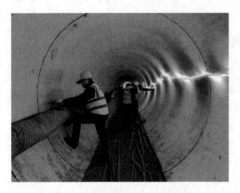

南水北调大兴支线新机场水厂连接线复工
（北京市水务局供图）

目前该工程地下 3 段顶管区间已开始顶进，并同步进行钢管安装。预计今年年底，工程将全线完工。据悉，这也是北京市水利施工领域首个曲线顶管工程，整体施工难度非常大。

走进新机场水厂连接线施工现场，地面上摆放着长 2.5 米的混凝土管，正等待龙门吊将其放入地下，跟随顶管机破土敷设。顺着施工竖井向下看，地下空间别有洞天，几名技术人员正在清理顶管机机头。

在液压控制站里，一名操作员正通过控制台屏幕监测顶管机和地下空间情况。

"管道吊装下来后，地下的测量员与控制站的操作员会密切配合，一个人负责'一米一测量'以确保精度，另一个人则要随时进行纠偏操作。"施工单位项目经理王梓任介绍，顶管机机头前方有刀盘破碎土体，不断向前掘进，后方跟着一节节 2.5 米长的混凝土管道进行敷设，"形象点儿说，就像缝衣服时的'穿针引线'。"敷设完成后，还需要清理干净混凝土管并安装上 1.8 米的涂塑复合钢管，中间再用自密式混凝土进行填充。

随后，记者来到该工程第十二标段第 16 号施工竖井处。在 20 米深的地下空间里，一边是静待顶管施工的墙体，一边是已经顶管施工安放好的混凝土管，将要安装涂塑复合钢管。在施工方工作人员指引下，记者注意到，管道有明显的拐弯，"这是从 17 号施工竖井顶过来的混凝土管，而且是曲线顶管施工。"一位工作人员说。

"这是北京市水利施工领域首个曲线顶管工程。"南水北调配套工程大兴支线项目负责人季国庆介绍，由于规划路有一定弧度，且顶管机全程是在水下进行作业，外加项目位置所处的富水细砂地层本身不具备自稳性，相比常规直线顶管，曲线顶管必须勤纠偏、勤测量，还要保证转弯过程中泥浆不渗漏，因此整体施工难度非常大。在各方共同努力下，目前已完成 4 段曲线顶管施工。

据介绍，北京市南水北调配套工程大兴支线新机场水厂连接线全长 14 公里，以新机场支线分水口为起点，终点为新机场水厂，是北京南水北调配套工程的重要组成部分。建成后将为新机场水厂提供双水源通道，预计今年年内实现全线贯通。"截至目前，工程各节点施工正平稳有序推进，我们将严格按照建设目标保质保量完成建设任务。"季国庆表示。

记者从市水务局了解到，为加快复工脚步，春节后，北京市水务建设管理事务中心组织各参建单位管理人员、劳务人员陆续返岗，对各项工作开展全面复工检查，对工人进行岗前教育培训，积极推进各项工程建设。目前，除新机场水厂连接线项目外，河西支线、团九二期等其他北京市南水北调配套工程也已实现复工复产，总共 10 个标段进入实体施工阶段，稳步推进建设进度。

（王天淇　张爽　《北京日报》　2023 年 2 月 9 日）

河北出台 2023 年主要河湖生态补水实施方案，
统筹调度引江水、水库水、引黄水

争取河道年生态补水 16 亿立方米

2 月 28 日，省水利厅印发《河北省 2023 年主要河湖生态补水实施方案》。今年，河北将统筹调度引江水、水库水、引黄水，争取河道年生态补水 16 亿立方米，其中，上游水库生态补水 11.1 亿立方米，南水北调东线生态补水 0.9 亿立方米，引黄生态补水 4 亿立方米。

实施方案提出，今年主要河湖生态补水以持续改善主要河湖水生态环境为目标，以统筹协调、综合施策、量水而行、保障重点为原则，以白洋淀上游、常态化补水河道、地下水超采区为重点。统筹外调水与本地水，统筹生产生活与生态用水，积极争取外调水，科学调度本地水库水，实现多水源联合调度，实施河湖生态补水，复苏河流水生态。

河北水利系统将根据各主要河道现状、引黄引江工程、水库布局和水源条件，优化联合调度，水库水向 34 条河道生态补水，并根据实际补水情况向下游河道延伸。引黄水通过引黄入冀补淀工程向 14 条引黄河渠实施生态补水。同时，向白洋淀、衡水湖、南大港实施生态补水。生态补水时间主要安排在非汛期，并根据水情、工情动态调整。

根据实施方案，综合考虑各河道补水量、补水时间和渗漏蒸发等因素，在生态调水补水期间，全省可形成有水河长 2000 公里，同时也将有助于河道及湖泊周边地下水回补。此次补水还可满足白洋淀、衡水湖、南大港等湖泊生态需求，让白洋淀水位保持在 6.5 至 7 米。

（苑立立　任树春　《河北日报》　2023 年 3 月 4 日）

600 多亿立方米！

"一泓清水永续北上"的陕西担当

3 月 5 日，汉中市的天汉湿地公园里，一江秀水碧波荡漾，飞鸟翩跹嬉戏……"这些年来，通过全面推行河湖长制，汉中切实扛牢'一泓清水永续北上'的源头担当，持续加大治水兴水工作力度，全力打造水清岸绿、堤固城安、人水相亲的幸福河湖。"汉中市河长办副主任、市水利局副局长李功元说。

清水与人两相宜——在陕西，这样的护水故事，不只发生在汉中。

3 月 5 日，安康市汉滨区的瀛湖，群山如黛，碧水似镜。宽阔平静的水面上，一阵春风追逐着蓝天白云的倒影，推开层层涟漪，让盈盈的笑意，在安康市河长办主任、市水利局局长刘昌兰脸上荡开。

"以前，这儿的渔民靠网箱养鱼挣钱。现在，大伙儿上岸干起特色林果种植，一样'靠湖吃湖'，而且收益更好。"刘昌兰介绍。瀛湖，是南水北调中线工程丹江口水库的重要水源涵养地。为了保证"一泓清水永续北上"，安康市先后投入近 2 亿元助力 400 余户渔民上岸发展生态产业，加快发展方式绿色转型，实现瀛湖水质持续优化。

截至 2 月 5 日，南水北调东中线一期工程已调送 **600多亿立方米**的清水北上，丹江口水库 **70%** 的水量来自陕西境内的丹江、汉江。

2022 年，全省水环境质量显著改善，黄河流域水环境质量首次达优，长江流域考核断面水质历史性全部达到 II 类以上，其中 I 类达到 **8个**，优良率 **100%**，优于全国长江流域平均水平 **1.9个百分点**。

安康城区俯瞰图（彭永辉　摄）

南水北调中线工程通水以来，作为核心水源地的陕西，通过移民搬迁、小流域治理等举措，全力保障汉江、丹江流域的河湖水质和生态环境安全，践行守护"一泓清水永续北上"的庄严承诺。

镜头一 执着 涓涓清水载深情

在位于秦岭深处的宁强县汉源街道汉水源村，一条蜿蜒流淌的清澈小河，如玉带般串起两岸的葱茏草木、依依青山。

"这玉带河，是咱汉江的南源。只要还能动弹，我就要尽最大努力保护好它。"3月6日清晨，伴着动听的溪流声，被评为全国最美河湖卫士的61岁的汉水源村村民王开强开始了他当日的"巡河之旅"。

一步步走，一点点看，深深浅浅的脚印里，王开强给记者讲述着他的护水故事。从在周围人不理解的目光中独自坚持捡拾垃圾、管护河道，到成为"民间河长"，带动越来越多的村民成为护河人，他说自己的心里始终有一份执着。

"这河从咱门前过，可这水是要送到北京的呀！咱不图啥，但绝不能让党和国家失望。所以，一定要让每一滴水都清亮亮、甜滋滋。"王开强的话和他本人一样质朴，充满力量、分外坚定。

据村民讲，自从推行河长制以来，清晨的河边，总能看见王开强的身影，也正是因为他的这股拧劲儿，"爱水、护水、亲水"逐渐成了汉水源村人的"绿色自觉"。

滴滴汗水换来涓涓清流。一位普通老人用日复一日的坚守书写出的护水"成绩单"里，镌刻着陕南人民护一江清水的倾心奉献，也彰显着陕西在南水北调工程中的勇毅担当。

3月6日，记者站在位于丹江上游的二龙山水库旁放眼望去，青山环绕，碧水如画。

看着一汪翡翠般嵌在山间的水，商洛市河长办副主任、市河库中心主任刘尚忠说："为了保护丹江源头的生态环境，我们先后投入6000余万元，彻底整治二龙山水源地保护区内交通、农家乐等7大类34个问题，确保库区水质常年稳定保持在国家Ⅱ类标准以上。"

一泓清水的守护，倾注了太多的奉献与担当，也催促着更多群众和企业在"水文章"上持续探索。

"没有最好，只有更好！我们在标准之上再添要求，努力保障每一滴水清、净、优。"3月3日，在陕西省水务集团汉阴县污水处理有限公司生产技术指挥调度中心，公司总经理刘守文一边通过平台系统和手机 APP 演示他们如何通过信息化技术对县城及集镇生活污水处理进行远程监管控制，一边表情严肃地说。节水减污，强化河湖水资源利用和保护，提高管水能力，对于保证南水北调中线水质有着重要意义。

为确保南水清澈，陕西省水务集团在汉阴投资建设处理厂 1 个、集镇污水处理站 8 处、村级污水处理站 6 处，采用"AO＋混凝沉淀过滤＋接触消毒"污水处理工艺，日均处理污水 2.8 万吨，且保证各厂站出水水质均达到《城镇污水处理厂污染物排放标准》一级 A 标准。

镜头二　承诺　众志成城护江河

"再没有人说我们干的是闲事了！"3月3日，站在安康市城区汉江公园水西门广场，看着汉江畔欢声嬉戏的孩童、惬意散步的老人，作为一名村级河长的安康市汉滨区老城街道办事处西大社区党支部书记刘全峰感慨万千。

在刘全峰的言说中，陕南如何通过推行河湖长制当好南水北调"护水使者"的艰难探索和显著成效，一帧帧回放——

为了实现"河畅、水清、岸绿、景美、人和"目标，安康市把河湖长制作为"一把手"工程，累计明确河湖长 2902 名，通过市总河长批示安排、靠前指挥，市级河长巡查督导、协调推进，县镇级河长一线解难、履职尽责，全面压实责任链条，实现每条河流每个湖泊都有人管，并在全省率先探索推进"河湖长＋警长＋检察长＋法院院长"的行政与刑事司法衔接机制，凝心聚力推动河湖保护治理取得成效。同时，充分发挥好护河员、义务监督员、志愿者"三支队伍"的作用，努力构建全民治水、全民护水的治理体系。

如今，随着河湖长制的推进，安康河湖治理的"朋友圈"越来越大。据统计，截至目前，除了职能部门，全市有近 3000 名护河员、近 300 个公益组织的上万名志愿者参与其中。

"我喜欢这身红马甲，也喜欢这份工作。"65 岁的古丽侠是一名护河员，热情、健谈的她聊起护河工作,爽朗的笑声如一串音符跳动。她告诉记者,这几年"共护一泓清水永续北上"已经成为大家的共识,江边再也看不见洗衣服、洗车和乱扔垃圾的人,江里的水越来越清,岸边的风景也越来越美,作为护河员的她成就感满满。

"现在一走到江边,心情就舒畅,巡河工作也成了一种享受。"古丽侠说,如今不仅自己天天行走在江边,退休的妹妹也在她的动员下加入了护河队伍。"大家都应该努力为一江清水添风采!"古丽侠说。

汉中坚持"河长主治、源头重治、工程整治、依法严治、群防群治"的"五治"方针,让每条河都有"管护人";安康推行"四长治河",常态化开展"四乱"整治,吸纳1万余名志愿者协同推进大治理格局,共建美丽幸福河;商洛对水源涵养区内的6.9万户26万人进行移民搬迁,让"河畅、水清、岸绿、景美"成为现实……

如今的陕南,抬头是醉人的蓝,四顾是怡人的绿,而每一个陕南人,都在这份蓝绿交织的美丽中,光荣地守护着脚下那片土地上每一条"生态血脉"。

镜头三　变迁　锦绣碧波映幸福

"三千里的汉江哟,三千里流动的画廊……春天的茶叶染绿了江水,夏天的蚕茧涌起雪浪……"

一路北上,南水情长。然而护"一泓清水永续北上"的使命带来的,远不止水的改变。

"亲爱的家人们,快看!朱鹮又来和我们'打招呼'了……"3月4日,在汉阴县观音河镇合心村的一幢二层小楼前,网名为"陕南村姑娘"的陈红正在给网友们展示自家门前的风景。她的手机镜头里,几只朱鹮正在澄澈的观音河上起舞。

陈红说,合心村本是个平平无奇的陕南小村庄,观音河也没啥名气,可这几年,随着南水北调水源地保护工作逐步推进,周边生态环境越来越好,过去难得一见的朱鹮等"自然精灵"频频亮相,而她也越来越意识到,家乡的绿水青山里蕴藏着"金山银山"。

观音河镇副镇长俞明喆介绍,这几年来,为保障水源充沛、水质安全,镇上对产业发展进行调整,全镇7个村共栽植了2800余亩猕猴桃,大力发展以猕猴桃、蚕桑、中药材为主体的有机生态产业，打造集采摘加工、观光旅游、农耕体验为一体的农旅融合产业链。2022 年，群众销售猕猴桃鲜果 20 余万公斤，实现产值 200 余万元。

人不负青山，青山定不负人。去年，汉阴县观音河被命名为"陕西省幸福河湖"。持续优化的生态资源，让山里人真切地尝到"绿色经济"带来的甜头。

"我现在有 150 亩拐枣，还套种了 20 亩狮头柑和芍药，根本不用为生计发愁！"陈红笑眯眯地说，她现在最大的心愿就是希望家乡的山常青、水更绿。

如今，在群山逶迤、碧水淙淙中，越来越多的陕西群众和陈红一样，端上生态碗，吃上了生态饭——

洋县大力发展有机农业，已成为西北地区最大的有机产品聚集区；宁陕县渔湾村通过打造田园综合体，带动当地村民增收；石泉县明星村凭借养蚕产业，人均年增收超过 2000 元；汉滨、旬阳、白河、紫阳等地，引进深加工企业，生产的茶叶、魔芋食品、食用菌、琥珀核桃等畅销国内外……

绿水青山带来好日子。

翻开今年政府工作报告，"深入推进环境污染防治""持续实施重要生态系统保护和修复重大工程""持续打好蓝天、碧水、净土保卫战"……一系列部署指引发展方向，也让陕西肩负的使命更显光荣。

春风正劲！

瞧，那一泓浩荡的清水正穿秦岭、过巴山，入华北，在昼夜奔流中，激荡着一曲追"清"逐"绿"的新时代生态之歌！

（陶玉琼 《陕西日报》 2023 年 3 月 14 日）

南水北调中线工程为河北供水超 170 亿立方米

其中，生产生活供水约 112 亿立方米，生态补水约 58 亿立方米

3 月 22 日，中国南水北调集团中线有限公司河北分公司联合河北省河湖长制办公室，在南水北调中线总干渠滹沱河倒虹吸工程开展"世界水日""中

国水周"主题宣传活动。活动根据水利部及中国南水北调集团有限公司有关要求开展,主题为"强化依法治水 共护千里水脉"。

南水北调中线工程自2014年12月12日全线通水以来,工程供水量逐年增加,工程效益发挥远超预期,已成为沿线多个大中城市新的供水生命线。目前,南水北调中线工程已为河北安全供水超过170亿立方米,其中生产生活供水约112亿立方米,生态补水约58亿立方米,水质稳定达到地表Ⅱ类水以上。优质稳定的水资源,为沿线地区高质量发展提供了有力支撑。

滹沱河倒虹吸工程于2003年12月30日开工建设,2007年11月完工。滹沱河退水闸承担着向滹沱河实施生态补水的任务,总干渠内的长江水经过退水闸直接补入滹沱河主河道,是中线工程生态补水效益充分体现的一个重要代表性窗口。工程已累计向滹沱河实施生态补水约7.8亿立方米。奔流不息的南水,让石家庄的母亲河在多年干涸之后重焕生机。

2022年以来,河北省河湖长制办公室积极落实水利部关于在南水北调工程全面落实河湖长制的工作部署,与中国南水北调集团中线有限公司河北分公司密切联系,将南水北调中线河北段工程纳入河北省"一河一策"管理机制,联合开展巡河检查,共同整改风险隐患,有力保障了一渠清水安然北上。

(马彦铭 徐宝丰 《河北日报》 2023年3月23日)

南水北调中线工程供水效益持续扩大

累计向我省供水超一百九十亿立方米 二千九百万人受益

在淅川,丹江碧水通过陶岔渠首向北方奔涌(谭勇 曲帅超 摄)

"水比以前甘甜好喝了。"5月13日，常年在开封市生活的延杰、刘变玲夫妇回到老家滑县老店镇西老店村，惊喜地发现家乡的水质发生了很大变化。

这得益于今年4月20日，滑县农村供水南水北调水源置换工程正式通水。自此，该县城乡全部用上了南水北调水，实现了城乡供水同标准、同保障、同服务。

滑县是我省饮用水水源地表化试点县之一。作为资源型缺水地区，滑县处于豫北最大的地下水漏斗区，常年地下水供用水量占总供用水量的70%。滑县农村供水南水北调水源置换工程覆盖全县农村居民家庭，受益人口约134万人。

滑县城乡居民全部用上南水北调水，这是南水北调中线工程供水效益不断扩大的体现。而通过水权交易，工程供水覆盖面进一步扩大，让以前没有南水北调用水指标的地区也用上了南水北调水。

今年3月底，我省3宗南水北调水权交易集中签约，年交易水量1.9亿立方米。通过水权交易，有效解决了开封、驻马店和商丘三市没有优质地表水、没有南水北调用水指标问题。截至目前，全省南水北调水权交易已累计达成8宗，涉及年交易水量4.12亿立方米。

"2022年，我省新增内乡、平顶山城区、新乡平原新区、原阳县以及驻马店四县、安阳西部供水工程建成通水，近两年来，新增供水水厂设计规模约每天104万立方米。"省水利厅南水北调工程管理处处长石世魁告诉记者。

来自省水利厅的最新消息，截至5月13日8时，南水北调中线累计向我省供水190.64亿立方米，占全线累计供水539.62亿立方米的35.3%，其中累计生态补水38.24亿立方米，覆盖我省11个省辖市市区、49个县（市）城区和122个乡镇，直接受益人口达2900万，供水水质始终保持在地表水Ⅱ类及以上标准。

"2021—2022调水年度，南水北调中线累计向我省供水首次突破30亿立方米，达到31.33亿立方米。"石世魁介绍，截至目前，2022—2023调水年度南水北调中线已累计向我省供水13.14亿立方米，完成年度计划的52.6%。

"作为南水北调中线工程渠首所在地和核心水源地，河南突出抓好保障南水北调工程安全、供水安全和水质安全，持续推进南水北调后续工程高质量发展。"省水利厅负责同志表示。

去年，我省落实南水北调中线272处防汛风险点"一点一案"防范措施；

今年，我省将加快实施建设南水北调中线河南段防洪影响处理工程，开展汛前、汛期隐患排查，确保南水北调工程度汛安全。同时修订南水北调配套工程运行监管实施办法，加大执行力度，确保配套工程供水安全。

为保护水质安全，我省加强库区水行政综合执法，去年整治影响库区水质问题 482 个。今年，我省注重齐抓共管，强化南水北调"河长＋"工作机制，强化库区及上游水土保持、水源区及总干渠两侧饮用水源保护区监督管理，确保"一泓清水永续北送"。

后续工程建设意义重大，影响深远。为此，我省编制《河南省南水北调水资源利用专项规划》，规划 9 座调蓄工程，观音寺、鱼泉、沙陀湖等 3 座调蓄工程纳入《国家"十四五"水安全保障规划》。

今年，我省继续加强与长江水利委员会设计院、中国南水北调集团沟通，积极推进观音寺、鱼泉、沙陀湖调蓄工程列入正在修编的南水北调总体规划，同步协调推进观音寺、鱼泉、沙陀湖调蓄工程加快前期工作，进一步提升供水保障能力。同时，加快推进郑开同城东部等供水工程建设和商丘供水工程论证工作，不断扩大供水范围和规模。

（谭勇 《河南日报》 2023 年 5 月 16 日）

江苏水源公司从"多点面"解决"真问题"——

守好"国之重器"，保一江清水源源北上

5 月 16 日，记者跟随南水北调东线江苏水源公司相关调研小组，来到位于南水北调东线一期工程第三梯级泵站洪泽站。作为省属唯一涉水企业，江苏水源公司经过 10 年建设、10 年运行，打造了世界最大的多功能泵站集群，圆满完成历次国家和江苏省下达的调水任务。

南水北调洪泽站作为江苏水源公司数字孪生建设先行先试站点，对于推动南水北调工程数字化管理水平实现迭代升级具有重要意义。16 日上午，调研组到达洪泽站现场后深入一线，查看泵站电机层、变频发电机房、变压器室、中控室等区域。"根据东线一期工程年度调水工作安排，2022—2023 年

度，南水北调东线江苏段工程计划调水出省 11.75 亿立方米，其中向山东供水 8.5 亿立方米，北延供水 3.25 亿立方米。"洪泽站有关负责人介绍。

"本次调研，关于远程集控少人值守、科技创新与数字孪生建设、提升公司核心竞争力等方面大家有哪些想法和困惑？"公司党委书记、董事长袁连冲直奔主题。

"我先来说说想法吧，洪泽站作为试点泵站，从现有人员的五班三运转—四班三值守—两班值守，这个过程的实现就必须要有核心技术，组建核心团队。"管理洪泽站的淮安分公司负责同志说。

"远程集控、少人值守，我们调度运行部也一直在思考和探索，经过前期的调研，我们发现人员配置、设施设备、报警可靠度、运行规程等都需要进一步完善，让'大脑'与'四肢'更加协调。"公司调度运行部负责同志如是说。

南水北调是"国之重器"，调度运行管理系统是关键信息基础设施，实现自主可控是工程安全运行的需要。"目前在硬件方面的研发基本完成，取得了阶段性重要成果，需要做到的是进一步进行界面优化，开展与集控中心的调试工作，预计年内可以完成……"本次调研邀请的联合攻关团队南瑞水电公司相关技术人员介绍说。

现场交流气氛热烈，大家各抒己见。"作为肩负着国家优化水资源配置、承担改善沿线生态环境、为促进经济社会发展提供基础性保障的国有企业，要顺应信息化、数字化、智能化发展趋势，在总结好、运用好公司工程管理信息化、数字化工作阶段性成效的基础上，以泵站技术为发力点，加强创新，不断培育泵站技术核心竞争力。"听完相关人员发言后，袁连冲表示，"此次及后续调研，公司各部门、各单位要群策群力，集聚智慧和力量，形成共识和方案，加快解决影响发展的问题。要对标对表，在技术创新实践中，形成可复制可推广的核心技术服务能力和产品，切实提升公司核心竞争力。"

在当天傍晚的员工座谈会上，调研组与洪泽站一线员工代表面对面交流座谈，倾听员工心声，汇聚智慧建议，并就员工提出的"急难愁盼"问题，进行深入沟通和交流，用心用情回应"热点"、纾解"痛点"，不断增强一线基层站所员工的获得感、幸福感、安全感。

"水源公司以'大课题、小切口、多点面'形式促进调查研究深入开展，从推动南水北调高质量发展这个大课题，到探讨如何增强公司的核心功能和核心竞争力这个小切口，围绕工程自主可控、工程运行管理模式创新、工程调度系统信息化数字化等具体分析做法措施，调研课题选择十分精准。"随行督导的省委第十四巡回指导组组长孙宝成评价说，此次驻点调研问题找得精准，交流讨论深入细致，解决方案具体清晰，"思考有深度，前瞻性强，成效显著，对推动水源公司高质量发展具有重要意义。"

（李晞 许愿 《新华日报》 2023 年 5 月 30 日）

江苏圆满完成年度南水北调任务

5 月 29 日 12 时，随着苏鲁省际台儿庄泵站停机，我省南水北调工程 2022—2023 年度向省外调水，历时 139 天顺利结束。

根据水利部印发的南水北调东线一期工程 2022—2023 年度水量调度计划和北延应急调水计划，我省南水北调工程按照南水北调新建工程和江水北调工程"统一调度、联合运行"的原则，自 2022 年 11 月 13 日起，正式启动年度调水工作。至 2023 年 5 月 29 日，顺利完成调水出省 11.75 亿立方米，按照西湖库容约 1400 万立方米来测算，相当于调出了 84 个西湖，为 2013 年通水以来年度向省外调水之最，其中向山东供水 8.5 亿立方米，向河北省、天津市北延应急调水 3.25 亿立方米，圆满完成了水利部最终确定的年度调水出省任务。

省委省政府高度重视本年度南水北调调水工作，要求保质保量完成调水出省任务。省水利厅、南水北调办加强调水组织协调与工程运行监管，优化工程运行方案，实现省内抗旱调水、年度向省外调水与北延应急供水等任务的高效统筹；省生态环境厅开展调水沿线水质监督监测及水环境监管工作；省交通运输厅严格管控输水河道危化品运输船舶；省农业农村厅落实调蓄湖泊渔业养殖管控；省电力公司全力保障工程运行用电需求；江苏水源公司及省水利厅有关水利工程管理处严格执行调度指令，确保工程安全可靠运行；沿线地方政府及有关部门强化用水管控、水质保障、尾水导流工程运行等工作。

（洪叶 《新华日报》 2023 年 5 月 30 日）

"团九二期"正式通水，三水联调让京城用水更有保障

城区南水北调实现地下闭环输水

"调节池环线分水口做好提闸准备！""环线分水口收到，马上进行开闸！"昨天下午，随着工作人员按下启动按键，团城湖调节池环线分水口闸门缓缓提升，团城湖至第九水厂输水工程（以下简称"团九二期"）正式通水。这标志着北京城区南水北调实现"一条环路"地下闭环输水，南水、密云水库、地表水今后可三水联调，北京供水安全更有保障。

据了解，团城湖至第九水厂输水工程是本市南水北调配套工程的重要组成部分。自 2014 年年底南水北调中线工程北京段正式通水以来，除了团城湖至第九水厂仍采用明渠输水外，目前城区其他南水北调工程均已实现地下输水。"团九二期"工程的正式通水，意味着本市城区南水北调实现了"一条环路"地下闭环输水。

"团九二期"工程进水口外侧
水面开阔（秦鑫 摄）

"这条地下供水环路是指南水北调配套工程沿北五环、东五环、南五环及西四环形成的输水环路。这条环路建成后，将一头连接南水北调中线总干渠，一头连接密云水库至第九水厂的输水干线。"市南水北调团城湖管理处团城湖管理所所长李文明介绍，"团九二期"是这条地下供水环路的最后一段，它将连接起南水北调中线总干渠西四环暗涵、团城湖至第九水厂输水工程（一期）、南干渠工程和东干渠工程，形成全长约 107 公里的全封闭地下输水环路。

"这条供水环路的全线贯通，能实现南水、密云水库、地表水的三水联调，当出现供水突发情况时起到应急保障作用。"李文明表示。一方面，实现全封闭地下输水后，可避免"团九一期"工程地上明渠输水易受季节、天气等因素影响的弊端，输水保障率和安全性将大幅提高；另一方面，"团九二期"工程承担着向第九水厂、第八水厂、东水西调工程沿线水厂的供水任务，"比如在南水北调发生停水时，团城湖调节池可把南水北调水源切换为密云水库水源，通过'团九二期'隧洞提供应急供水，从而保障供水安全。"

"团九二期"工程起点位于团城湖调节池环线分水口，终点位于"团九一期"龙背村闸站二期控制闸，全长约4公里。工程虽然只有短短4公里，却存在众多特一级风险源，水文地质条件极为复杂，并要经过电力、污水、给水、燃气、轨道交通等多处重要基础设施，建设施工难度较大。

为确保工程顺利实施，市水务系统创新提出"盾构动态施工管理"理念，通过地质、岩土、机械等多专业人员集体协作，将盾构掘进过程中的主要参数信息进行统一分析、科学研判，成功应对了复杂地质条件带来的盾构掘进不均匀性和突变性，完成了在极高石英含量地层中掘进等高难度施工。"团九二期"工程的完工，也为北京在复杂综合条件下实施水利工程建设，积累了宝贵实践经验。

（王天淇　龚晨　《北京日报》　2023年6月10日）

南水进京九年来　渠首渠尾合作紧密

南水北调中线一期工程全面通水以来，南阳争取到
北京市对口协作专项资金18.01亿元

南水北调中线工程干渠　　　　　4月29日，航拍河南南阳南水北调渠首观光地
（淅川县委宣传部供图）

溶解氧 8.55mg/L、酸碱度（pH 值）8.77······6 月 15 日上午，在位于河南南阳淅川县的丹江口水库取样点取水后，检测人员随即完成了现场检测。"从检测的几项水质常规指标来看，取样点的水已经达到Ⅰ类水的标准。"检测人员告诉记者。

我国地表水环境质量标准规定，Ⅰ类水的 pH 值应在 6 至 9 之间，溶解氧应不小于 7.5mg/L。按照我国地表水划分，Ⅰ类水属最高等级，仅对源头水、国家自然保护区的水作此要求。Ⅱ类水主要适用于集中式生活饮用水、地表水源地一级保护区等。

2014 年 12 月 12 日，南水北调中线正式通水，丹江口水库已持续 9 年向沿途 40 多个城市供水。

南阳，南水北调中线工程渠首所在地和核心水源区。"在我们这里，丹江口水库核心区的水质可达到Ⅰ类水标准，中线工程水质长期稳定保持在Ⅱ类水标准。"采访过程中，这是记者多次听到的一句话，透着满满的底气。

每四小时自动上传水质监测数据

南水北调，成败系于水质。

正是有了检测人员获取的一项项满足标准要求的数据，丹江口水库这一库清水才得以被放行，沿着 1432 公里的总干渠北上，惠及包括北京在内的沿线 42 座大中城市。

不过要想这一库"南水"真正进入首都的千家万户，成为健康安全的饮用水，单单现场的常规检测远远不够。为此，一个新的机构——河南省南水北调渠首生态环境监测应急中心于 2014 年 11 月建成，并与南水北调中线工程同步投用。作为南水北调中线工程水质的监测、预警、保护专职机构，监测应急中心已累计上传监测数据 400 余万条。

每 4 小时自动上传一次监测数据，每月开展 2 次人工取样检测，每半年开展一次 109 项全因子分析监测。

"库区共设有 14 个自动监测站，每 4 个小时上传一次监测数据，做到全天候、实时关注水库水质的细微变化。"监测应急中心工作人员介绍，中心每月还要对库区全流域 21 个点位进行两次人工监测，从渠首陶岔出发，到达最后一个点位，每月累计行程可达 3000 多公里。

丹江口水库本身便横跨河南、湖北两省，而其入库河流之一的丹江则是汉江的支流。因此，日常的监测、预警、保护至少需要鄂豫陕三省的密切配合。"生态环境部高度重视这方面的工作，包括我们最上级的业务主管部门中国环境监测总站，就丹江口水库水质保护经常开展省级联动。"监测应急中心总工程师陈海燕告诉记者，三省之间会定期开展线上线下的交流，共享数据，包括4—10月高温期间的各种预警预测，以便更好统筹联动，发挥好监测预警机构的"哨兵"作用。

既然是"哨兵"，一旦发生应急突发事件，监测应急中心"数据支撑决策"的作用便更加凸显。

2022年3月1日，新版《突发环境事件应急监测技术规范》实施。陈海燕告诉记者，根据新版技术规范要求，突发污染环境事故发生后，至少要在12小时内上报第一组监测数据。

而在2018年1月发生的淇河西峡段污染事件中，监测应急中心就为"绝不让受污染的水体进入丹江口水库"目标的实现提供了及时的数据支撑。

据西峡县人民政府通报，2018年1月17日，山西绛县某企业非法跨界转移废弃物致淇河西峡段水体受到污染。17日当天，西峡组织人员和大型挖掘机械迅速构筑6条拦截坝，同时关闭西峡县境内淇河的发电站，并及时向下游的淅川县政府通报淇河污染情况。淅川县政府得知情况后立即关闭淇河段7座水电站，禁止发电泄水。由于淇河径流量较小，有效保证了受污染水体全部被拦截在8公里西峡段。

事发后，当地在原来9个断面的基础上，优化监测布点，再增设9个断面，连续对淇河事发地下游至丹江口水库水质情况进行实时监控。"当时我们的实验室就搬到了现场，最严苛的时候，每半个小时要采一次样，一个点位就要守好几班人，采完样立马送往实验室。我们带去了4台检测仪器，有2台因为长时间开机运转直接就烧了。"陈海燕对当时的情况记忆深刻。

在各部门、机构的通力合作下，1月19日13时40分，各点位监测结果显示，所有监测因子全部达到地表水Ⅲ类水质标准。基于这次淇河水污染事件总结发展出的"南阳实践"也在全国得以推广应用。

"现在我们条件比较好，环库区包括入库河流建的水质自动监测站，在这种特殊时期的话就会发挥它的作用，因为自动监测站比人工效率更高，还能克服很多人力所达不到的限制。"陈海燕介绍，未来10年，他们的目标就是

要打造一个现代化、智能化的监测体系，以自动为主、人工为辅。

关停超千家环保无法达标企业

水质好坏，关键在于流域保护。

"保水质、强民生、促转型，是我们现在的工作主线。"南阳市西峡县副县长张涛告诉新京报记者，其中最重要的任务就是保水质，确保首都北京在内的沿线城市人民喝上放心水。

不止西峡，作为南水北调中线工程的水源保护区，内乡、淅川、邓州也都把"保水质"作为重要的政治任务来抓。

从一个微观的细节，我们便可窥见水源保护区所做的努力。

2022年，西峡县第一水厂投入使用。这座日净化能力 3.5 万吨的现代化净水厂，为城区 20 万人提供着高标准的饮用水。这座县级水厂成为全国第二座使用"臭氧超滤膜"制水工艺的水厂，它的厉害之处在哪里？西峡县自来水公司水厂科科长余海洋用一句话总结：全程不使用化学原料，可实现零排放。

"由于我们的水源比较好，所以第一道过滤程序之后，水质就已经达到饮用水浊度的国家标准。"余海洋介绍，经过第三道超滤膜净化之后，出水的浊度只有国家标准的十分之一。

最重要的是，在第二道程序臭氧混合装置中，"通过臭氧微泡技术可以把气体打成非常小的气泡，从而物理清除超滤膜表面的污渍。"余海洋告诉记者，在常规的超滤膜工艺中，需要使用化学药剂来清理超滤膜，不仅会缩短超滤膜的使用寿命，更重要的是会产生废水。

排污标准更严、监察力度更大，是受访企业的普遍感受。自 2014 年南水北调中线工程投用以来，"保水质"的理念逐渐渗透至各行各业。

卧龙电气南阳防爆集团是国内防爆电机研发生产的排头兵，在拉动南阳经济发展的同时，对排污也丝毫不敢松懈。"我们的新厂房是 2018 年建成投产的，在项目建设之初就确立了排污方案和设备要同时设计、同时施工、同时投用。"集团党委副书记李书强告诉记者，确立为南水北调核心水源保护地之后，南阳在污染治理这方面一点都不会马虎，"对我们企业的监督指导力度也进一步加强。"

对于核心水源保护区内环保无法达标的企业，南阳更是直接关停超过1000家。同时，南阳先后否决、终止各类工业项目400余个，关闭搬迁畜禽养殖场1500余家，取缔库区养鱼网箱超5万箱。

"淅川县造纸厂曾经是我们县的纳税大户，但是排放污水、废气的情况比较严重，为了保护入库水质，县里下决心关停。先后关停的还有酒厂、化肥厂，对于我们这样一个工业基础比较薄弱的县来说都是很不容易的事情。"淅川县京淅合作中心党委副书记张郦告诉记者，财政收入固然重要，但淅川是丹江口水库所在地，"保水质"更是丝毫不能放松。

不止工业，农业面源的污染治理也被列入治理清单。在内乡，中以现代农业科技创新合作示范园的有机、绿色种植正在为全县农业发展作出示范。在淅川，作为核心水源区的九重镇，因为种植辣椒施用农药化肥容易造成丹江水氮磷超标、土地板结，从而发展起莲藕产业。

为保持一库清水永续北上，淅川县超过50%的土地面积被划进中线工程核心水源区，80%的土地面积被列入生态红线以内。库区乡村一切生产建设活动为水质保护让路，库周3万余名居民耕种土地禁止使用农药化肥。

与上述控制污染相比，从根本上涵养净化水源更是一项长期性、战略性工程。对此，南阳把"绿水青山就是金山银山"的理念贯穿其中，潜心修炼内功。

记者了解到，近年来，南阳大力实施土地治理、水源涵养、水土保持等生态治理项目，汇水区完成退耕还林29万亩，开展石漠化试点治理3300亩，全市累计完成92条小流域治理，丹江口库区水土保持综合防护体系初步形成。

提到综合防护体系，无法避开淅川县汤山湿地公园。"南水北调开始前，这里有十几处采石区，可以说是满目疮痍，距离丹江口库区最近的只有500多米。"淅川县林业局副局长朱炳钧称，乱采、乱建造成汤山山体损毁严重，岩石裸露，严重影响库区水质安全。2019年9月，县里下定决心全部关停，并规划建设湿地公园。

如今，一座总占地面积约5000亩，以移民文化为主体，集科普教育、观光体验、水源涵养功能于一体的山水公园已基本建成。"我们正在以邹庄移民村、渠首水利枢纽、汤山湿地公园为主，创建4A级景区，拉动旅游，增加消费需求。"朱炳钧表示。

京宛协作　村民的猕猴桃卖到北京

吃水不忘挖井人。2021 年 5 月 13 日，习近平总书记在南阳市淅川县考察九重镇邹庄村，了解南水北调移民安置、发展特色产业、促进移民增收等情况。由于丹江口水库增加库容，水位上升，2011 年 6 月，九重镇原油坊岗村的 750 名村民搬迁至此，定名为邹庄村。

"俺村里大部分人姓邹，就定了叫邹庄村。"正在村里猕猴桃基地干活的村民张光先告诉记者，刚搬到这里会有不适，但如今的日子"明显好过以前"。搬迁之前就是靠地生存，"一亩地一年也就是几百块收入，现在土地流转了，一亩地一年有七八百收入，入股的话还会有分红。我平时在基地干活，一天 70 块，家里人在外打工收入会更高。"日子过得越来越顺心，张光先期待有机会坐着直达的高铁，到北京看看。

移民超 16 万人、关停企业超 1000 家……南水北调中线工程投用以来，南阳在保水质的同时，努力尝试经济转型。作为受水区的北京同样"不忘挖井人"，京宛对口协作机制随之确立。

不管是西峡第一水厂、中以现代农业科技创新合作示范园，还是汤山湿地公园，我们都能从中找到"北京元素"。8800 万元，这是北京为上述三个项目提供的对口援建资金。

与这个宏大的数字相比，西峡县丁河镇木寨村村民张文侠更为能省下"15 块钱油费"而高兴。这要从北京顺义对口援建西峡县说起。

6 月 14 日，在木寨村的"猕猴桃小镇"展厅内，丁河镇党委副书记卜娟觉得自己要说的内容很多，辖区猕猴桃发展史、猕猴桃制品、14 公里柏油路、抗战纪念馆……卜娟说，"猕猴桃小镇"的背后是北京顺义 5500 多万元的资金支持。因此，当地把这条柏油路命名为"顺义大道"。

"顺义大道"迎来了更多的游客、收购商，送出了更多的猕猴桃，"我们的猕猴桃现在已经卖到北京了。"卜娟介绍，跟随互联网的步伐，目前镇上产出的猕猴桃有将近 40% 通过网络销售。

张文侠家种了 5 亩猕猴桃，年产数万斤。"以前俺家卖猕猴桃，需要到县城发快递，去一次就要大半天的时间。"张文侠给记者粗略算了一下，木寨村距离县城约 20 公里，每次来回油费大概要 15 元。每年猕猴桃出售的季节，张文侠和家人需要经常往返县城发货，仅油费就要数百元，"这还不算花掉的时间。"

随着北京顺义的援建，一座物流电商园在当地建成。从去年开始，张文侠在家门口的电商服务综合点就可以发送订单了。说着，她带记者来到了距家门口十几米的服务点。集合多家快递、电商企业的服务点可以给村民提供一站式代销代购、发送快递、社区电商等服务。

除了农业扶持，为帮助南阳经济转型，北京中关村带去了先进的平台和理念。2020年10月，南阳中关村信息谷创新中心正式运营。"中心聚焦现代中医药、先进制造、科技服务，运营以来已经注册落地企业200余家，累计产值4.8亿元。"南阳中关村信息谷科技服务公司副总经理宋生向记者介绍。

多位受访的入驻企业负责人表示，与房租减免、人才公寓等优惠政策相比，更看中中关村信息谷创新中心提供的技术交流合作、人才牵线引进等支持。"在京宛对口协作的背景下，通过信息谷的引荐，在中医药研发方面，我们和中国中医科学院等北京的科研机构建立了合作关系。"仲景中医药产业研究院院长助理陈智乐说。

记者从南阳市京宛合作中心了解到，自2014年南水北调中线一期工程全面通水以来，南阳累计实施了对口协作项目307个，总投资44.51亿元，共争取到北京市对口协作专项资金18.01亿元。"2023年，我们一共申报了10个南水北调对口协作项目，争取到北京市对口协作专项资金1.61亿元。目前投资计划已经下达，资金也已到位，预计7月陆续开工。"南阳市京宛合作中心工作人员余润鹏透露。

10个对口协作项目中，保水质项目3个，作为水源保护最核心的淅川县占据其中2个。淅川县京淅合作中心项目服务负责人罗国纬告诉记者，"2014年以来，淅川县落地对口协作项目64个，总投资超12亿元，北京对口援建资金5.26亿元。其中，保水质项目占比40%左右。"

6月15日12时，南水北调渠首生态环境监测应急中心的智慧监测平台显示，南水北调中线工程已累计安全输水3107天。水利部数据显示，截至2023年2月5日，南水北调东、中线一期工程（含东线一期北延应急供水工程）累计调水量突破600亿立方米，惠及沿线42座大中城市280多个县（市、区），直接受益人口超过1.5亿人。

得益于此，南水北调中线一期工程受水区城区地下水水位止跌回升，浅

层地下水总体达到采补平衡。北京城区七成以上供水为南水北调水，北京市自来水硬度由过去的 380 毫克每升降至 120 毫克每升。

（行海洋 《新京报》 2023 年 6 月 19 日）

南水北调中线工程启动 2023 年度大流量输水工作

7 月 12 日，入河北流量达 240 立方米每秒，渠道工程
正以超设计流量水位运行

从中国南水北调集团中线有限公司河北分公司获悉，7 月 6 日，南水北调中线工程启动 2023 年度大流量输水工作。7 月 12 日，入河北流量达 240 立方米每秒，渠道工程正以超设计流量水位运行，全力保障沿线供水需求。

今年，河北首次全省性高温过程出现比常年平均偏早 20 天，入汛以来全省平均降水量较常年同期偏少。受降雨少和近期持续高温天气等因素影响，河北局部地区呈现不同程度的旱情。

6 月 16 日上午 8 时，中线工程水源地丹江口水库水位达到汛限水位 160 米，且仍呈上涨趋势，具备适当增加供水条件。水利部、长江水利委员会、中国南水北调集团有限公司根据库区水源情况，抓住供水关键窗口期，在优先满足受水区生产生活用水需求基础上，进一步利用富余水量向沿线河流生态补水，为沿线河流"解渴"，同时支持河北抗旱工作。

6 月 16 日，南水北调中线工程河北段七里河、汦河退水闸开启，拉开河北境内 2023 年度生态补水序幕。其后陆续开启滏阳河、滹沱河、沙河（北）、唐河等 10 座退水闸并逐步调增流量，目前日补水量近 580 万立方米。自 6 月 16 日起，南水北调中线工程已为河北沿线地区补水约 1.1 亿立方米，为改善修复区域生态环境和有效应对旱情提供了有力的水资源支撑和水安全保障。

自 2014 年 12 月 12 日全线通水以来，南水北调中线工程综合效益远超预期，沿线 24 座大中城市、200 多个县（市、区）用上了南水北调水，直接受益人口 8500 多万人。通水八年多来，南水北调中线工程已为河北累计供水近 180 亿立方米，全省超 3000 万人受益。

目前，南水北调中线工程河北段主要运营管理单位中国南水北调集团中线有限公司河北分公司正在制定专题工作方案，着力加强调度值班督导管理，紧盯水情监测分析，加密加强工程巡查、设备巡检、安保巡护及水质监测，并建立完善企地协同联防联动机制，以有力措施维护输水补水有序开展，同时持续优化供水策略和调度方案，努力实现多供水、供好水。

（徐宝丰 马彦铭 《河北日报》 2023年7月13日）

郑州南水北调配套工程累计供水近 50 亿立方米

全市受益总人口超过 800 万人

记者昨日从郑州市南水北调工程运行保障中心获悉，南水北调中线一期工程通水以来，郑州南水北调配套工程已累计实现供水 49.69 亿立方米，全市受益总人口超过 800 万人，南水已经从原来规划的城市补充水源，成为郑州的主力水源和经济发展的生命线。

南水北调中线一期工程于 2014 年 12 月 12 日正式通水。南水北调配套工程在郑州市境内开设 7 处分水口门，受水区分别为航空港区、新郑市、中牟县、郑州市区、荥阳市和上街区，年分配水量 5.4 亿立方米。郑州南水北调配套工程 2014 年 12 月 12 日与南水北调中线工程同步通水、同步达效。南水北调中线工程通水后，郑州市城市供水实现了真正意义的双水源。

通水以来，郑州南水北调配套工程整体运行平稳、安全，管理操作规范、标准，水量调度科学、及时，供水范围不断延伸，供水保障能力不断增强，为城市输送优质水量实现持续增加，充分发挥了南水北调工程的供水效益和生态效益，服务了郑州经济社会发展。2022—2023 年度，郑州南水北调配套工程共实现供水 7.01 亿立方米，其中生活供水 6.26 亿立方米，生态补水 0.75 亿立方米，超计划完成年度供水任务。通水以来，郑州南水北调配套工程累计总供水量 49.69 亿立方米，其中生活供水 42.59 亿立方米，生态补水 7.1 亿立方米。原规划的各受水水厂以及新增供水目标新密和登封均保持了正常供水，新扩展的二七区侯寨水厂、高新区梧桐水厂也已先后用上南水北调水，全市受益总人口超过 800 万人。同时，通过双泪河、贾峪河等退水闸在不同时段分别向河道下游补水，有效改善了河道水生态环境。

（武建玲　许彦鸣　《郑州日报》　2023 年 11 月 3 日）

南水北调东线山东段十年调水超 80 亿立方米，
直接受益人口超 4000 万

南水北调，调来的不只是长江水

一渠架南北，天河通水来。近日，随着南水北调东线台儿庄泵站徐徐开闸，南水北调东线一期工程正式启动第 11 个年度调水，将为齐鲁大地再调来 10.01 亿立方米长江水。

2013 年 11 月 15 日，南水北调东线一期工程正式通水；次年 12 月，南水北调中线一期工程正式通水。滚滚南来之水，不舍昼夜，一路北上，润苏北、济齐鲁、惠冀豫、通京津。在山东，工程累计调水超 80 亿立方米，直接受益人口超 4000 万，而调来的，远不只是长江水。

调来"解渴"水

南方水多，北方水少，在我国水资源分布图上，这个"不等式"曾一直困扰发展大局。随着南水北调东线一期工程正式通水，调南水解北渴的梦想变为现实。

"特别是 2014 至 2017 年胶东半岛连续干旱出现严重供水危机期间，南水北调工程与地方引黄工程、胶东调水工程联合调度运行，向胶东半岛输送长江水、黄河水 25.06 亿立方米，有力保障了区域用水安全。"省水利厅二级巡视员刘长军说。

一条调水线，就是一条生命线！

"以前喝的是苦咸水，现在水垢少了，口感好了，熬出的米粥又稠又香！"武城县郝王庄镇庞庄村村民张金云说。

•289•

多年来，庞庄村因地下水含氟量高，村民大都患有氟斑牙，村子因此被叫作"黄牙村"。自2015年底武城县开始引入长江水，老百姓彻底告别了饮用高氟水、苦咸水的历史。

如今，通过南水北调在山东境内长达1191公里的"T"字形大动脉，全省13市、56个县（市、区）能调引长江水，每年可增加13.53亿立方米净供水能力。而经我省北上的南水北调东线北延应急供水，还进一步提升了天津、河北等地水安全保障能力，华北平原的供水格局和水资源配置得到持续改善。

调来"生态"水

初冬时节，站在位于南水北调东线工程"至高点"——八里湾泵站瞭望塔上放眼望去，东平湖风光秀丽、水天相接。作为东线工程的重要一环，如今的东平湖已成为集供水、防洪、灌溉、生态等多功能于一体的现代水利工程。千里长江水通过湖区两个节制闸，一路向鲁西北和华北地区奔流而去，一路向济南及胶东地区浩荡而下。

改善沿线生态环境、走出一条可持续发展之路，是南水北调工程早在规划设计初时就重点关注的议题。"当时最大的困扰在南四湖。"南水北调东线山东干线有限责任公司党委副书记高德刚说，东线调水，成败在水质，关键是治污。南四湖承接苏鲁豫皖4省32个县（市、区）的来水，主要入湖河流53条，水网交织，治理难度大。

面对沿线水污染问题，山东创造性实施"治、用、保"流域治污体系，开创了全国首个劣Ⅴ类水体通过治污达到Ⅲ类水体的典范。"不仅绝迹多年的银鱼、鳜鱼、毛刀鱼等对水质要求比较高的鱼类重新出现，连'鸟中大熊猫'青头潜鸭也回来了。"微山县摄影爱好者赵迈告诉记者，近几年，他在南四湖周边拍到的鸟类超百种。

水质改善了，但要维持良好的水生态环境仍离不开水源的补给。截至目前，南水北调东线山东段工程通过水源置换等措施，累计生态补水7.37亿立方米，有效改善了南四湖、东平湖生态环境，"泉城"济南泉水持续喷涌。放眼整个北方地区，南水北调沿线受水区各河流湖泊利用引调江水及时补充蒸发渗漏水量，蓄水保持稳定，生态环境持续向好。

调来"发展"水

水资源格局牵着经济社会发展格局。一渠清水北上，也悄然开启了古运河复兴之路。

近日，在京杭大运河济宁港航梁山港，满载 2000 吨煤炭的济港货"0001"号集装箱船起锚，沿着京杭大运河一路南下，直达杭州。

"以前河道淤塞，再加上缺水，大运河济宁以北到梁山段几乎没什么航运价值。"济宁港航梁山港党委副书记、副总经理王兵回忆。

南水北调东线一期工程建成通水，京杭大运河航运迎来"新生"契机。高德刚介绍，东平湖和南四湖是南北输水干线的"咽喉"，两湖段输水工程充分利用京杭运河河道调水，利用梁济运河和柳长河航运结合设置输水线路，打通了两湖段的水上通道，新增通航里程 62 公里，打破了京杭运河济宁以北不通水的局面。目前，京杭大运河全年通航里程达 877 公里，成为国内仅次于长江的第二条"黄金水道"。

不仅供水，还能排涝。2021 年秋汛，东平湖持续超警戒水位 20 余天，济平干渠、柳长河和梁济运河段等工程协助东平湖洪水北排、南排；2019 年抗击台风"利奇马"，台儿庄泵站开启机组助力城区排涝，小清河干流抢险过程中，工程分洪 600 余万立方米……近年来，南水北调东线山东段工程累计为沿线泄洪、分洪 5.94 亿立方米，有效减轻了沿线地区防洪压力。

调来"智慧"水

走进南水北调东线山东段邓楼泵站管理处中控室，显示屏幕上，引水闸、主厂房、泵站机组等模拟场景循环切换，机组运行参数、工情、水位、视频监控等实时信息一目了然。数字科技的充分运用，使数字孪生邓楼泵站和实体无论"气质"还是"长相"，都如同复制一般。

"作为水利部首批先行先试数字孪生工程项目之一，系统部署上线后，先期开展了智能优化调度、设备状态监测及故障自诊断和智能巡检三个典型场景的仿真与模拟推演测试，取得良好效果。"省水利厅南水北调工程管理处处长周韶峰告诉记者。11 月 1 日邓楼泵站开机前，现场人员依托数字孪生平台和智慧调度"四预"应用，生成了综合性能最优的开机组合方案，大幅度提升了泵站运行效能。

治水兴水，功在当代、利在千秋。当前，山东正加快推进国家省级水网先导区建设。南水北调山东段工程作为我省唯一跨流域跨省域配置水资源的骨干工程，也是构建"一轴三环、七纵九横、两湖多库"省级水网总体布局的主骨架，其综合效益的发挥昭示着未来山东现代水网的巨大潜力。随着水网建设不断联网、补网、强链，"系统完备、安全可靠，集约高效、绿色智能，循环通畅、调控有序"的国家水网将日渐完善。

一渠清水连通南北，也通达着对未来更多的想象。

（方垒 《大众日报》 2023年11月27日）

确保一库碧水永续北送

十堰始终当好忠诚"守井人"

2023年12月12日是南水北调中线工程通水9周年纪念日，也是我市第9个"生态文明日"。作为南水北调中线控制性和标志性工程丹江口大坝所在地、主要库区、移民集中安置区、核心水源区和纯调水区，我市始终牢记"国之大者"，坚决守住丹江口库区生态安全底线；我市坚决扛牢"一库碧水永续北送"政治责任，以"共抓大保护、当好守井人"为目标，全力打造国家绿色低碳发展示范区。

保调水，守牢生态安全底线

为更好地完成保一库碧水永续北送的重任，2023年8月，市政府成立十堰生态环境集团公司，担负起厂网一体化工作。自该集团成立以来，紧盯一个目标"河水断面达标"、强化两个提升"进水浓度提升、出水标准提升"、完善三个机制"上下联动、厂厂联动、厂网联动"，有效解决了原来的厂不管网、厂不管厂，各自为战的局面，形成了强大的合力。

保水质，增颜值。为了夯实水质安全基础，筑牢水质安全防线，我市还建成城镇污水集中处理设施 117 座，城镇生活垃圾处理设施 43 座，财政每年拿出 4 亿资金，用于治污管理运营。

近年来，我市自筹资金 30 亿元，全力推进神定河、泗河、犟河、剑河、官山河等"五河"流域治理，实施截污、清污、减污、控污、治污、管污等"六大工程"，着力构建前端"正本清源"、中端"休养生息"、末端"严防死守"的治理体系。

目前，全市已建成清污分流管网 1600 多公里，清理网箱 18.2 万只，关闭规模化养殖场 134 家，关停并转一批高污染、高耗能企业。根据污染因子的特点，引入先进的膜工艺技术、红菌技术等 27 项污水处理"绝活"，让各先进治污设施在五河流域"各显神通"。

一系列综合治理，"五河"水质明显改善。神定河水质由劣 V 类提升到目前的 IV 类以下、泗河由劣 V 类提升到 III 类，官山河、犟河、剑河水质持续稳定达到国家地表水 II 类。丹江口水库常年稳定保持在 II 类及以上水质，109 项指标有 107 项达到 I 类，保障了华北 7900 万人用水安全。

十堰始终牢记"国之大者"，坚决守住丹江口库区生态安全底线。通水 9 年来，中线工程运行总体安全平稳，供水水质稳定达标。

护碧水，切实履行守井重任

为筑牢生态安全屏障，我市建立国家和省级自然保护区、森林公园、湿地公园等自然保护地 41 个，面积为 3825 平方公里，占全市土地面积 16.2%，划定市域生态红线 7721.26 平方公里，占全市土地面积 32.72%。

我市大力开展精准灭荒、退耕还林（还草）、石漠化治理、裸露山体生态修复，重点实施汉江流域造林绿化美化示范工程。还绿于民，规划建设牛头山森林公园等 200 多个山体公园、街头游园、广场绿地，城市形成"300 米见绿，500 米见园，15 分钟生态生活圈"。

如何建好党建示范区，当好忠诚守井人？

我市建强基层党组织，发挥在守井护水中的战斗堡垒作用。"共抓大保护、当好守井人"党建引领绿色低碳发展示范区以环丹江口库区为重点,辐射汉江流域水源区,共涉及 10 个县(市、区)78 个乡镇(街道)435 个村。

按照"市级抓指导、县级抓统筹、乡村抓落实"的思路,坚持流域综合治理理念,全面开展基础信息普查,将环丹江口库区、汉江四级流域、集中饮用水源地、断面水质监测点所在的 435 个临水、临库、临河的村纳入党建示范区创建,因地制宜拟定发展规划,逐县明确示范区创建举措,整合 16 个部门单位资源推进示范区建设,带动全市创成生态村 1314 个、生态乡镇 104 个、生态县(市、区)8 个,创建覆盖率分别达 71.3%、87.4%、100%。

建好骨干队伍,发挥在守井护水中的先锋模范作用。干部做示范,全面落实河湖长制。建立市县乡村四级河湖长体系,市委书记黄剑雄担任汉江最大支流堵河河长,带动 2811 名领导干部担任河湖长,常态开展巡河巡湖,及时发现整改问题。聚焦水质持续好转、绿色低碳转型、新旧动能转换,开展"十大攻坚"和碧水守护三年行动,累计投入 300 多亿元管水治水,各水质断面年度考核达标率均为 100%。

党员当先锋,建功志愿护水行动。定期开展生态环保守水护水等主题党日活动,明确党员护水 7 个带头要求,号召党员在守水护水中发挥先锋模范作用。在示范区成立 305 支党员护水队,分段分片划定党员责任区,组织 3400 余名党员认领护水员、护林员等岗位,带动 10.5 万名志愿者参与护水活动,共同守护一库碧水。

目前,全市林地面积达 193.61 万公顷,森林面积达 173.57 万公顷,均位居全省第一;森林覆盖率达 73.29%。十堰先后获得全国"绿水青山就是金山银山"实践创新基地、国家生态文明建设示范市等称号。

减废水,加快绿色低碳转型

"易捷特新能源汽车公司每两分半钟就可以下线一台易捷特,前 11 个月出口已超过 5 万台!"12 月 2 日,十堰经济技术开发区管委会副主任龚百林介绍,"该企业现在满负荷生产,2023 年订单已排到年底。"

在"双碳"目标引领下,十堰汽车产业加速驶入"下半场",以绿色低碳为核心的产业转型扑面而来。

　　"绿色低碳发展示范区"的新定位赋予我市新的使命担当。为此，我市一手抓传统优势产业转型升级，一手抓绿色低碳产业培育，"绿色低碳"成为高质量发展的底色。

　　坚持共同缔造护水源，发布《十堰市民绿色低碳生活行为规范》，广泛宣传洁水护水常识，市级评选 10 名"最美守井人"，招募民间河长 100 余名，开展"巡河净滩""我是守井人"等活动，推动守井护水成为群众的自觉行动。丹江口市均县镇关门岩村运用共同缔造理念，引入积分制管理发动村民参与集中清漂行动 2400 余人次，取缔养殖网箱 14732 个、清除库汊 29 个、拆除塘堰 15 个，实现库美岸净水清。

　　深化京堰协作，整合用好对口帮扶资源优势。互派干部，搭建交流发展桥梁。抢抓北京对口协作机遇，突出水源保护和乡村振兴两大协作重点，开展京堰干部挂职锻炼，两地 8 批次互派挂职干部 277 人，在环境整治、垃圾处理、饮水安全方面开展交流互动、帮扶协作。10 年来，北京市累计投入协作资金 20.25 亿元，扶持项目 557 个，帮助引进产业合作项目 52 个。

　　健全长效机制，推动守井护水取得良好实效。按照"红色引领护水源、全域旅游促发展、'两山'实践惠民生"的思路，推动示范区大旅游、大健康、大生态融合发展，真正将绿水青山转化为了金山银山。茅箭区东沟村以泗河流域治理为契机，发展红色乡村游，年接待游客 40 多万人次，90% 的村民吃上了"旅游饭"。同时，我市坚持"共抓大保护、当好守井人"主题主线，深化京堰对口协作，开展北京村党组织书记十堰环库行，畅通两地交流渠道；建强组织、培优队伍、提升能力，常态开展节水爱水护水行动，充分发挥基层党组织战斗堡垒和党员先锋模范作用；选树一批先进典型、护水模范，营造人人参与示范区建设的浓厚氛围；用好共同缔造理念和方法，扎实推进示范区和美乡村建设，引领产业转型升级，以高水平保护推动高质量发展，用实际行动推动绿色低碳发展示范区建设。

（朱江　《十堰晚报》　　2023 年 12 月 12 日）

正式通水 9 年来

南水北调中线惠及我省 3050 万人

12 月 12 日，南水北调中线一期工程正式通水 9 周年。

来自水利部的消息，通水 9 年来，中线一期工程已累计调水超 606 亿立方米，直接受益人口超 1.08 亿，为沿线 26 座大中城市 200 多个县（市、区）经济社会高质量发展提供了有力的水资源支撑和水安全保障。

来自省水利厅的最新消息，截至 2023 年 12 月 12 日 8 时，南水北调中线一期工程累计向我省供水 208.31 亿立方米（其中累计生态补水 40.10 亿立方米），占全线的 34.3%，供水水质始终保持在地表水 Ⅱ 类及以上标准，覆盖 11 个省辖市市区、49 个县市城区和 122 个乡镇，受益人口 3050 万人，是原规划人数的 1.7 倍（原规划是 1768 万人）。

如今，郑州、焦作、新乡、濮阳等过去以黄河为水源的大中城市，因为中线一期工程通水，实现双水源保障，逐步破解水资源要素对生产能力的束缚。

通水 9 年来，中线一期工程支撑全省发展战略性新兴产业，综合实力和竞争力不断增强。我省与北京和天津对口协作，水源地分批实施生态环保项目，优化库区生态环境，推动产业结构调整，民生得到逐步改善，旅游产业迎来大发展。

农村供水工程是扎实推进乡村振兴的重要支撑。目前，濮阳、鹤壁、许昌等市实现南水北调水全域覆盖，我省 122 个乡镇群众喝上了南水北调水。

为确保南水北调移民稳得住、能发展、可致富，我省出台帮扶政策，倾斜发展资金，通过美好移民村建设和"五星"支部创建，推进美好环境与幸福生活共同缔造。

省水利厅党组成员、副厅长杜晓琳介绍，我省通过实行扶持资金项目化、项目资产集体化、集体收益全民化的"三化"式发展模式，持续在发展移民产业上下功夫，立足当地实际，积极探索乡村旅游、电子商务等新产业新业态，拓宽移民增收渠道，促进移民增收致富。

移民新村是一道风景，村集体经济兜底，移民在家门口就业。目前，蔬菜大棚、稀有菌种植、果树、冷库等产业项目形成规模，南水北调移民新村集体经济产业不断壮大，移民群众的幸福指数大幅度提升。

今年，我省驻马店市、新乡市等地一批南水北调供水工程建成通水，解决商丘、周口等市水资源短缺的豫东水资源配置工程正在加快开展前期工作。

省水利厅党组书记、厅长申季维表示，明年，郑开同城东部供水等工程将建成通水，商丘供水工程将开工建设。

（谭勇 《河南日报》 2023 年 12 月 13 日）

"十四五"以来
超 120 亿立方米外调水润河北

从省水利厅获悉，"十四五"以来，全省累计外调水 120.7 亿立方米，其中，引江水 96.6 亿立方米，引黄水 24.1 亿立方米。引江城乡生活和工业供水 68.7 亿立方米，有力保障了 9 个市（含定州、辛集）和雄安新区 177 座水厂的供水安全，受水区受益人口达 5137 万人；引黄灌溉受益农田面积 500 多万亩。

河北水资源禀赋条件差，水资源总量偏少、时空分布不均、水资源量与生产力布局和经济社会发展格局不相匹配。"做好调水补水工作，有利于弥补我省水资源先天不足，努力实现水资源空间均衡，提升全省水资源承载能力，保障全省经济社会可持续发展。"省水利厅党组成员、副厅长张宝生表示。

"远水"解"近渴"。2021 年以来，全省水利系统认真落实党中央、国务院和省委、省政府及水利部决策部署，紧紧围绕多引多调外调水、用足用好本地地表水，以保障城乡生活工业供水安全为底线，以复苏河湖生态环境、助力全省地下水超采综合治理为目标，以白洋淀水生态环境持续改善、永定河全年全线有水、大运河全线贯通为重点，攻坚克难、真抓实干，全省调水工作取得显著成效。南水北调工程是缓解我国北方水资源短缺和生态环境恶化状况、促进我国水资源优化配置的重大战略性基础设施。在河北，受益范围主要为南水北调中线一期工程。"近年来，河北坚持能调多调、能引尽引，千方百计增加引江水量，用于生活生产生态用水。"张宝生说。

省水利厅充分考虑各市、各供水目标的用水需求，积极申报、争取年度水量指标，优化调整月用水计划，积极跑办对接水利部等有关部门，有力保障了南水北调受水区生活生产和河湖生态补水需要。

有效保障冀东南地区农业灌溉用水需求，引调黄河水功不可没。为实现引黄入冀四条线路常态化引水，河北水利部门强化跑办对接，不断突破调水工作屏障，积极完善相关机制。

河北持续巩固引黄省级财政补贴制度，从水费支出上减轻各市县引黄负担，积极沟通水利部调水司、水利部黄河水利委员会、水利部海河水利委员会，加大与山东省水利厅、河南省水利厅的联络沟通，不断完善"五方"协调沟通机制，畅通加大引黄调水的路径。同时，进一步加强与黄河水利委员会山东局、河南局等各地分支机构，及濮阳、德州、聊城等市水利部门的沟通协调力度，建立良好的沟通机制，有效破除我省在引黄水量、引黄时段上的瓶颈制约，引黄所涉各方对我省引黄工作的支持力度不断加大，引黄调水时间从冬季四个月逐步扩展至常态化，引黄水量不断增加。

此外，河北水利部门科学利用引调水，在全省范围内系统开展河湖生态补水。经多年努力，河湖生态补水工作实现由试点河道向系统实施的转变，由个别河段向全域河道补水推进的转变，由相机补水向常态化补水的转变，由单一水源向多水源统筹的转变。

目前，全省96条补水河道逐步复苏，3个重点湖泊再现生机，河湖面貌焕然一新，滹沱河连续6年保持有水，干涸断流的永定河、大运河先后实现全线贯通。华北明珠白洋淀淀区水位持续保持7米左右，步入全国良好湖泊行列。地下水超采综合治理、幸福河湖建设取得显著成效，人民群众的幸福感和获得感不断增强。

（苑立立　郭世娟　《河北日报》　2023年12月15日）

北京累计利用南水超93亿立方米

南水北调水已成为保障北京城市用水需求主力水源

今天，南水北调中线一期工程迎来水源进京九周年。记者从北京市水务局获悉，截至目前，北京已累计利用南水超 93 亿立方米，全市直接受益人口超过 1500 万。南水进京，有效缓解了首都水资源严重短缺的形势，提高了城市供水安全保障，增加了水资源战略储备，有力支撑了区域生态环境和经济社会发展，让首都市民的获得感、幸福感有了实实在在的提升。

主要自来水厂实现双水源供水

今年 10 月，以南水为水源的丰台河西第三水厂（一期）正式投产运行，新增日供水能力 6 万立方米。至此，全市共有 14 座水厂接纳南水北调水，持续将优质可靠的"江水"输送到千家万户。

据了解，在 93 亿立方米进京南水中，有 63 亿立方米主要用于居民生活用水，约占进京南水总量的七成，全市主要自来水厂基本实现双水源供水。"今年我们进一步提高了城市生产生活利用南水的比例，城区供水安全系数提升至 1.3，夏季高温时日用南水量最高值突破 340 万立方米。"市水资源调度管理事务中心副主任王俊文说。当前，南水北调水已成为保障北京城市用水需求的主力水源。

有了南水的支持，首都的战略水资源储备更有信心。9 年来，北京累计向大宁调蓄水库、怀柔水库、密云水库、十三陵水库、亦庄调节池存蓄水量约 8 亿立方米。其中密云水库累计存蓄水量超过 5 亿立方米，怀柔水库存蓄约 1 亿立方米，大大加强了北京地区水资源的战略储备。

平原区地下水位累计回升 10.64 米

得益于南水进京，北京水安全保障全面提升的同时，地下水超采情况也得到了有效控制。

通过综合实施"控、管、节、调、换、补"治理措施，全市平原区地下水位连续 8 年累计回升 10.64 米，增加储量 54.5 亿立方米；密云水库蓄水量快速恢复并稳定在 30 亿立方米左右，2021 年最大蓄水量 35.79 亿立方米，创建库以来新高；再生水年利用量超过 12 亿立方米。当前，本市已初步构建起南水北调水、本地地表水、地下水、再生水等多源共济的水源保障格局。

南水进京后，本市利用引水工程连通水库，通过境内永定河、潮白河、北运河等主要河道向水源地补水，实现了重点水库、地下水源、河湖水网、输水管道渠道等互联互通，河湖生态环境复苏成效显著。

9年来，本市深入贯彻落实习近平总书记"节水优先、空间均衡、系统治理、两手发力"治水思路和"以水定城、以水定地、以水定人、以水定产"的原则要求，坚持"先节水后调水，先治污后通水，先环保后用水"，始终把节水、治污、保水放在首位，最大限度珍惜用好南水北调水。目前，全市16个区已全部建成节水型区，万元地区生产总值和万元地区工业增加值用水量等节水指标持续位居全国前列。同时，接续实施四个城乡水环境治理三年行动，持续加强水生态空间管控，全市地下水超采、水生态环境退化等突出问题得到有力遏制，河流、湖库成为鸟类迁徙的驿站和栖息的乐园，河湖健康和生物多样性水平大幅提升。

实时监测水质保障输水安全

南水从丹江口水库一路向北，从北京西南方向进京，一部分经过西四环暗涵工程流入团城湖调节池；另一部分通过南干渠工程、东干渠工程、亦庄调节池工程、通州支线工程等配套工程，将南水送到北京的东部、南部、城市副中心等区域，经水厂加工后，再通过供水管网把水送到千家万户。

"在保南水、守护北京水安全这条路上，我们一环不敢松、一刻不敢停。"北京南水北调环线管理处副主任曹海深说。

北京南水北调环线管理处运行管理科王艳告诉记者，南水北调中线工程沿途均设置了自动监测和移动监测设备，可实时掌控水质情况，仅北京市内就有34个监测断面，一旦发现异常，可立即进行处置，切换本地水源，确保取水安全。"自南水进京以来，未出现过水质异常情况。"王艳表示，南水进京后采用地下管道全封闭输水，沿线采取"人防＋技防"的方式，全力做好水质保护工作。

"为了保证大家打开水龙头就有水，我们管道的输水量也要及时调整。"南水北调环线管理处调度科科长李伟说。输水管道沿线布置了压力计、流量计、水位计等专业仪表，不断监测管道运行数据。这些数据最终会传输到环线管理处的调度大厅，调度人员24小时值守监测，对5700余个数据进行定时对比分析。工程的关键节点也会定期进行人工对比监测，验证传输数据的准确性，以保证工程运行安全。此外，环线管理处每天还会派出 44 名巡检人员，分 11 个班组，对 128.12 公里管线开展巡查检查，发现并制止管道上方私自钻探、开挖施工等行为，排除安全隐患。

接下来，北京水务部门将加快落实北京城市总体规划确定的"用足南水北调中线，开辟东线，打通西部应急通道，加强北部水源保护"的首都水资源保障格局，积极推动南水北调后续工程高质量发展，持续巩固提升南水北调对口协作支持成果，与水源地人民一道护水保水、共谋发展。

（王天淇 《北京日报》 2023 年 12 月 27 日）